Top-level Design of Water Pollution Control
and Ecological Restoration
in Coastal Industrial Belt

滨海工业带
水污染控制
与生态修复顶层设计

孙静 温娟 等编著

全国百佳图书出版单位

化学工业出版社

·北京·

内容简介

本书以滨海工业带水污染控制与生态修复顶层设计方案和路线图研究为主线，围绕海河流域、京津冀地区及天津滨海工业带水生态环境全面改善和生态系统恢复的实际需求，针对区域水资源短缺与水环境污染的恶性循环问题，以水生态环境全面改善和生态系统恢复为最终目的，综合运用环境、管理、经济等多个学科领域的理论和技术方法，提出基于系统工程管理的区域水污染控制与生态修复顶层设计思路和"系统分析-目标设计-路径设计-措施设计-制度设计"的关键技术链条；同时，也为探索水资源、环境、经济、社会协调发展和水生态环境全系统、全过程、精细化的管理模式，实现区域水生态环境全面改善，提供技术支持、决策参考和案例借鉴。

本书具有较强的针对性和实践性，可供从事水污染控制与生态修复、水资源规划与管理等的工程技术人员、科研人员和管理人员参考，也可供高等学校环境科学与工程、市政工程、生态工程及相关专业师生参阅。

图书在版编目（CIP）数据

滨海工业带水污染控制与生态修复顶层设计 / 孙静等编著．—北京：化学工业出版社，2022.12

ISBN 978-7-122-42206-4

Ⅰ．①滨… Ⅱ．①孙… Ⅲ．①水污染-污染控制-研究-滨海新区 ②水污染-生态恢复-研究-滨海新区 Ⅳ．①X52

中国版本图书馆 CIP 数据核字（2022）第 171255 号

责任编辑：刘兴春　刘　婧
文字编辑：王文莉
责任校对：赵懿桐
装帧设计：刘丽华

出版发行：化学工业出版社(北京市东城区青年湖南街 13 号　邮政编码 100011)
印　　装：北京科印技术咨询服务有限公司数码印刷分部
787mm×1092mm　1/16　印张15　彩插2　字数298千字
2023 年 3 月北京第 1 版第 1 次印刷

购书咨询：010-64518888
售后服务：010-64518899
网　　址：http://www.cip.com.cn
凡购买本书，如有缺损质量问题，本社销售中心负责调换。

定　　价：98.00 元　　　　　　　　　　　版权所有　违者必究

前言

良好的生态环境是实现中华民族永续发展的内在要求，是增进民生福祉的优先领域。良好的水生态环境是检验城市发展质量、宜居水平和居民幸福指数的重要指标。京津冀同属黄河与海河水系合力塑造的华北平原，随着长期的高密度高强度开发，已成为全国水资源最短缺、水污染最严重、资源环境与发展矛盾最为尖锐的地区。综合统筹京津冀区域协同治水背景，从中长期战略的角度，开展滨海工业带水污染控制与生态修复顶层设计研究，在最高层次上寻求问题的解决之道，对改善京津冀区域水生态环境、保障区域生态安全具有重要意义。

"顶层设计"作为一种决策思维方法，是决策者以及决策机构必备的决策工具。本书依托国家科技重大专项"水体污染控制与治理""天津滨海工业带水污染控制与生态修复顶层设计方案和路线图研究"课题，充分借鉴现有研究和实践成果，围绕海河流域、京津冀地区及天津滨海工业带水生态环境全面改善和生态系统恢复的实际需求，统筹考虑京津冀协同治水背景下的水资源-水环境双重约束，从宏观战略角度，统筹各层次、各要素要求，追根溯源，统揽全局，探讨系统论视域下天津滨海工业带面向"十四五"的水污染控制与生态修复顶层设计思路和实施路径，提出系统、有序、有效的水污染防治和水生态修复措施及管控制度，旨在为区域水生态环境改善的决策与管理工作提供借鉴。

全书共分为三个部分，由7章组成。第一部分为第1章绪论，系统介绍了本书的研究背景、国内外研究进展，以及本书的研究目标、任务、技术路线等。第二部分为第2～6章，第2章在深入探究水污染控制与生态修复顶层设计概念、意义、形式的基础上，提出系统论视域下水污染控制与生态修复顶层设计的框架思路、核心内容和技术流程；第3章通过系统全面的社会、经济、资源以及水环境、水生态、污染排放等调研分析，分别从资源环境承载、生态系统状况、污染减排空间和管控技术要求四个方面，识别出京津冀协同治水背景下滨海工业的水生态环境改善面临的主要问题及瓶颈；第4章统筹功能保障和生态恢复的目标，研究提出"水生态环境根本好转"的定量表达技术，并系统考虑入境入海水质改善动态情景，提出了基于水流分析的水生态环境改善控制指标体系；第5章以水资源、水环境为系统约束，以水污染控制为关键手段，以水生态恢复为核心目标，以水环境风险防范为安全保障，研究形成基于四水联动的水生态环境差异化提升对策及实施路径；第6章基于多元协同理论构建天津滨海工业带水生态环境控制制度体系，遵循问题导向、完善提升、协同增效的原则，围绕综合统筹性的重点制度进行系统设计，提出水生态环境保护制度体系构建政策建议。第三部分为第 7 章滨海工业区全过程水污染防控模式设计研究，针对天津滨海工业区产业复杂、污水处理提标难度大、污水处理厂对滨海环境影响较大以及工业园区风险应急能力较弱的一系列问题，从宏观、中观、微观三个维度，提出以"排污准入、污染减排、生态增容和风险防控"为核心的天津滨海工业区水污染防控全过程管控模式。

本书由孙静、温娟等编著，具体分工如下：第 1 章由孙静、温娟、王子林、宋兵魁、赵阳编著；第 2 章由温娟、孙静、李燃、郭健、闫佩、张雷波、李敏姣、王岱编著；第 3 章由赵翌晨、王玉蕊、郭鑫、郭洋琳、唐丽丽、高郁杰、张彦敏、刘晓东编著；第 4 章由李燃、陈启华、尹立峰、张征云、冯真真、常文韬、江文渊、董芳青编著；第 5 章由王子林、张维、付一菲、陈晓春、宋文华、罗彦鹤、赵晶磊、谷峰编著；第 6 章由陈启华、付一菲、李莉、李红柳、尹立峰、孙蕊、郭洪鹏、乔阳编著；第 7 章由宋兵魁、邹迪、乔飞、段云霞、常高峰、李子成、魏占亮、徐香琴编著。全书最后由孙静统稿并定稿。

在本书编著过程中，天津市生态环境科学研究院孙贻超高级工程师、中国环境科学研究院雷坤研究员等对本书的架构和技术体系提供了大力支持和指导帮助。书中还引用了相关领域部分研究人员的成果，在此一并表示衷心感谢！特别感谢化学工业出版社对本书编写和出版工作的大力支持，他们高效的编辑工作为本书的顺利出版提供了保障。

限于编著者水平及编著时间，书中不足和疏漏之处在所难免，敬请读者提出修改建议。

编著者

2022 年 4 月

目录
CONTENTS

第1章
绪论

第2章
系统论视域下水污染控制与生态修复顶层设计思路和框架

第 3 章
京津冀协同治水背景下水生态环境现状调查及问题识别

第 4 章
面向水生态环境根本好转的顶层目标指标体系研究

第 5 章
基于四水联动的水生态环境差异化提升对策及实施路径研究

第6章
基于协同理论的水生态环境管控制度体系研究

第7章
滨海工业区全过程水污染防控模式设计研究

附录
城镇污水处理厂污染物排放标准（DB 12/599—2015）

参考文献

第1章

绪论

- 研究背景
- 国内外研究进展
- 研究内容和创新点

1.1
研究背景

1.1.1 京津冀协同治水背景下天津滨海工业带水生态环境区域特点

京津冀协同发展是以习近平同志为核心的党中央在新的历史条件下做出的重大决策部署,加强生态环境保护、构筑区域生态安全屏障,是推动京津冀协同发展的重要基础和重点任务,是实现京津冀区域经济可持续发展的重要支撑,也是提升京津冀三地民生福祉的最直接体现。京津冀同属京畿重地,尽管地貌复杂多样,但从自然地貌演进过程来看同属黄河与海河水系合力塑造的华北平原,地相接、水相连、人相亲,在生态环境治理的过程中,唯有协同共治,联手筑牢京津冀协同发展的绿色生态屏障,才是取胜之道。

水清岸绿、碧海银滩,良性循环的水生态系统,是区域生态安全屏障的重要组成部分。随着长期的高密度高强度开发,加之气候变化导致的区域降水显著减少,京津冀地区在成为人口密集、经济发达区域的同时,也成为全国水资源最短缺、水污染最严重、资源环境与发展矛盾最为尖锐的地区,也成为生态环境最脆弱的地区。随着雄安新区、北京城市副中心、大运河开发等国家战略的出台和实施,以大清河、永定河、北运河三大河流生态廊道为主的京津冀由山到海的生态网络格局日渐清晰。加强水污染区域、流域空间治理的整体性和联动性,打破陆地与海洋之间、沿海区域之间和流域上下游之间的思维和行政壁垒,形成陆海统筹、区域联动、上下游统一的水生态修复态势,对改善京津冀区域水生态环境,打赢渤海污染综合治理攻坚战,保障区域生态安全具有重要意义。天津市在海河流域最下游,三条河流生态廊道穿城而过,东流入海。上游水生态环境的综合治理及其水生态环境质量的改善对于我市境内地表水环境质量的改善、水环境容量的提高具有极大的促进作用。

1.1.1.1 区域三大河流生态廊道的入海口

天津处于海河流域最下游,"九河下梢",是海河流域各河流入海的主要通道,京津冀区域永定河-潮白河-永定新河、北运河-南运河-海河、大清河-独流减河三条河流生态廊道全部经由天津入海。从河流的汇入关系来看,天津与三条河流生态廊道既有紧密联系又有其独立性。永定河在津范围内的河段仅有 29km,经由屈家店闸入永定新河入海,与下游永定新河水生态环境相对独立;北运河主要位于天津市区西北部,经由三岔口入海河干流入海，由于水利调度等，其与海河的上下游汇入关系并不明确，城区段河流流向不固定；大清河在津范围内仅有不足 1km 的一小段，经由进洪闸入独流减河入海，且进洪闸长期处于闭合状态，使得大清河与独流减河相对独立，受上游实际影响较小。在不考虑人工干扰的情况下，天津市将稳定发挥三条河流生态廊道入海通道的作用，但在考虑闸坝控制和水利调度的情况下，天津可以看作一个相对独立的整体，具有其相对独立的水生态功能。同时，天津市以 3.5% 的流域面积承接着京津全部、河北大部等八省市，1.2 亿人、8 万亿元 GDP 产生的废水，约占海河流域下泄污水的 70%，是流域水污染物入海前的最后屏障。从近年来的出入境水质来看，天津在入境水质极差、自身环境容量几乎为零的情况下，不仅削减了自身的污染，且成为京津冀区域入海河流的最后屏障。

1.1.1.2 流域污染物入海前的最后屏障

渤海是我国唯一的半封闭型内海，自然生态独特、地缘优势显著、战略地位突出，是环渤海地区经济社会发展的战略支撑和关键依托。2018 年 6 月《中共中央　国务院关于全面加强生态环境保护坚决打好污染防治攻坚战的意见》明确提出要打赢"渤海综合治理攻坚战"。2018 年 11 月 30 日，经国务院同意，生态环境部、发展改革委、自然资源部联合印发了《渤海综合治理攻坚战行动计划》，明确了渤海综合治理工作的总体要求、范围与目标、重点任务和保障措施，提出了打好渤海综合治理攻坚战的时间表和路线图。研究数据显示，环渤海区域陆源污染压力与海洋污染区域在空间上高度吻合，呈现显著的"陆源污染为主，流域污染为主"特点。《渤海综合治理攻坚战行动计划》的实施范围包括环渤海三省一市（辽宁、河北、山东、天津），重点在"1 + 12"沿海城市，即天津市及其他 12 个沿海地级及以上城市。全市共有蓟运河、永定新河、海河、独流减河等 12 条入海河流，基本贯穿全市域范围，全市 16 个行政区产生的陆源污染，均通过 12 条入海河流汇入渤海。天津全市域范围均是渤海综合治理攻坚战的主阵地。

1.1.1.3 区域自然地理环境滨海特征明显

从自然地貌演进的角度来看，整个华北平原基本属于河流冲积平原，河流从西部山区高地不断汇入东部平原，平原主要是由黄河与海河水系合力塑造而成。从地貌高程分异情况来看，京津冀平原地带有 100m、20m 和 5m 三条重要的等高线，将其分为三个地貌分区。根据该分区，天津除蓟北山区和武清西部等区域外，其大部分区域属于 5～0m 高程带的滨海地带，以三角洲古潟湖为主，历史上属于海陆交错带，土壤盐分高。区域内地貌、水文、水生态与水环境特点呈现出明显的海陆交接带特点，尤其是地表水环境中盐度高这一区域特点，也是天津水污染防治与水生态修复需要解决的一大区域难题。

1.1.1.4　首都东南部生态安全屏障的重要组成部分

天津市地处华北平原北部，东临渤海，北依燕山，是京津冀城市群周边生态系统的重要组成部分。城市北部山区（蓟北山地丘陵区）位于京津冀北部水源涵养与水土保持重要生态功能区域内，也是我国太行山生物多样性保护优先区的一部分。城市中部、南部湿地区与海岸带区域，分布有国家重要湿地七里海湿地与北大港湿地，是保护湿地生态系统多样性的重要区域。河滩水库湿地和滨海滩涂湿地分布广、面积大，位于东亚-澳大利西亚候鸟迁徙的重要通道，每年的迁徙季节有大量鸟类停歇，是我国鸟类资源比较丰富的地区之一。天津市第十七届人民代表大会审议通过《天津市关于加强滨海新区与中心城区中间地带规划管控建设绿色生态屏障实施细则》，在中心城区与滨海新区的中间地带建设绿色生态屏障，近期实现蓝（水域）绿（林地）空间占比达到70%，远期实现90%。生态屏障将通过连通天津北部盘山-于桥水库生态建设保护区、中部七里海-大黄堡生态湿地保护区、南部团泊洼-北大港生态湿地保护区，构筑京津冀环首都生态屏障带。生态安全屏障重在生态系统的完整性和连通性。天津作为京津冀区域沿海湿地最为集中的区域，应作为一个整体考虑，通过区域内的水系连通、生态改善，有效提升生态安全屏障的重要作用。

1.1.2　天津滨海工业带水生态环境管理科技需求与意义

1.1.2.1　全面改善水生态环境是建设美丽中国的迫切要求

良好生态环境是实现中华民族永续发展的内在要求，是增进民生福祉的优先领域。党的十八大报告将生态文明建设纳入中国特色社会主义事业"五位一体"总体布局。党的十九大报告将建设生态文明上升为中华民族永续发展的千年大计，提出到2020年要坚决打好污染防治攻坚战，到2035年生态环境根本好转，美丽中国目标基本实现的战略目标。在2018年5月召开的全国生态环境保护大会上，习近平同志进一步强调，生态环境是关系党的使命宗旨的重大政治问题，也是关系民生的重大社会问题。尤其是进入新时代以来，解决人民日益增长的美好生活需要和不平衡不充分的发展之间的矛盾对生态环境保护提出许多新要求。改善生态环境质量，已经成为当前和未来一段时期内生态环境保护和社会经济发展的重要工作。

水，作为看得见、摸得到、近在眼前的环境要素之一，关系城市的"里子"和"面子"。"里子"是指城市离不开水，无水不为城。"面子"是指水是城市的门面，水环境质量是检验城市发展质量、宜居水平和居民幸福指数的重要指标。因此继清洁安全的饮用水保障之后，清澈优美的水环境已经成为人民群众越来越迫切的需求，也是倒逼城市管理、河湖管理和产业结构问题的重要手段。尤其是在水资源严重匮乏的地区，水资源短缺造成水体自净能力减弱，水环境严重污染又加剧了水资源短缺的矛盾，形成恶性循环，不仅影响社会经济的发展，对人民群众的身体健康也造成一定影响。改善水环境质量不仅关系到经济社会发展和产业结构调整的大局，更是广大人民群众对优质生活环境的迫切需求。

1.1.2.2 补齐水生态环境"短板"是建设美丽天津的决定性任务

天津处于海河流域最下游，"量少质差"的先天条件决定了天津的水环境容量几乎为零。2008年以来，天津市先后实施了两轮"清水工程"和"美丽天津·一号工程清水河道行动"，在一定程度上促进了全市水环境质量改善。尤其是"十三五"规划以来，水环境质量恶化的趋势得到初步遏制，水质阶段性改善。但以污染物总量减排为主的行政管理手段，在一定时期内对天津市水生态环境质量的改善发挥了重要的作用，但也逐渐暴露出一些缺陷，传统减排手段可挖掘潜力越来越小。同时，天津作为京津冀区域协同发展战略中首都产业疏解尤其是制造业的主要承接地，工业聚集、产业密集、人口集中，兼具水生态脆弱、风险源密集的特点。在全市主要固定污染源基本实现达到国家排放标准甚至地方排放标准，人均污水处理能力全国领先，区域污染物总量控制任务超额完成国家要求的情况下，天津市水生态环境质量与达到功能目标、人民群众期望的差距仍然较大，水生态环境质量改善形势依然严峻。

1.1.2.3 做好顶层设计是实现水生态环境质量改善的重要支撑

从环境问题产生的主要原因可以看出，环境问题是伴随着人口问题、资源问题和发展问题而出现的。从各国的发展历程来看，生态环境保护不是一蹴而就的工作，而是一项长期的、艰难的任务，必须有中长期的发展战略，从长计议。水通常作为物质载体，贯穿自然-社会-经济整个复合系统。水生态环境改善涉及面广，影响因素也越来越复杂、积累的深层次矛盾问题越来越多。尤其是在水资源严重短缺的地区，要实现水环境质量改善，必须以系统的视角分析问题，以水环境质量改善为核心，统筹考虑人口、经济、资源、技术、制度等人为影响因素和水文、降水、蒸发等自然因素。

无论是从生态环境的自然规律、社会经济的发展转型还是治理措施的起效周期来看，水生态环境的改善都不是一蹴而就的，至少需要几十年的不懈努力。发达国家的水生态环境治理经验也验证了这一规律。因此，要改善水生态环境质量，必须从中长期战略的角度，做好整个水系统的顶层设计，对区域水生态环境改善进行较为长期的科学规划和统筹安排，合理设置水生态环境改善目标的时间表和路线图，提出系统、有序、有效的水污染防治和水生态修复措施及管控制度，避免"头痛医头，脚痛医脚"甚至"头疼医脚"式的盲目治理，从根本上实现经济社会和生态文明建设的协同发展，实现"绿水青山就是金山银山"。

1.1.2.4　水生态环境管理思路和模式的一次整合和创新

"十三五"水专项创新组织实施机制，建立"地方首长＋项目首席科学家"负责制，既保证了水专项治理目标和科技目标的实现，更说明相关管理部门对于水生态环境保护工作顶层设计具有紧迫的需求，凸显了形成滨海工业带水污染控制与生态修复设计方案和路线图的重要意义。

天津市水生态环境管理目前正由"污染物总量控制"向"水环境质量目标管理"的管理思路转变，并逐渐向水环境功能恢复保持以及水生态健康管理的方向发展，因而对水生态环境保护管理顶层设计提出了更高的要求。因此，必须坚持以改善水生态环境质量为核心的目标，沿着减污和增容两条主线，从水资源、水环境、水生态、水安全等方面，直面严峻形势，以关键问题为导向，遵循"分区、分类、分级、分期"的管理理念，从天津滨海工业带典型区域、典型行业、典型企业、典型水污染物、典型水污染控制与生态修复技术等多层次多角度进行分析研究，因地制宜地提出水污染防控示范模式，研究符合水质目标精细化管理需求的水环境和水生态顶层设计方案和路线图，推动天津水生态环境质量逐步改善。

从水资源、水污染、水生态、水安全角度对天津市水生态环境进行统筹管理，既需要科学技术创新，更需要体制机制探索。在重视天津市水资源、水环境、水生态差异的基础上，需要将水生态健康管理与技术创新、技术集成有机结合，强化区域水生态环境精细化管理模式。在兼顾现有水质达标管理模式的基础上，需要将水生态健康管理理念与现有管理工具有机结合，提出便于行政管理、操作性强，体现水生态健康管理理念的管理模式。在考虑天津市未来经济社会发展趋势的基础上，需要将水生态健康管理理念与地区产业结构调整有机结合，切实为地区产业结构调整转型提供有力支撑。在尊重地区水生态环境管理行政体制的基础上，需要将水生态健康管理与区域水环境管理机制创新有机结合，为区域水污染防治和水生态保护管理体制机制创新进行理论探索。

1.1.2.5　以往水专项研究成果一次系统性、创新性的综合运用

国家"十一五""十二五"水专项已经针对流域、区域水生态环境质量改善开展了很多相关工程和管理研究，并取得了丰硕的成果。但研究工作多集中于针对某一具体河流或河段、某一具体问题开展，缺乏对流域、区域水生态环境质量改善理念、目标和方法的系统归纳与梳理，更无可供复制与推广的区域水生态环境改善模式和管理体系。本课题从宏观战略角度，探讨区域水生态环境改善的顶层设计思路和实施路径，将"十一五""十二五"水专项以及其他相关的重大科研项目的研究与实践成果系统运用于天津滨海工业带水污染控制与生态修复，以期为区域水生态环境改善的决策与管理工作提供借鉴。

1.2
国内外研究进展

目前对于流域区域水生态环境系统方案的研究主要集中在资源科学、环境科学与资源利用、水利水电工程科学、宏观经济管理与可持续发展等学科。研究方向主要集中在两个方面：一方面是水生态环境系统及其要素之间关系的研究，包括水环境/水资源承载力研究、水环境/水资源与经济社会之间关系研究以及水资源、水环境、经济发展的协调发展及其评价研究；另一方面是水环境系统的模拟研究。研究方法呈现出多样化的态势，水环境/水资源与社会经济之间关系、协调发展综合评价研究多采用灰色关联度分析、层次分析法、模糊评价法、主成分分析法、因子分析法等，水环境系统模拟多采用系统动力学、多目标规划、投入产出法等。

1.2.1 水生态环境系统及其要素之间关系研究

1.2.1.1 水环境/水资源承载力研究

资源环境承载力研究主要为分析环境、资源、人口、经济的发展是否协调可持续，其大小影响社会经济、资源、人口的发展规模与结构。因此，在对水资源-环境-经济系统的研究中，水资源/水环境承载力研究是目前最主要的研究方向。目前学者们公认的承载力概念起源是英国经济学家马尔萨斯在 1789 年的《人口论》中关于人口增长与粮食供应关系的研究。1921 年，帕克与伯吉斯从人类社会的角度提出了社会承载力的概念，被后代学者认为是现代承载力研究的开端。到二十世纪六七十年代，随着全球性资源环境危机的爆发，研究资源环境制约下的人类经济社会发展问题是这一阶段承载力发展的特点，资源承载力与环境承载力概念被相继提出。

由于水资源与水环境之间的密切关系，水资源承载力和水环境承载力之间既有区别也有联系。温鑫在其博士论文中对二者的起源、定义、特征、内涵等进行了深入的分析和阐述。由于我国许多地区水资源短缺和水体污染问题经常并发出现，使得近年来关于水环境和水资源承载力的研究，均同时考虑"水量"和"水质"对地区流域社会经济发展的承载，从两个方面来计算承载力，在指标体系构建或变量选择上都囊括了水量和水质两个方面的因素。尽管术语表达不同，但研究内容和方法极其相似。温鑫还将目前水环境/水资源承载力研究中所采用的 29 种研究方法，按照最终结果的表达形式分为指数评价方法、阈值量化方法和会计方法三大类，再根据每种方法所依据的基础理论，进行二级分类。从其分析结果中可以看出，指数评价方法中的层次分析法，阈值量化方法中的系统动力学、多目标规划等方法较为常用。

1.2.1.2 水环境与水资源、经济社会之间相互影响关系的研究

针对水环境影响因素的研究，国内外学者的研究主要集中在人口城市化、工业化、经济发展、城市扩张等方面，如 Marina Alberti 等对美国华盛顿地区 Puget 低地的研究发现，随着城市的扩张，该地区水文生态系统有关指标呈明显退化趋势；英国学者 Tratalos 在对英国 5 个城市的城市密度研究中发现高环境退化表现与高城市密度有强烈的相关性，随着城市密度的不断升高环境退化还会加剧。Veena Srinivasan 等通过建立耦合的人类环境系统（a coupled human–environment systems，CHES）模型，对快速发展中的印度金奈的城市化与水脆弱性之间的关系进行研究，结果显示城市化与水资源短缺具有高度相关性，并受供水基础设施、土地利用的速度和空间格局变化、家庭的适应以及地表和地表水系统的特点等因素影响。

从国内研究来看，关于水环境与水资源、经济社会之间相关影响的研究主要侧重运用相关数据模型进行实证分析和探讨，如运用模糊模式识别模型、灰关联分析、回归分析以及结构方程等数据模型对流域或区域的水环境影响因素进行相关研究，如证明经济发展与水环境之间的环境库兹涅茨曲线关系等。盖美、王本德等采用模糊模式识别模型对大连市近岸海域进行水质评价，研究近岸海域水环境动态变化及影响因素分析，提出了水环境改善措施。董伟等采用灰色关联分析方法进行长江上游水源涵养区生态安全影响因素关联度综合分析，结果表明，影响研究区生态安全的主要因素是降雨量、GDP 增长率、水资源有效利用率、植被覆盖度和水环境质量。叶晶运用结构方程模型法研究滇池流域水环境质量的影响因素，结果表明，社会经济因素在滇池流域水质的影响效应上占主导地位，其中城市化率、GDP 年增长率、畜牧业和种植业单位面积产值的增长会加剧水环境污染。陈侃考虑了对水环境质量存在积极和消极影响的各种因素，建立了反映水环境质量压力的城市化进程指标体系，构建了水质未达标率与城市化进程指标间的关系模型，并得出城市的健康发展关键在于经济和相应环保投入的协调推进，而城市人口增加并不是城市水环境恶化的决定性因素。佟新华等通过拓展 IPAT 模型，建立涵盖经济社会、产业结构、技术水平及城市规模等因素的水环境质量影响因素分析模型，运用日本 1970~2010 年的数据分析日本后工业化时期水环境质量影响因素，对我国的水环境管理提供借鉴。张爱静等基于两种不同的 EKC 假定，借助面板数据法研究了浑太河流域 2003~2012 年期间水环境保护与经济社会可持续发展间的协调对应关系，结果表明水环境恶化与社会经济发展水平提升间存在倒 U 形关系，水环境保护的可持续性与社会经济发展水平间存在倒 "U" 形关系，并且受水资源消耗、区域贸易开放度、人均 GDP 水平、污染物排放总量控制等因素制约。

1.2.1.3 水资源、水环境、经济发展的协调发展及其评价研究

对水资源、水环境、经济发展的协调发展研究，主要是以环境经济学、区域经济学等理论作为基础，通过统计方法、数学方法构建指标体系，对某一区域或流域的协调发展关系及程度进行评价、比较研究。张永凯等采用主成分分析方法对张掖市的农业水资源利用与环境经济相关指标进行分析，并根据发展协调度模型对协调发展状况进行评价。陈守煜等运用系统模糊决策、模糊优选神经网络、结合专业知识的大系统递阶优化等理论、模型与方法，建立了大连水资源开发与经济发展的协调管理模式，对大连水资源、环境和经济协调可持续发展问题进行研究和探索，得到大连地区2010年经济发展的满意方案。陈玲侠等构建了涵盖不同要素的协调度评价模型，并对陕西礼泉县水资源与环境、水资源与经济发展之间的协调度进行计算。张慧等采用改进的TOPSIS模型，构建了涵盖社会、经济、水资源、水环境4个方面26个指标的淮河流域城市复合系统协调发展评价体系，对淮河流域（河南省）9个城市的社会经济水资源水环境协调状况，并识别了影响协调发展状况的主要因素。夏菁等依据耦合协调度模型评价了2009～2012年四平市区、公主岭市、梨树县和双辽市的水资源环境与经济社会协调发展水平，并进行了时空差异性分析。张凤太等构建了水资源-经济-生态环境-社会系统耦合评价指标体系，经过主客观综合权重法赋权后，对贵州省2000～2011年水资源-经济-生态环境-社会系统进行定量评价并分析其耦合协调特征。杜忠潮等基于区域水资源环境与社会经济协调发展的视角，分别了构建水资源环境与社会经济系统的评价指标体系及其耦合协调度发展模型，对关中-天水经济区水资源环境与社会经济发展的耦合协调度进行了分析评价。

1.2.2 水生态环境系统的模拟研究

具有经济、社会与环境等多维发展目标的资源-环境-经济系统越来越复杂多变，不同目标之间存在复杂的非线性响应关系，加大了政策制定的难度和实施的风险。通过系统研究资源-环境-经济系统的运行机理并进行动态仿真模拟，协调、优化各种目标，为科学制定资源环境经济政策提供决策支持，是长期制约区域环境经济优化决策的关键技术瓶颈之一，也是一直以来的研究热点。目前，对水环境系统的模拟研究，多采用投入产出分析、系统动力学、多目标规划等技术方法。聂桂生等建立了包含经济、水资源、环境三因素在内的北京城市用水系统的水资源-环境-经济投入产出模型，编制了1982年北京地区水资源-环境-经济实物型投入产出表，并对北京城市用水系统用水、排水、排污等的现状结构、水资源的间接输送及对污染物的间接承受进行分析，对1990年和2000年北京市的水资源需求及污染物排放进行预测。杨宝臣等将区域水环境作为整体看待，将各种水流作为变量建立了某市水环境系统的广义目标规划模型，

并对该市给出了主要结果及结论，证明所提方法是有效的。徐一剑等从水环境角度为城市发展规模的确定提供依据，以 DPSIR 概念模型为框架，采用模块化设计构建了定量化的城市水环境系统规划调控模型，包含"驱动力-压力""压力-状态""状态-影响"和响应反馈 4 大模块，可对城市水环境系统的驱动力、压力、状态、影响、响应等各环节进行定量的模拟计算。同时，以调控模型为核心构建了城市水环境系统规划调控技术，结合情景分析手段，采用枚举选优法和逐步寻优法，能够对城市水环境系统的未来发展进行模拟预测，对各种政策措施进行分析评估。袁绪英等从系统分析的视角出发，根据漯水河流域的自然与社会经济特点，构建了包括人口、GDP、城市化水平、产业结构、水资源可利用量、水环境容量等主要参数的经济环境协调发展系统动力学模型，并通过模型正负反馈环进行因果关系分析，确定人口平均增长率、服务业废水率、工业废水率以及水土流失率为敏感性因素。高伟等从系统优化发展的角度出发，基于环境经济协调度模型、系统动力学模拟模型和 Powell 优化模型构建了流域环境经济优化决策模型（简称 ASO 模型），弥补了现有流域模型仅能在概念上描述因果反馈关系的不足，在数值模型上实现流域经济-社会-水环境各子系统中反馈回路的闭合，提供了一种对流域系统复杂反馈关系的模拟方法。

1.3
研究内容和创新点

1.3.1　研究目的、任务和技术路线

1.3.1.1　研究目的

本书围绕海河流域、京津冀地区及天津滨海工业带水生态环境全面改善和生态系统恢复的实际需求，针对天津滨海工业带河道生态需水无法保障、水质改善难度大、近岸海域生态退化、沿海水生态环境风险源多等典型问题，体现水资源、水污染、水生态、水安全"四水联动"的管理思路，结合水专项在天津滨海工业带水污染控制、生态修复、水环境管理等方面相关研究成果，开展京津冀一体化背景下天津滨海工业带水污染控制与生态修复相关管理技术及配套措施研究，以及贯穿"排污准入-企业及园区减排-污水处理厂提标-沿海人工湿地增容-环境风险应急防范"的滨海工业区全过程系统化的水污染防控示范模式设计研究，实现以"区域耗水低增长、水环境质量改善、污染物排放量控增长、生态格局安全优化"为目标的战略构思。

1.3.1.2 研究任务

（1）天津滨海工业带水环境改善顶层目标设计研究

根据"水十条"和《重点流域水污染防治"十三五"规划》对海河流域上游及天津市水环境改善的目标，围绕海河流域、京津冀地区及天津滨海工业带水环境全面改善和生态系统恢复的实际需求，深入研究天津滨海工业带集中背景下的水环境问题、差距及水污染控制瓶颈问题，筛选滨海工业带居住和产业混合区污水、高风险工业区废水、园区污水处理厂尾水及初期雨水等复杂排水来源的污染特征因子；基于天津市作为京津冀区域生态廊道和入海屏障的定位要求，开展京津冀一体化背景下基于天津滨海工业带复杂排水水源的水污染控制减污潜力研究。结合京津冀水环境改善趋势及北运河、大清河、永定河三大生态廊道建设和相关研究成果，建立基于入境水质和入海水质的天津滨海工业带水环境改善动态情景模式，并确定顶层目标设计，宏观指导水污染控制及生态修复技术集成与水生态环境管理技术研究。

（2）天津滨海工业带水环境和水生态顶层设计方案和路线图研究

按照水资源、水污染、水生态、水安全"四水联动"的治理思路，建立天津滨海工业带社会经济和水环境综合模拟系统，设计未来几年水质改善情景；充分考虑海河流域、京津冀地区及天津滨海工业带水生态环境特征及主要存在问题，结合流域、水系、区域水生态环境改善需求、社会经济发展规划和整体趋势，合理确定流域顶层设计目标指标体系中指标、目标值和达标时间设置，并以此为约束条件，研究天津滨海工业带水环境和水生态顶层设计目标指标体系中指标、目标值和达标时间设置。针对"以水定陆"为特色的水质目标管理新导向并结合国家及地方环境管理要求，研究提供包含供给侧产业结构宏观调整、水污染全过程控制、水生态修复、水环境风险防范的多目标管控要求和对策措施。结合全面贯彻落实"河长制"，系统梳理天津市水生态环境监管工作现有的体制机制，总结分析已经取得的成效和存在的问题，从职责设定、任务分解、监测监察、协调联动、考核评估等方面，开展基于水环境质量目标管理监管制度及对策研究，提出分级监管制度政策建议。最终形成天津滨海工业带水环境与水生态顶层设计方案和路线图，明确天津滨海工业带水生态环境改善实施计划及时间表。

（3）滨海工业区水污染防控示范区模式构建研究

结合天津滨海工业带河道生态需水无法保障、水质改善难度大、近岸海域生态退化、沿海水生态环境风险源多的现状，结合"十一五"规划以来水专项在天津滨海工业带水污染控制、生态修复、水环境管理等方面相关研究成果，研究设计从"排污准入-企业及园区减污-污水处理厂提标-沿海人工湿地增容-环境风险应急防范"的滨海工业带全过程系统化的水污染防控示范模式。

1.3.1.3 技术路线

技术路线如图 1-1 所示。

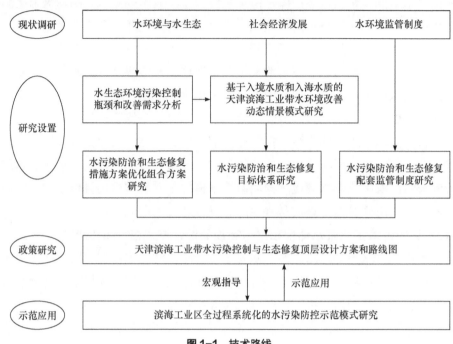

图 1-1　技术路线

1.3.2　创新点

① 运用系统论思路,在深入探究水污染控制与生态修复顶层设计概念、意义、形式的基础上,创新性地提出系统论视域下的水污染控制与生态修复顶层设计框架思路、核心内容和设计流程,并针对天津滨海工业带水生态环境污染控制瓶颈和改善需求,以水生态环境质量根本改善为最终目标,统筹四水联动,提出系统、有序的水生态环境改善多目标管控要求及对策措施,形成重点面向"十四五"时期的天津滨海工业带水污染控制与生态修复顶层设计方案和路线图。

② 基于水环境的自然和社会双重属性,建立了统筹功能保障和生态修复的水生态环境根本好转目标定量表达技术,以水功能区划为基础,叠加水生态功能区划,兼顾汇水范围及上下游关系,提出"水功能区水质水量双达标、重要河流重现/恢复土著鱼类"("双达标一恢复")的定量表达形式;构建了基于入境和入海水质的水环境改善动态情景预测模型,综合考虑不同情景下基于上游来水水质和水量的环境容量核算和基于入海水质达标的水质受损评价结果,综合研判提出滨海工业带水生态环境质量根本改善时间表和路线图。

③ 统筹考虑京津冀协同治水背景下的水资源-水环境双重约束，突破性地建立了基于系统动力学的滨海工业带水污染控制与生态修复模式优选关键技术，并耦合水资源优化配置多目标规划，优选确定了涵盖产业结构宏观调整、水资源优化配置和高效利用、水污染深度治理、水生态保护与修复、环境风险防范的多目标管控模式设计方案及实施路径。

④ 从宏观、中观、微观三个维度，提出以"排污准入-污染减排-生态增容-风险防控"为核心的天津滨海工业区全过程系统化的水污染防控示范模式水污染防控全过程管控模式，通过"减排"和"增容"相结合、"常规管理"与"风险管理"相结合，全面保障滨海工业区生态环境改善。

第2章

系统论视域下水污染控制与生态修复顶层设计思路和框架

- 系统论视域下水污染控制与生态修复顶层设计定位与思路
- 系统论视域下水污染控制与生态修复顶层设计核心内容与技术路线

"顶层设计"作为一种决策思维方法，是决策者以及决策机构必备的决策工具。本章在深入探究水污染控制与生态修复顶层设计概念、意义、形式的基础上，提出系统论视域下水污染控制与生态修复顶层设计的框架思路、核心内容和技术流程。从定位上来看，天津滨海工业带水污染控制与生态修复顶层设计方案，是以水环境全面改善、水生态健康持续为最终目标，统筹考虑水资源、水污染、水生态和水安全，就天津滨海工业带水生态环境质量改善目标、水污染防治与生态修复工程措施、管理技术及政策制度等做出的战略性、系统性和实践性的总体安排和部署；是现行的水环境保护规划、水污染防治行动计划、污染防治攻坚战等规划和方案的系统整合、纵向延伸和横向拓展。顶层设计的核心内容可概括为"一图四表"，即：水功能区水质达标路径图、水生态环境改善控制指标体系表、四水联动任务措施时序表、重要河流生态廊道差异化施策表和管控制度体系构建路径表。顶层设计遵循系统分析和工程设计的思路，从系统分析入手，坚持目标导向，多角度、多层级进行路径设计和制度设计，在目标上突出陆海统筹、生态健康，在路径上强调四水联动、分区施策，在制度上突出体系完备、精细管控。

2.1
系统论视域下水污染控制与生态修复顶层设计定位与思路

2.1.1　系统论视域下水污染控制与生态修复顶层设计定位

"顶层设计"（top-down）原是一个系统工程学术语，本义是工程整体理念的具体化，是工程要达到理念一致、功能协调、结构统一、资源共享、要素有序的系统论方法。2010年10月，党的十七届五中全会通过《中共中央关于制定国民经济和社会发展第十二个五年规划的建议》，提出"更加重视改革顶层设计和总体规划"。从此"顶层设计"作为制度改革和行政管理领域的"新概念"，在公共管理、经济学、社会学等研究领域引发高度关注和热烈讨论。从中国知网检索标题中含有"顶层设计"的文献数量可以看出，从2010年的不足100篇快速增长到2014年的超过1500篇，之后维持1500篇左右。

在系统工程学中，顶层设计通常运用系统论的方法，从全局的角度，对某项任务或者某个项目的各方面、各层次、各要素统筹规划，以集中有效资源，高效快捷地实现目标。因此，"顶层设计"的核心在于统筹兼顾，追根溯源，统揽全局，在最高层次上寻求和破解问题解决之道。对于制度改革和行政管理来说，"顶层设计"是一种更多地强调管理的高层次起点，侧重管理的全局性、整体性、基础性和根本性，是其他一切规划的元规划。目前,"顶层设计"作为一种决策思维方法,已成为决策者以及决策机构必备的决策工具。

1973 年 8 月,国务院召开了第一次全国环境保护工作会议,审议通过了《关于保护和改善环境的若干决定》,确定了我国第一个关于环境保护的"全面规划、合理布局、综合利用、化害为利、依靠群众、大家动手、保护环境、造福人民"的"32 字方针"。"全面规划"是 32 字方针之首,以此确立了环境规划在各项环境管理制度中的统领地位。从某种程度上来说,环境规划,可以说是我国生态环境保护工作顶层设计最主要的一种表现形式。自第一个全国环境保护规划以来,截至目前,我国在国家层面已编制并实施了 9 个五年的国家环境保护规划;规划名称经历了从计划到环保规划,再到生态环境保护规划的演变;层级从内部计划到部门印发,再升格为国务院批复和国务院印发,已经形成了一套具有中国特色的环境规划体系。水污染防治与生态保护始终是环境规划的重要内容之一。

为切实加大水污染防治力度,改善水生态环境质量,保障国家水安全,党中央和国务院近年来针对全国水生态环境质量的改善制定实施了一系列行动计划、方案等重要文件,包括 2015 年 4 月国务院《水污染防治行动计划》、2018 年 6 月《中共中央国务院关于全面加强生态环境保护坚决打好污染防治攻坚战的意见》等。在区域流域方面,国家制定了《京津冀协同发展生态环境保护规划》《海河流域水污染防治规划》等。各地按照国家的总体要求和部署,也制定了各自的水污染防治工作方案、打好污染防治攻坚战的落实方案等。目前,这些政策文件、规划、方案等,已经成为当前全国各地水污染防治工作的行动指南,从一定程度上体现了国家和地方在水环境保护和管理方面的顶层设计初衷,实现了从全局和战略的高度进行顶层设计和谋划的目的。

综上所述,天津滨海工业带水污染控制与生态修复顶层设计方案,就是要解决水生态环境保护的顶层目标和实现路径问题。以水环境全面改善、水生态健康持续为最终目标,统筹考虑水资源、水污染、水生态和水安全,就天津滨海工业带水生态环境质量改善目标、水污染防治与生态修复工程措施、管理技术及政策制度等做出的战略性、系统性和实践性的总体安排和部署;是现行的水环境保护规划、水污染防治行动计划、污染防治攻坚战等规划和方案的系统整合、纵向延伸和横向拓展。

2.1.2 天津滨海工业带水污染控制与生态修复顶层设计历程与问题

2.1.2.1 天津滨海工业带水生态环境规划发展历程

随着国家和天津市对环境保护工作的重视,天津市环境保护规划的发展从"六五"时期开始,经历了从无到有、从探索到成熟、从单一规划编制到规划体系构建的发展历程。由于天津市"九河下梢"的自然环境特点,水生态环境问题在各个历史时期均被摆在环境规划的突出位置。

(1) "六五""七五""八五"阶段（1981～1995年）

"六五"期间，环境保护计划作为独立篇章纳入国民经济和社会发展规划。根据《天津市国民经济和社会发展第六个五年计划纲要》，"六五"期间天津市水环境保护工作主要围绕保护水源水质展开，"重点治理含重金属、难溶解的有毒有害有机物和高含盐量的工业废水，工业废水处理率达到30%；配合纪庄子污水处理厂建设，完成污水处理系统内23个工厂废水的厂内治理；解决海河沿岸工厂的废水治理"。

"七五"期间，天津市未制定专门的环境保护规划，而是在全市国民经济和社会整体性规划中编制环境保护篇章，水环境保护工作的主要重点仍然是保护水源水质，重点"保护海河、滦河及地下水的水质，使蓄存、输送城市用水的水库、河道的水质达到国家二级标准；综合治理工业废水和城市污水，重点治理含重金属的废水，治理率达到65%；开展对污泥综合利用的研究"。

"八五"期间，天津市提出了环境保护"八五"计划。该阶段是天津市经济增长速度加快、城市建设步伐加大，同时环境保护事业压力加大的时期。在此期间，天津市正式将环境质量控制、污染治理和自然保护三大类42项指标，纳入国民经济和社会发展综合指标体系。在水环境保护方面，阶段指标更加明确，可量化程度较高，重点提出了"工业废水治理率由50%提高到70%，城市污水处理率由19%提高到38%"的目标，充分结合天津市污水处理厂建设进程。

从"六五"到"八五"阶段，是国家及天津市环境保护规划计划的起步探索阶段，规划的编制还缺乏统一的编制大纲和技术指南，主要还是停留在宏观目标规划层次，但也根据天津市环境保护工作发展实际（如污水处理厂建设运行等），制定了具体目标。在水环境保护领域，"六五"到"八五"阶段主要围绕着海河干流、引滦沿线等主要供水水源安排工作任务，以保障城市居民用水安全作为主要目标。监测数据表明，海河干流水环境质量改善程度不明显，甚至在"八五"末期有恶化趋势，1994年和1995年是"七五"至"八五"以来海河水质污染最严重的阶段，每年均有半年以上的时期全河段水质劣于Ⅴ类水质标准，海河丧失了备用水源功能。"八五"计划中水环境指标基本上没有达到。这体现出在当时的历史条件下，天津市对海河干流污染治理重视程度提高，但全市水污染防治基础设施建设和工业污染防治的短板极其明显，难以适应经济社会飞速发展的需求，难以应对水环境快速恶化的趋势。其他主要河道水环境保护工作力度相较于海河干流更小，基础设施建设更加薄弱，体现在除引沟入潮、沟河、子牙河、大清河、还乡河以外，全市其他一级河道污染更加严重，河流水质均已超过Ⅴ类标准。工业企业，特别是以造纸、化工、印染、冶金等行业为代表的乡镇工业发展和区域性经济开发加剧了河流污染，天津市水环境整体呈加剧恶化趋势。

(2) "九五"阶段（1996～2000年）

"九五"时期是天津市进入努力建成现代化港口城市和我国北方重要经济中心的

关键时期。在此期间，天津市所面临的城市建设和经济建设飞速发展、人口增长、资源消耗增加、土地高强度开发利用等问题，给环境保护工作造成巨大压力。"九五"环境保护规划的工作重点是建立与经济发展相适应的环境管理体系，基本做到经济发展与环境保护相协调，环境污染和生态破坏加剧的趋势得到基本控制。为此，天津市制定了《天津市环境保护"九五"计划和 2010 年长远规划》，提出"在继续抓好污染源治理的同时，努力改善各类水体的环境质量，保护水源系统，控制和治理海河污染，解决各类水体黑臭问题，努力将黑水、臭河永远留在 20 世纪"。在水环境控制目标上，"九五"计划分别设定了水资源目标、工业水污染防治目标、城市污水处理目标、地面水环境目标四大类目标，以"九五"末期和 2010 年作为重要时间节点，分别设置目标。

"九五"期间，国家环境保护总局（现生态环境部）与天津市政府编制形成《海河流域水污染防治"九五"计划》，计划以保护饮用水源和海河干流为重点，提出"到 2000 年，所有城镇集中式地表水饮用水水源地水体达到功能要求，农村浅层地下水污染严重的地区，饮水问题得到解决，确保城乡居民饮用水安全；天津地面水环境质量达到功能要求"，同时还提出了流域 COD 排放和入河总量控制目标。

结合上述规划计划，"九五"期间，天津市水环境保护主要围绕海河干流水系开展，安排了一批泵站改造、合流制管网改造、调水冲污的工程措施，以期恢复海河干流备用水源地功能。工业源污染控制主要以控制全市 43 家重点企业为主。污水处理厂方面，主要通过建设开发区污水处理厂和咸阳路污水处理厂、扩建纪庄子污水处理厂，大幅扩大污水处理能力。

1996 年，《国务院关于环境保护若干问题的决定》要求：到 2000 年底，各省、自治区、直辖市要使本辖区主要污染物的排放量控制在国家规定的排放总量指标内；工业污染源要达到国家或地方规定的污染物排放标准，空气和地面水按功能区达到国家规定的环境质量标准，即"一控双达标"。从实施效果来看，"九五"期间，天津市基本实现了"一控双达标"的阶段性目标，污染物排放总量始终在国家规定的计划目标内，基本实现了工业污染源的达标排放；关停污染严重的"十五小"企业 89 家，对2782 个超标污染源进行限期治理，形成了年削减 COD 排放量 6.38 万吨的治理能力，也从侧面体现了仅通过控制少量重点源难以完全扭转天津市整体水环境恶化趋势，以海河为代表的天津市主要河道污染状况改善程度不明显。

(3) "十五"阶段（2001～2005 年）

天津市环境保护"十五"计划纲要的编制，承接了"九五"计划的实践和成果，呼应了"九五"计划中 2010 年规划的思路和目标。环境保护在天津市处于更加突出的战略位置，天津市环境保护"十五"计划首次被市政府批准为"十五"专项计划。在水环境保护方面，"十五"计划提出"饮用水水源水质达标率达到 96% 以上；全市 COD排放总量控制在 16.0 万吨，比 2000 年实际排放总量减少 10%；总氮、总磷入海总量分别控制在 1.54 万吨和 630 万吨；城市污水处理率达到 84%以上；卫星城镇污水处理率达到 50%；国家考核 49 个水质监测断面中，33 个断面水质达到国家规定的功能类别标准；所有污染源实现全面达标排放"。

2002 年起，天津市提出决定用三年时间创建国家环境保护模范城市。作为"创模"工作的重要组成部分，天津市编制形成《碧水工程实施方案》。该计划紧紧围绕我市"创模"中的各项水环境保护指示，根据天津市可持续发展战略和环境保护工作"统一法规、统一规划、统一监督"的要求，以反映天津市水环境系统内在规律的"水污染源系统-地表（下）水系统-近岸海域系统"（简称源-水系-海洋）这三个相互联系又相互独立的子系统为主线，以水系为重点，以饮水用源保护为核心，以引滦水源保护等九大水环境保护和污染控制工程为主要手段，以水环境功能区质量和近岸海域环境功能区质量达标和改善为阶段目标，以全市人民生活、生产和生态用水安全为最终目标。

为了有效遏制渤海近岸海域环境质量不断恶化的趋势，根据国家部署，天津市于 2002 年 2 月编制完成《渤海天津碧海行动计划》。该计划依据天津特点，将天津陆域到近岸海域的水环境作为一个整体，强调污染控制和生态保护并重，最终实现对入海氮、磷的有效削减。该计划在推动工业污染源稳定达标排放的基础上，重点针对氮磷入海总量控制提出了具体管控要求，制定了禁止销售和使用含磷洗涤用品、促进集中式畜禽养殖场废水达标排放、提高生态养殖面积、构建沿海地区防护林体系等具有针对性的行动目标，并分阶段提出了 2001～2005 年、2006～2010 年、2011～2015 年碧海行动计划。

《海河流域天津市水污染防治"十五"计划》的工作重点是景观河道水质有所改善；污水集中处理工程和清污分流污水调控工程有突破性进展；工农业用水水质有所改善，加快再生水回用，控制污灌造成的农业生态环境恶化趋势。

总体上看，"十五"期间天津市主要围绕"创模"，在水环境保护方面开展了大量的工作，2006 年天津市被正式授予"国家环境保护模范城市"称号，也体现了全市在环境保护领域取得的成绩。围绕"创模"开展的工作，重点仍集中在饮用水水源保护、重点工业企业达标排放、黑臭水体治理等领域。在这一阶段，推动工业结构调整、推行清洁生产作为重要的减排手段，开始纳入水污染控制管理中。另外值得注意的是，消灭城市黑臭水体始终贯穿于后续的各类规划计划中，说明在一定阶段内黑臭水体治理具有易反弹的特点，不仅需要不断提高水污染控制技术水平，更需要从控源截污到生态修复的系统性、全面性的设计。

(4)"十一五"阶段（2006～2010 年）

2006 年，天津市公布了《天津市生态建设和环境保护第十一个五年规划》，提出了近期（2010 年）和远期（2020 年）的水环境规划目标。规划重点保障饮用水安全，保证城市景观水体水质稳定达标，加大海水利用和污水处理及再生水利用的力度，扩大城区污水处理能力，提高工业污水处理达标率和再生水回用率，开展中、小城镇污水处理厂建设。近期在境外来水符合水环境功能区水质标准的条件下，重点河湖水质有所改善，保证基本生态用水量；城市外围黑臭河道得到治理，近岸海域水质进一步改善。远期深化完善节水设施，优化配置水资源；扩大海水综合利用领域；城市污水得到有效处理及多渠道的合理回用，全面提高中小城镇污水处理率；水生态保护工作取得有效进展，水域生态环境质量得到进一步改善，近岸海域环境功能区达标率进一步提高。该规划的公布实施，与后续的清水工程，成为这一阶段天津市水环境保护的主要工作。

2008年，天津市做出用三年时间实施水环境专项治理工程的重大决策，确定了"用一年时间完成中心城区的10条河道及大沽排污河115km治理任务，用两年时间完成环外29条268km农业河道治理任务，用3年时间完成新建44座和升级改造16座污水处理厂任务"的三年行动计划，解决天津水环境方面存在的突出问题，又称为天津市第一轮"清水工程"。2010年底，全市新增污水处理能力77.5万吨/日，新增配套管网798km，新增收水面积477km²，全市污水累计总处理能力达260万吨/日，城镇污水处理率达到85%，中心城区达到90%以上。

"十一五"阶段的水环境保护工作以河道治理和污水处理厂建设为重点，在全市实施大规模的水环境专项治理工程。污水处理能力稳步提升，但污水收集管网建设问题直接影响了污水处理设施功能发挥，污水处理厂运行负荷率低。入境水量锐减突出体现城市再生水利用设施建设滞后、利用效率低的问题。

(5) "十二五"阶段（2011～2015年）

2011年，天津市制定并实施《海河流域（天津市）水污染防治"十二五"规划》，重点从提高城市污水处理水平、推进工业结构型调整、开展城市水环境综合整治、推进农业污染源治理、健全环境监管体系及监测能力建设六大方面入手，防控海河流域水污染问题。

2011年，天津市决定实施第二轮"清水工程"，三年实际完成投资91.9亿元，综合治理河道97条（段）、712.9km，修建截污管道720.3km，封堵排污口门984处，清淤2990万立方米；新建污水处理厂22座，完成13座污水处理厂负荷率提升工程；新建配套管网650km。中心城区、滨海新区、环城四区、两区三县建成区河道基本消除黑臭、实现水清，城乡河道生态环境明显提升，全市污水处理能力达到317.65万吨/日，新增COD年削减能力6.23万吨，全市城镇污水处理率达到90%，运行负荷率达到80%。

2012年，天津市公布《天津市环境保护"十二五"规划》，继续以污染减排为抓手，严格执行污染源达标排放和总量控制制度，在严重超标单元实行目标总量控制，在工程减排的基础上，加强结构减排和监管减排。

2013年，《美丽天津建设纲要》发布，天津市启动实施"美丽天津·一号工程"，实施包括清水河道行动在内的综合措施防治环境污染。清水河道行动主要通过工业企业污染源治理工程、规模化养殖场治理工程、入河排污口治理工程、污水处理厂网建设工程、合流制地区改造工程、河道治理工程六大类工程的实施，针对天津市水环境方面存在的突出问题，优先实施污染源头治理，治理各类污染源、控制入河排污总量。清水河道行动将 1143 个工业生产废水直排污染源列为治理重点，通过"关、停、迁、治"方法治理直排污染环境工业企业，取缔 92 家不符合国家产业政策的小造纸、小电镀等"十五小"企业；293 家污染排放不达标或没有环保手续的违法工业企业必须停产整治，时限为 3 个月至一年；仍不能通过环保验收的工业企业通过关闭、迁入园区或接入污水处理厂、实施深度治理等途径彻底解决工业废水问题。

"十二五"期间，天津市水环境减排目标如期实现，水处理能力进一步提升，主要河道及污水处理厂自动监测设施建设逐步启动，畜禽养殖、农田种植等污染源防控受到重视。值得注意的是，该阶段针对工业污染源，体现了园区化管理的思路，耗水大、污染重的新建工业企业必须进入园区，原有企业逐步向园区集中，工业园区内企业禁止向环境直排，并通过推行天津市污水综合排放标准，确保全市工业直排及工业园区污水处理厂稳定达标排放。这一阶段，天津市水环境质量总体保持稳定，但改善幅度不明显，体现出以污染物总量减排为核心的水环境管理思路，在切实改善水环境质量方面具有一定的局限性。城区黑臭水体治理、城镇管网空白区建设持续性纳入相关规划计划，景观水体周边截污纳管、完善雨污分流系统等工作仍需持续推动。

（6）"十三五"阶段（2016～2020 年）

2015 年 12 月 30 日，天津市为贯彻落实《水污染防治行动计划》，印发了《天津市水污染防治工作方案》。方案明确"2017 年底前，基本消除城市建成区黑臭水体。到 2020 年，水质优良（达到或优于Ⅲ类）比例达到 25%以上，丧失使用功能的水体（劣于Ⅴ类）断面比例下降 15 个百分点，城市集中式饮用水水源水质全部达到或优于Ⅲ类标准，地下水质量考核点位水质级别保持稳定，近岸海域水质保持稳定"。国家与天津市通过目标责任书的形式，以水质目标达标为抓手，签订了目标责任书，确定了"十三五"阶段天津市的水环境保护工作方向。工作方案还分别针对天津市境内于桥水库及输水沿线、北三河水系、永定河水系、海河干流水系、漳卫南运河水系、黑龙港运河水系、大清河-子牙河水系 7 大水系分别提出水污染治理和水环境保护的主攻方向，既考虑了全市整体水环境改善，又强调了水系内部系统性治理。

2017 年，天津市印发《天津市"十三五"生态环境保护规划》，要求"到 2020 年，全市地下水质量考核点位水质保持稳定，极差比例控制在 25%；近岸海域水质完成国家目标；城市建成区黑臭水体治理完成国家目标；城市集中式饮用水水源水质达标率100%；主要水污染物 COD、氨氮排放总量分别减少 14.4%和 16.1%，区域性污染物总氮、总磷排放总量分别完成国家任务"。

2018 年，天津市印发《〈重点流域水污染防治规划（2016～2020 年）〉天津市实施方案》，确定的重点任务涉及工业污染防治、城镇生活污染防治、农业农村污染防治、流域水生态保护、饮用水水源环境安全保障等。

"十三五"阶段天津市的水污染防治工作，逐渐从主要以水污染物总量控制为目标，转变为以水环境质量达标为目标，进而安排阶段水污染防治任务。尤其是《天津市水污染防治工作方案》的公布实施，将水污染防治视作系统工程，从全局和战略的高度进行顶层设计和谋划。以改善水环境质量为核心，统筹水资源管理、水污染治理和水生态保护。协同管理地表水与地下水、淡水与海水、大江大河与小沟小汊。系统控源，全面控制污染物排放。工程措施与管理措施并举，切实落实治理任务，是截至目前较为系统全面的水污染防治工作方案。

2.1.2.2　水生态环境规划存在的问题

天津市各项环境保护规划计划的不断发展，在天津市水污染防治和水环境保护方面发挥了决定性作用。但结合天津市水环境现状和水环境改善需求，部分问题仍亟待解决。

① 水环境质量整体难以全面达到水环境功能区划要求。自"九五"规划起，天津市始终对标海河流域天津市水环境功能区划中设定的水质要求。该目标限值与天津市水环境现状差距较大，结合天津市水资源和水环境条件，难以在短时间内达到水质要求。特别是在以污染物总量控制为主要手段的时期内，水污染物减排虽然成效显著，但天津市整体水环境质量改善不明显，水生态更是无从谈起。自《水污染防治行动计划》和《天津市水污染防治工作方案》实施以来，天津市以水环境质量达标为目标，在考虑水环境功能区划要求的基础上，制定了更加切合天津实际情况的全市主要河流2020年的阶段性水质目标，并结合水质现状制定逐年分阶段目标，使得水环境保护规划计划工作与水环境质量改善紧密衔接，以期最终逐步实现水环境功能区划的水质要求。

② 部分工作任务长时间未得到根本性突破。在管网建设及改造方面，"九五"规划以来，天津市在主要河道，如海河、南运河、北运河、子牙河等，推动泵站截污改造、排污口截污改造等工程，解决雨污合流、管网混接、管网空白、汛期排水影响水环境质量等问题。需要特别注意的是，消灭管网空白区、合流制改造等工作基本贯穿于"九五"阶段至今的各项环境保护和水污染防治工作规划计划中。这一方面体现了天津市基础设施短板问题依然严重，水污染治理项目欠账较多；另一方面也体现出相关工作任务量大、牵涉范围广、工作推动具有一定的难度。但考虑到全市污水处理规模分布不均衡的突出问题，城市管网建设和改造方面亟待取得突破。

③ 部分工作任务安排无法适应天津市污染物排放结构的变化。随着天津市水环境保护工作的开展，特别是针对污水处理厂、工业园区和工业直排企业的多轮专项治理，天津市主要污染物的排放结构发生了明显的变化，城镇生活源和农业农村污染源

成为污染物主要来源。从"十一五"以来，虽然在上述两方面安排了一定的工作任务，也基本得到了良好的执行，但总体上水污染物减排依然以工业污染源和污水处理厂为主要控制对象，进一步挖掘减排潜力。对于城镇直排、初期雨水、畜禽养殖、水产养殖、农业种植等污染源重视程度明显不足。近年来《水污染防治行动计划》和《天津市水污染防治工作方案》的实施，使得这一现象有所缓解。因此，在本方案的研究过程中，也将此作为重要内容给予高度重视。

2.1.3　系统论视域下水污染控制与生态修复顶层设计框架

顶层设计作为一种战略规划的设计思路，通过提供系统方案实施框架、时间节点、实施路径、支撑保障等因素来统筹协调和系统安排战略规划的推进路线。根据天津滨海工业带水生态环境改善的需求和实际特点，结合天津滨海工业带水生态环境规划思路的转变和需求，水污染控制与生态修复顶层设计方案在目标上突出陆海统筹、生态健康，在路径上强调四水联动、分区施策，在制度上突出体系完备、精细管控。

顶层设计框架图如图 2-1 所示。

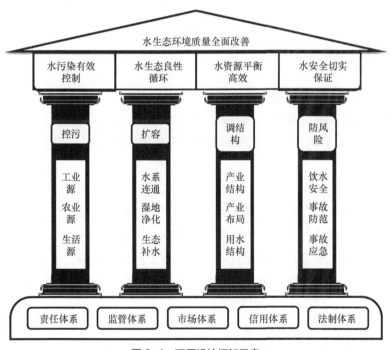

图 2-1　顶层设计框架示意

2.1.3.1　顶层目标

以新时代美丽中国建设的两个阶段目标为指引，即 2035 年生态环境质量根本好转为顶层目标，综合考虑天津滨海工业带水生态环境禀赋、水环境现状以及社会经济发展趋势，统筹"水资源、水环境、水生态、水安全"四水联动，实现水污染控制与生态修复顶层目标，应是水污染有效控制、水生态良性循环、水资源平衡高效、水安全切实保证的综合体现。

（1）水污染有效控制

污染物超环境容量排放是水环境质量恶化最根本的原因，有效控制污染物排放是改善水环境质量的重中之重。

（2）水生态良性循环

生态流量难保障，河流水系循环不畅，水流滞缓，水体自净能力差，是水环境质量恶化的直接诱因。水生态健康、稳定，良性循环，是水环境质量持续改善的重要保障。

（3）水资源平衡高效

水资源是区域发展的命脉，水资源的量、质及结构，不仅与区域的社会经济、产业结构、产业布局等息息相关，也是水环境质量改善的重要因素，也是核心要素。

（4）水安全切实保证

水，作为区域发展的命脉，从源头的供水安全、饮用水安全，到末端的水环境风险事故防范与应急处置，防范风险、保障水安全贯穿城市水环境系统整个运行和管理过程。

2.1.3.2 实现途径

水生态环境质量的改善最主要的两个方面即为减污、增容。对比分析现行国家、区域以及天津市的政策、规划、方案等，从"水资源、水环境、水生态、水安全"四水联动的角度，可以看出，水生态环境全面改善的实现路径，即控污＋扩容＋调结构＋防风险。

（1）控污

污染物超环境容量排放是区域水环境质量恶化最根本的原因。因此，控制污染物排放是区域水环境系统优化的重中之重。分别针对工业源、农业源、生活源三大污染物来源，进行控污方案设计。结合天津滨海工业带产业结构偏重、工业污染占比较大的实际情况，重点突出工业污染全过程控制模式、重点行业污染治理技术集成体系。

（2）扩容

生态流量难保障，河流水系循环不畅，水流滞缓，水体自净能力差，是区域水环境质量恶化的直接诱因。分别从保障生态流量（水系连通）、人工湿地建设、增加生态用水等方面，进行扩容方案设计。重点突出基于天津滨海工业带河网水系特点的湿地净化技术集成体系。

（3）调结构

水资源是区域发展的命脉，水资源的量、质及结构，不仅与区域的社会经济、产业结构、产业布局等息息相关，也是区域水环境质量改善的重要因素。因此，区域水环境系统优化的核心要素是水资源。结合天津滨海工业带水资源匮乏且高度依赖外调水的特点，以水资源禀赋为约束，进行结构调整方案设计，重点突出基于循环经济的产业结构+布局调整方案，基于海水淡化能力充分利用的用水结构调整方案。

（4）防风险

水，作为区域发展的命脉，从源头的供水安全、饮用水安全，到末端的水环境风险事故防范与应急处置，防范风险、保障水安全贯穿区域水环境系统整个运行和管理过程。结合天津滨海工业带水环境系统特点，分别从饮用水安全、环境风险防范、环境事故应急等方面，进行风险防范应急方案设计，重点突出环境风险"查-管-控-处"全过程方案设计。

2.1.3.3 制度保障

党的十九大报告明确提出，建设生态文明必须实行最严格的生态环境保护制度。习近平同志在 2018 年全国生态环境保护大会上强调指出：保护生态环境必须依靠制度、依靠法制。只有实行最严格的制度、最严密的法治，才能为生态文明建设提供可靠保障。党的十九届四中全会提出，坚持和完善生态文明制度体系，促进人与自然和谐共生。要实行最严格的生态环境保护制度，全面建立资源高效利用制度，健全生态保护和修复制度，严明生态环境保护责任制度。基于顶层设计的管控制度设计应遵循问题导向、完善提升的原则，围绕综合统筹性的重点制度进行系统设计，尽可能完善现有制度的空白、缺失等问题，提高制度的协调性、高效性、长效性，实现精细化管控。科学合理的制度安排和设计，是水污染控制与生态修复顶层设计方案和路线图能够得到切实落实的保障。

2.2
系统论视域下水污染控制与生态修复顶层设计核心内容与技术路线

2.2.1 系统论视域下水污染控制与生态修复顶层设计核心内容

根据天津滨海工业带水污染控制与生态修复顶层设计的定位可知，顶层设计方案的核心内容就是天津滨海工业带水生态环境改善目标及对策措施的时间表和路线图。这里所说的时间表和路线图均涵盖时间和空间双重维度,如表 2-1 所列。即改善目标不仅要设定水生态环境的总体改善目标、阶段目标,还要构建实现水生态环境总体改善的控制指标体系;对策措施不仅要给出重点领域的任务措施及实施时序,还要与水系统的自然属性相结合,依据汇水和纳污范围,划分重点河流廊道,提出更具针对性、可操作性的差异化分区措施。总结来说,顶层设计方案核心内容可概况为"一图四表",即水功能区水质达标路径图、水生态环境改善控制指标体系表、四水联动任务措施时序表、重要河流生态廊道差异化施策表和管控制度体系构建路径表。

表 2-1　天津滨海工业带水污染控制与生态修复方案和路线图核心内容

维度	改善目标	对策措施
空间维度	水功能区水质达标路径图	重要河流生态廊道差异化施策表
时间维度	水生态环境改善控制指标体系表	四水联动任务措施时序表; 管控制度体系构建路径表

2.2.2　系统论视域下水污染控制与生态修复顶层设计技术流程

从设计流程上来看,顶层设计本质上仍是一项系统工程,要遵循系统分析和工程设计的思路,从系统分析入手,坚持目标导向,多角度、多层级进行路径设计和制度设计。

顶层设施方案和路线图见图 2-2。

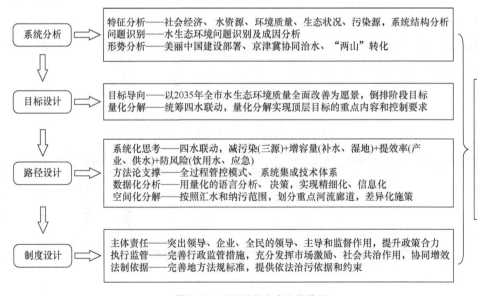

图 2-2　顶层设施方案和路线图

2.2.2.1 系统分析

系统分析主要包括特征分析、问题识别和形势分析三部分工作。在特征分析中，首先要明确系统边界，确定要解决的问题。研究对象即为天津市，要解决的核心问题即为水生态环境质量改善。明确以天津滨海工业带作为分析对象后，就意味着京津冀、海河流域上游等区域的情况，只能作为系统设计的约束条件，而不对系统以外的区域进行规划和设计。例如，京津冀区域水资源量的分配约束、入境水质约束等，在顶层设计过程中，通过设定不同的情景模式，体现其对天津滨海工业带系统的影响，进而设定不同的实施路径和支撑保障。在对系统进行深入调查了解的基础上，识别系统存在的问题及关键影响因素，分析问题成因，为构建顶层设计的框架，为目标、路径设计奠定基础。其次要开展形势分析，对系统的内外部环境、机遇与挑战进行前瞻性预判，从"后知后觉"到"先知先觉"。在这一部分，最主要的任务是对天津滨海工业带的水环境与水生态状况进行全面摸底和科学评价，识别天津滨海工业带的水环境与水生态问题，为确定顶层目标奠定基础。

2.2.2.2 目标设计

顶层设计的目标设计遵循目标导向的原则，实现前瞻性的事前计划。党的十九大提出的到 2035 年生态环境根本好转是目前我国生态环境保护和生态文明建设的顶层目标，因此，可以认为"水生态环境根本好转"即为天津滨海工业带水污染控制与生态修复顶层设计方案中顶层目标的定性表述。顶层目标设计即为将顶层目标的定性描述转换为定量表达，即确定天津滨海工业带水生态环境根本好转的内涵以及定量表达所需的评价方式、评价指标、评价标准等；然后从后往前看，倒排工期，分解每个阶段、每个领域的目标和指标。此外，目标设计要充分体现时空概念，尤其是水环境与水生态的目标，分别明确分阶段、分水系、分断面的水质目标和水生态目标，为路径设计明确方向和重点，为实现水陆一体化的水生态环境的空间可视化管理奠定基础。

2.2.2.3 路径设计

路径设计要遵循系统化思考-方法论支撑-数据化分析-空间化分解的原则。系统化思考是在系统分析的基础上，明确要实现终极目标的实现路径，即包括哪些主要任务。对比分析现行国家、区域以及天津市的政策、规划、方案等，从"水资源、水环境、水生态、水安全"四水联动的角度，突出多措并举，可以得出水污染防治与生态修复的实现路径，即控污＋扩容＋调结构＋防风险。方法论支撑是要明确完成主要任务所采取的措施、模式、方案等，例如工业污染控制的全过程防控模式，农村生活污染控制的集中与分散相结合的因地制宜模式等。数据化分析是要尽可能用量化的指标、方案进行分析、决策，确保实现路径的精细化、可操作性。空间化分解是要将任务措施指标等进行科学分解，落实责任。根据水生态系统的自然和社会双重属性，水生态环境治理既要顺应自然，也要遵循社会行政管理规则，因此，在设定重点领域实现路径的同时，还应按照河流汇水和纳污范围，划分重点区域，实施差异化措施。

2.2.2.4 制度设计

制度设计主要是对综合统筹性的体制、机制、能力等制度的设计，通过制度的设计，保障各项实现路径的顺利实施和城市水环境质量改善目标的最终实现。基于顶层设计的管控制度设计应遵循问题导向、完善提升的原则，围绕综合统筹性的重点制度进行系统设计，尽可能完善现有制度的空白、缺失等问题，提高制度的协调性、高效性、长效性，实现精细化管控。中共中央办公厅、国务院办公厅 2020 年 3 月印发《关于构建现代环境治理体系的指导意见》（以下简称《意见》），为我国构建党委领导、政府主导、企业主体、社会组织和公众共同参与的现代环境治理体系勾画蓝图，是对生态环境治理在制度方面的一项顶层设计。因此，天津滨海工业带水污染控制与生态修复顶层设计方案中的制度设计，也应从责任、监管、市场、信用、法制等方面入手，围绕重点综合性制度形成制度体系。例如，"河长制"作为目前流域水环境治理最主要的综合性制度创新，从实施情况来看仍面临着一些现实困境。机构改革已经在形式上完成生态环境主管部门对水环境职能的整合，以解决部门协同为初衷的"河长制"如何进一步优化，在严格的行政追责效应逐步降低的情况下，如何与市场激励机制、公众参与机制相结合，构建以"河长制"为主体的水环境保护责任体系等，进行制度保障方案设计。

第3章

京津冀协同治水背景下
水生态环境现状调查及问题识别

- 水生态环境系统调查
- 水生态环境问题诊断
  及瓶颈分析

本章通过系统全面的天津市社会、经济、资源以及水环境、水生态、污染排放等调研分析，分别从资源环境承载、生态系统状况、污染减排空间和管控技术要求四个方面，识别出京津冀协同治水背景下，天津滨海工业带水生态环境改善面临的主要问题及瓶颈，即：区域水环境容量低造成水环境质量波动大、流域开发强度高导致水生态系统脆弱、原有污染物排放控制体系下减污空间无法支撑工业带大规模产业聚集、精准治污、科学治污精细化的环境管理技术支撑有待加强，为顶层目标、实现路径和制度保障设计奠定基础。

3.1
水生态环境系统调查

3.1.1 调查方案

3.1.1.1 调查内容

（1）全市概况基础调查

重点包括自然和社会经济以及水资源概况，通过数据资料搜集整理，调查分析全市的自然、资源、社会、经济等与水生态环境相关的情况和全市水资源量、供用水情况，为水环境与水生态现状及问题分析提供基础资料。

（2）水环境与水生态状况调查分析

重点包括水环境质量和水生态状况，通过历史监测数据搜集整理、实地勘察、补充监测等方式，调查分析全市水环境质量和水生态总体状况，明确水环境与水生态问题诊断及成因分析。

（3）水污染物排放状况

通过搜集整理2014～2016年环境统计、总量减排、污染源上报等污染物排放多源数据，以化学需氧量和氨氮为主要指标，结合社会经济数据和实地调研排查，对天津市水污染物排放情况进行系统核算和深入分析，并对六大水系汇水区内的污染物排放量进行梳理，为开展全市水环境排污准入、污染控制、生态修复等对策措施研究提供基础资料和依据。

（4）重点片区及污染特征因子筛选和调查

围绕海河流域、京津冀地区及天津滨海工业带水环境全面改善和生态系统恢复的实际需求，通过遥感、GIS等技术手段，在污染源清单、土地利用类型分析等基础上，分别筛选滨海工业带居住和产业混合区、高风险工业区、典型工业园区3种类型的重点研究片区，并通过对重点片区产业类型、复杂排水水源、水生态环境现状等调查，针对居住和产业混合区污水、高风险工业区工业废水、园区污水处理厂尾水及初期雨水，采用产业特征污染物分析和地表水监测相结合的方法，筛选重点片区污染特征因子，为滨海工业区水污染防控示范区模式构建研究提供研究基础。

3.1.1.2　调查技术路线

本次调查采取资料研究、实地调研和专家咨询相结合的方法，见图3-1。

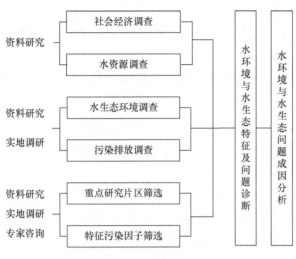

图 3-1　调查技术路线

（1）资料研究

通过对天津市社会、经济、资源、环境等相关历史资料和文献资料的搜集整理，了解目前天津市与水相关的自然、资源、社会经济等历史和现状情况。

（2）实地调研

包括实地踏勘和补充监测，在文献资料研究的基础上，对天津市主要河流水系和重点研究片区进行实地踏勘和必要的补充监测，深入了解水环境与水生态现状情况。

（3）专家咨询

邀请水生态环境保护规划、战略等相关领域的专家进行咨询，为全市水生态环境现状特点、突出问题及成因诊断等提供专业咨询和帮助。

3.1.1.3　重点片区和特征污染因子筛选结果

围绕海河流域、京津冀地区及天津滨海工业带水环境全面改善和生态系统恢复的实际需求，依据环境统计、第二次污染源普查等数据资料，在污染源清单、工业园区分布、污水处理设施分布、重点产业分析以及土地利用类型分析等的基础上，采用遥感解译、GIS 等技术手段，筛选出滨海工业带居住区和产业混合区、高风险工业区、重点行业工业聚集区 3 种类型的重点研究片区。

重点片区筛选结果如下：

（1）居住区和产业混合区

① 蓟运河水系：滨海新区中新生态城片区。

② 永定新河水系：武清城区（经济开发区）、空港经济区、滨海天津经济开发区。

③ 海河干流水系：滨海高新区华苑科技园片区、滨海高新区渤龙湖科技园片区、津南城区（海河科技园）。

④ 独流减河水系：静海城区片区（静海经济开发区）、滨海大港街片区。

（2）高风险工业区

① 蓟运河水系：汉沽现代产业园区（化学工业区）。

② 海河干流水系：临港工业区。

③ 独流减河水系：大港石化产业园、轻纺工业园。

④ 南四河水系：南港工业区（石油和化工工业集聚区）。

（3）重点行业工业聚集区

① 蓟运河水系：宁河及宝坻造纸类。

② 永定新河水系：滨海高新区生物医药产业聚集区、天津开发区生物医药产业聚集区、北辰医药医疗器械园；武清区纺织类。

③ 海河干流：海河中下游冶金工业区。

重点片区情况汇总详见表 3-1。

表 3-1　重点片区情况汇总

片区类别	片区位置	所在水系	重点行业	河流水系	特征
居住区和产业混合区	中新生态城+汉沽现代产业园区片区	蓟运河水系	化工	蓟运河故道清净湖	工业污水单独前处理后并入城镇污水处理厂，处理出水进入清净湖
	滨海高新区华苑科技园片区	大清河水系	高新技术产业	陈台子排水河	污水进入大型城镇污水处理厂，处理出水进入陈台子排水河
高风险工业区	临港工业区片区	海河干流水系	化工、食品	人工湿地人工河道	两个工业污水处理厂处理出水进入人工湿地
重点行业工业聚集区	滨海高新区滨海科技园片区	海河干流水系	化工、制药	湿地多塘渤龙湖景观河道	污水处理厂出水进入北塘排水河

3.1.2　自然环境和社会经济概况

3.1.2.1　自然环境概况

（1）地理位置

天津市地处华北平原北部，东临渤海，北依燕山。天津位于海河下游，地跨海河两岸，是北京通往东北、华东地区铁路的交通咽喉和远洋航运的港口，有"河海要冲"和"畿辅门户"之称。北南长189km，西东宽117km。陆界长1137km，海岸线长153km。对内腹地辽阔，辐射华北、东北、西北13个省（市、自治区），对外面向东北亚，是中国北方最大的沿海开放城市。

（2）地质与气候

天津地质构造复杂，大部分被新生代沉积物覆盖。地势以平原和洼地为主，北部有低山丘陵，海拔由北向南逐渐下降。北部最高，海拔1052m；东南部最低，海拔3.5m。全市最高峰为九山顶（海拔1078.5m）。地貌总轮廓为西北高而东南低。天津有山地、丘陵和平原三种地形，平原约占93%。除北部与燕山南侧接壤之处多为山地外，其余均属冲积平原，蓟州区北部山地为海拔千米以下的低山丘陵。靠近山地是由洪积冲积扇组成的倾斜平原，呈扇状分布。倾斜平原往南是冲积平原，东南是滨海平原。

天津地处北温带位于中纬度亚欧大陆东岸，主要受季风环流的支配，是东亚季风盛行的地区，属暖温带半湿润季风性气候。临近渤海湾，海洋气候对天津的影响比较明显。主要气候特征是，四季分明，春季多风，干旱少雨；夏季炎热，雨水集中；秋季气爽，冷暖适中；冬季寒冷，干燥少雪。冬半年多西北风，气温较低，降水也少；夏半年太平洋副热带暖高压加强，以偏南风为主，气温高，降水多。天津年平均气温12.6℃，7月最热，月平均温度28℃；历史最高温度是41.6℃。1月最冷，月平均温度-2℃；历史最低温度是-17.8℃。年平均降水量在360～970mm之间，年平均降水量534.4mm。

（3）生物资源

天津海岸线位于渤海西部海域，南起歧口，北至涧河口，长达153km。海洋生物资源，主要是浮游生物、游泳生物、底栖生物和潮间带生物。天津市植被大致可分为针叶林、针阔叶混交林、落叶阔叶林、灌草丛、草甸、盐生植被、沼泽植被、水生植被、沙生植被、人工林、农田种植植物11种。截至2006年9月，天津市野生动物共有497种，其中有国家重点保护动物73种。全市的野生动物中，有黄鼠狼、大灰狼、獾猪等兽类41种，家燕、麻雀、海鸥等鸟类389种，癞蛤蟆等两栖类7种，家蛇、乌龟等爬行类19种，青鳝等鱼类41种。

3.1.2.2 行政与社会状况

（1）行政区划

天津是中国四大直辖市之一，现辖16个区，共有124个镇、3个乡、118个街道，3680个村委会和1645个居委会。市辖区包括：滨海新区、和平区、河北区、河东区、河西区、南开区、红桥区、东丽区、西青区、津南区、北辰区、武清区、宝坻区、静海区、宁河区、蓟州区。

天津市市域大致可以分为中心城区、滨海新区、环城区、远郊区四类城市功能区域。市内六区为和平区、南开区、河西区、河东区、河北区、红桥区；环城区为北辰区、西青区、津南区、东丽区；远郊区县为蓟州区、宝坻区、武清区、静海区、宁河区。滨海新区于 2010 年 1 月 10 日正式成为行政区，包括塘沽、汉沽、大港三个区域和坐落在其行政区域范围内的天津经济技术开发区、塘沽海洋高新技术开发区、天津港区、天津保税区、临港工业区、南港工业区等产业功能区。

（2）土地利用

天津市国土总面积 11797km²。截至 2018 年年底，其中耕地面积 43.69 万公顷（$1hm^2 = 10^4m^2$），占全市土地总面积的 36.7%；园地面积 29725hm²，占 2.5%；林地 54814hm²，占 4.6%；牧草地 594hm²，占 0.05%；居民点及工矿用地 330926hm²，占 27.8%；交通用地 30029hm²，占 2.5%；水域 315089hm²，占 26.43%；未利用土地 15756hm²，占 1.3%。在全部土地面积中，国有土地 501.68 万亩（1 亩 = 666.67 平方米），占 28.06%；集体土地 1286.28 万亩，占 71.94%。全市的土地，除北部蓟州区山区、丘陵外，其余地区都是在深厚沉积物上发育的土壤。在海河下游的滨海地区，有待开发的荒地、滩涂 1214km²，是发展石油化工和海洋化工的理想场地。

（3）社会人口

截至 2019 年末，全市常住人口 1561.83 万人，比上年末增加 2.23 万人。常住人口中，城镇人口 1303.82 万人，城镇化率为 83.48%。常住人口出生率 0.673%，死亡率 0.530%，自然增长率 0.143%。年末全市户籍人口 1108.18 万人。详见表 3-2。

表 3-2 全市常住人口统计表

地区	人口/万人	行政区面积/km²	人口密度/（人/km²）
全市	1562.12	11903	1312
和平区	35.19	10.00	35190
河东区	97.61	39.00	25028
河西区	99.25	37	26824
南开区	114.55	39	29372
河北区	89.24	27	33052
红桥区	56.69	21	26995
滨海新区	76.04	2270	335
东丽区	85.37	477.34	1788
西青区	89.41	570.8	1566
津南区	86.40	387.84	2228
北辰区	119.96	478.48	2507
武清区	92.98	1574	591

地区	人口/万人	行政区面积/km²	人口密度/（人/km²）
宝坻区	299.42	1509	1984
宁河区	49.57	1031	481
静海区	79.29	1475.68	537
蓟州区	91.15	1590.42	573

（4）经济产业

2019 年，天津生产总值（GDP）14104 亿元，其中，第一产业增加值 104.04 亿元、第二产业增加值 4936.4 亿元、第三产业增加值 9026.56 亿元。从经济总量上来看，近年来，天津 GDP 遭遇下降。从经济增速上来看，持续走高后增长乏力。天津一直是中国北方最大的工业中心，近十几年经济增速在全国也名列前茅。1999～2014 年，天津的经济始终是两位数增长。2010～2013 年，天津经济增速分别为 17.4%、16.4%、13.8%、12.5%，连续多年排全国第一。2014 年、2015 年、2016 年天津经济增速有所下降，但仍为 10%、9.3%、9.1%，在各省市中也位居前列。自 2017 年起，天津经济遭到断崖式下滑，经济增长速度连续两年全国垫底，仅为 3.6%。从长期来看，产业结构调整滞后，投资驱动、重工业优先、服务业孱弱，是当前天津经济增长遭遇困境的根本原因。

3.1.2.3 河道水系概况

天津地处海河流域下游，河网密布，洼淀众多，包括海河和滦河两大流域 7 大水系。流经天津市的以行洪为主的一级河道 19 条，总长度为 1095.1km，以排涝为主的二级河道 109 条，总长 1363.4km。除引滦和南水北调之外，按照入海口及水系关系，其他河流划分为五大水系：蓟运河水系、永定新河水系（北运河、潮白新河）、海河干流水系、独流减河水系以及南四河水系。详见表 3-3。

表 3-3　天津市水系划分情况

序号	水系名称	河流组成
1	蓟运河水系	州河
		沟河、武河、兰泉河、双城河、煤河、津唐运河、小新河、还乡河、蓟运河
		付庄排干
2	永定新河水系	引沟入潮、窝头河、绣针河、青龙湾河、潮白新河（黄白桥上）
		潮白新河（黄白桥下）、青龙湾河故道、北运河、北京排污河、凤河西支、龙北新河、龙河、新龙河、永定河、安武排渠、中泓故道、南泓故道、机场排水河、增产河、永定新河、新开-金钟河、永金引河、北塘排水河、新开河、月牙河
		东排明渠

序号	水系名称	河流组成
3	海河干流水系	北运河
		子牙河
		南运河
		外环河、四化河、卫津河、津河、海河干流（二道闸上）
		洪泥河
		津港运河、幸福河、马厂减河（下游段）、海河干流（二道闸下）
		大沽排水河、赤龙河
4	独流减河水系	黑龙港河、南运河、子牙河、中亭河、大清河、马厂减河（上游段）、陈台子排水河、卫河、北大港水库、团泊洼水库、独流减河
		荒地河
5	南四河水系	青静黄排水渠
		子牙新河
		北排水河
		沧浪渠

3.1.3 水资源状况调查分析

3.1.3.1 水资源分区状况

天津市水资源分为一级区、二级区和三级区。天津市在海河流域一级区中分属海河北系和海河南系两个二级区，其中海河北系片分属北三河山区、北四河下游平原两个三级区，海河南系片属大清河淀东平原三级区。

水资源三级区中，北三河山区位于蓟州区北部，北部以市界为边界，南部边界基本沿 20m 等高线延伸，面积 727km²；北四河下游平原区位于北三河山区以南，南遥堤、永定新河以北，面积 6059km²；大清河淀东平原区位于南遥堤、永定新河以南，南部边界为市界，面积 5134km²。详见表 3-4。

表 3-4 天津市水资源分区

水资源分区			总面积/km²	平原面积/km²
一级区	二级区	三级区		
海河流域	海河北系	北三河山区	727	
		北四河下游平原	6059	6059
		小计	6786	6059
	海河南系	大清河淀东平原	5134	5134
合计			11920	11193

3.1.3.2 水资源概况

（1）降雨情况

2018年，全市平均降水量581.8mm，折合降水总量$69.35 \times 10^8 m^3$、比多年平均增加1.2%，属于平水年。天津市多年降雨情况见图3-2。

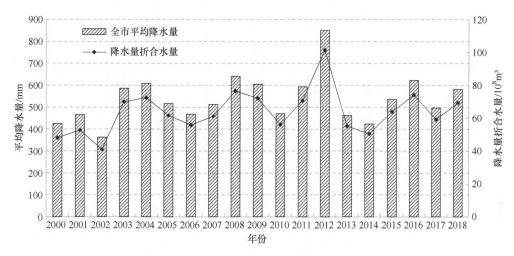

图3-2 2000～2018年天津市年降水量变化

降水量空间分布不均匀。从流域分区看，山区降水量大于平原降水量。从多年平均值（1956～2000年）统计值看，北三河山区降水量明显高于北四河下游平原、大清河淀东平原，北四河下游平原降雨量略高于大清河淀东平原降雨量。2017年，高值区出现在北三河山区北部、宝坻区大口屯镇、北辰区西部，年降水量在600mm以上，实测最大点雨量为前毛庄站的736.8mm；低值区出现在宝坻区东部、宁河区、静海区，年降水量在500mm以下，实测最小点雨量为林亭口站的388.3mm。

降水量年内分配不均。汛前（1～5月）全市平均降水量为47.7mm，占全年的9.6%；汛期（6～9月）全市平均降水量为372.0mm，占全年的74.9%；汛后（10～12月）全市平均降水量为76.9mm，占全年降水量的15.5%。8月份降水量最大，为185.8mm，占汛期降水量的49.9%，降水集中程度高。

（2）水资源量

区域内的水资源总量是指当地降水形成的地表和地下产水量，即地表径流量与降水入渗补给量之和，不包括入境水量。2018年，天津全市水资源总量$17.58 \times 10^8 m^3$、比多年平均值增加11.9%。2000～2018年天津市水资源总量呈现增加趋势，特别是地表水资源量增加明显，地下水资源有所增加、相对稳定。详见表3-5。

表 3-5　2000～2018 年天津市全市水资源量状况

年份	降水量折合水量/10^8m^3	水资源量/10^8m^3		
		合计	地表水资源	地下水资源
2000	47.98	3.15	0.4	2.75
2001	52.64	5.66	3.25	2.41
2002	40.94	3.67	1.58	2.09
2003	69.85	10.6	5.78	4.82
2004	72.55	14.31	9.15	5.16
2005	61.64	10.63	6.19	4.44
2006	55.8	10.11	5.68	4.43
2007	61.08	11.31	6.55	4.76
2008	76.37	18.3	12.39	5.91
2009	72.03	15.24	9.64	5.6
2010	56.07	9.2	4.75	4.45
2011	70.7	15.38	10.16	5.22
2012	101.35	32.92	25.3	7.62
2013	55.1	14.64	9.63	5.01
2014	50.43	11.37	7.7	3.67
2015	63.91	12.82	7.95	4.87
2016	74.15	18.92	12.84	6.08
2017	59.19	14.34	8.80	5.54
2018	69.35	19.1	11.80	7.33

（3）地表水资源量

地表水资源量为当地降水形成的天然年径流量。2018 年，天津全市地表水资源量 $11.8 \times 10^8m^3$，折合年径流深 98.7mm，比多年平均增加 10.4%，比 2017 年增加 37.6%。2000～2018 年，受降雨量影响，天津市地表水资源量出现 3 次峰值，分别为 2004 年、2008 年和 2012 年，其中 2012 年最大，达到 $25.3 \times 10^8m^3$。当地地表水资源量受降水年内分配及产汇流条件的影响，年内分配极不均匀，当地产水多集中在汛期（6～9 月），由于集中程度高，不利于水资源的开发利用。

（4）地下水资源量

地下水资源量指地下水体（含水层重力水）的动态水量，用补给量或排泄量作为定量的依据，只考虑矿化度小于 2g/L 的浅层地下水作为水资源量。天津市的浅层地下水包括北部全淡水区第四系含水层组地下水以及南部有咸水体上部局部区域浅层地下水。其中，全淡水区包括蓟州区全境、武清区北部、宝坻区中北部、宁河区北部区域；咸水体上部浅层地下水分布的局部区域包括宝坻区、武清区、宁河区、北辰区、西青区、市内六区、静海区部分地区。从水资源分区看，山丘区地下水资源量较小，平原区地下水资源量占比较大。

2018 年，全市矿化度小于 2g/L 浅层地下水计算面积 4562.0km³，地下水资源量 $7.33 \times 10^8 m^3$，比多年平均增加 24.1%，比 2017 年增加 32.1%。其中，平原区地下水资源量 $6.54 \times 10^8 m^3$，山区地下水资源量 $0.92 \times 10^8 m^3$，平原区与山区之间的地下水资源重复计算量 $0.13 \times 10^8 m^3$。从行政区分看，蓟州区地下水资源量最多，为 $2.61 \times 10^8 m^3$；北辰区最少，为 $0.18 \times 10^8 m^3$。

（5）入境水情况

2000～2019 年天津市年均天然入境水量 $12.5 \times 10^8 m^3$，入境水量"北多南少"，近三年北部地区入境水量占全市 90% 以上，主要分布在潮白新河和北运河，南部地区河流入境水量不足 10%，见图 3-3。"十三五"期间天津市外调水主要依靠引滦、引江（南水北调中线）水源。2019 年，全市外调水量 $18.85 \times 10^8 m^3$，其中引滦调水 $7.02 \times 10^8 m^3$、南水北调中线 $11.63 \times 10^8 m^3$、南水北调东线应急试通水 $0.20 \times 10^8 m^3$。

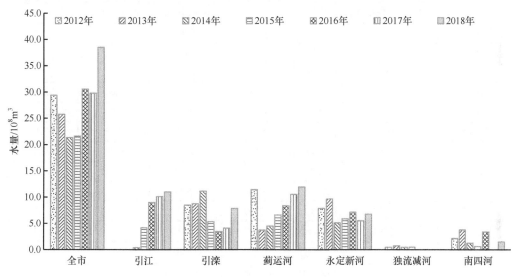

图 3-3　近年来天津市分水系入境水量统计图

3.1.3.3　供用水情况

（1）供水情况

供水量指各种水源工程为用户提供的包括输水损失在内的毛水量。按地表水源、地下水源和其他水源（指污水处理回用、雨水利用和海水淡化量）分别统计。海水直接利用量另行统计，不计入总供水量。2018 年，天津市全市总供水量 $28.4235 \times 10^8 m^3$、比 2017 年增加 $0.93 \times 10^8 m^3$，其中地表水源供水 $19.4633 \times 10^8 m^3$，占 68.5%；地下水源供水 $4.4065 \times 10^8 m^3$，占 15.5%；其他水源供水 $4.5537 \times 10^8 m^3$，占 16.0%。

在地表水源供水中，蓄水工程供水 $0.1249 \times 10^8 m^3$，引水工程供水 $4.2093 \times 10^8 m^3$，提水工程供水 $4.0917 \times 10^8 m^3$，外调引江水 $11.0374 \times 10^8 m^3$；地下水源供水中，浅层地

下水 $2.6853 \times 10^8 m^3$，深层地下水 $1.4972 \times 10^8 m^3$，地热水 $0.2240 \times 10^8 m^3$；其他水源供水中，污水处理回用量 $4.1396 \times 10^8 m^3$，海水淡化量 $0.4141 \times 10^8 m^3$。

比较 2005～2018 年分类供水量与供水比例可以发现，2010 年之前，总供水量基本稳定，在 $23 \times 10^8 m^3$ 左右，从 2010 年开始稳步上升一直持续到 2016 年。按照供水比例分析，污水回用和海水淡化等其他水源供水量逐年增长、地下水供水量逐年降低、地表水供水量（包括当地地表水供水量和引水量）则保持稳定态势。全市供水主要来源为引滦、引黄外调水、其他地表水，2003 年之后，供水构成中新增加了再生水、海水淡化水，但所占比例极小。详见表 3-6。

表 3-6 2005～2018 年天津市分类供水情况汇总表　　单位：$10^8 m^3$

年份	供水情况					
	地表水供水		地下水供水	其他水源供水		总供水量
	当地地表水和入境水	引水		污水回用量	海水淡化水	
2005	9.14	6.88	6.98	0.08	0.02	23.1
2006	7.52	8.58	6.76	0.08	0.02	22.96
2007	8.07	8.39	6.81	0.08	0.02	23.37
2008	7.68	8.28	6.25	0.08	0.04	22.33
2009	9.1	8.11	6.01	0.12	0.03	23.37
2010	5.94	10.22	5.87	0.17	0.22	22.42
2011	6.78	9.99	5.82	0.23	0.28	23.1
2012	5.8355	10.1535	5.4919	1.2369	0.2792	22.997
2013	5.6646	10.5657	5.6907	1.5208	0.3142	23.756
2014	7.1659	10.8676	5.3396	2.4437	0.3654	26.1822
2015	9.3592	8.4988	4.9235	2.8935	—	25.675
2016	5.0923	13.9811	4.727	3.4303	—	27.2307
2017	7.4217	12.8207	4.9556	3.5437	0.3457	29.0874
2018	4.2166	15.2467	4.4065	4.1396	0.4141	28.4235

（2）用水情况

用水量指各类用水户取用的包括输水损失在内的毛水量之和，按生活、工业、农业和生态环境四大类用户统计，不包括海水直接利用量。生活用水包括城镇生活用水和农村生活用水，其中城镇生活用水由居民用水和公共用水（含第三产业及建筑业等用水）组成；农村生活用水指居民生活用水；工业用水指工矿企业在生产过程中用于制造、加工、冷却、空调、净化、洗涤等方面的用水，按新水取用量计，不包括企业内部的重复利用量；农业用水包括农田灌溉和林、果、草地灌溉、鱼塘补水及牲畜用水；人工生态环境补水仅包括人为措施共计的城镇环境用水和部分河湖、湿地补水，不包括降水、径流自然满足的水量。

2018 年，天津全市生产和生活用水量 $28.4235 \times 10^8 m^3$。其中农业用水量 $10.0011 \times 10^8 m^3$，占 35.2%；居民生活和城镇公共用水量 $7.4151 \times 10^8 m^3$，占 26.1%；工业用水量 $5.4423 \times 10^8 m^3$，占 19.1%；生态环境补水 $5.5650 \times 10^8 m^3$，占 19.6%。

2005～2018 年，生产用水量（含农业、工业）和生活用水量（含居民生活和城镇公用）基本保持在一个稳定的状态。生活用水量稳中有升，2012～2014 年开始稳定在 $3.6 \times 10^8 m^3$ 左右的水平，2015 年增长到 $5 \times 10^8 m^3$ 以上，到 2018 年生活用水上升为 $7.41 \times 10^8 m^3$；生产用水量基本保持稳定略有下降趋势，2015 年以前维持在 $18.8 \times 10^8 m^3$ 的平均水平上，2017 年降低到 $15.44 \times 10^8 m^3$ 左右。从组成比例上比较，生活用水的比例一直保持稳定的状态，生态环境用水的比例则在不断增加，尤其是近几年的生态用水比例增速明显提升，生产用水的比例则在相应下降，但是比例仍然最高。

2005～2008 年，生态用水量保持较为平缓而稳定的增长。2009 年生态用水量有较大的增长，比 2008 年增长了 68%。比较同期的供水情况可以发现，2009 年当地地表水和入境水较上一年有较大的增长，供水量提高了 $1.42 \times 10^8 m^3$。2010～2013 年间，由于当地地表水和入境水的供水量有大幅度下降（平均下降 $2 \times 10^8 m^3$ 左右），虽然通过引水工程进行了水量补充，但是影响了总供水量水平，生态用水量保持稳定，没有显著的增加。天津市近年来充分利用再生水及外调水加大河湖生态用水量，特别是 2015 年出台天津市地方污水处理厂排放标准，进一步提升排放标准，经污水处理厂处理后的尾水成为河道的重要生态补水水源。2019 年，全市河湖生态用水量 $5.23 \times 10^8 m^3$，其中污水处理厂处理后再生水用量 $3.33 \times 10^8 m^3$、外调水优质生态补水量约 $1.9 \times 10^8 m^3$。

3.1.4 水环境质量调查分析

3.1.4.1 总体概况

（1）地表水环境质量稳中向好但功能区达标率低

天津市"十三五"期间共设置 20 个地表水国考断面，覆盖了全市主要河流、入海通道、重要饮用水水源地。"十三五"初，地表水优良水体比例、劣V类水体比例分别为 15%、55%；2019 年，优良水体比例上升至 50%，劣V类水体比例下降至 5%，较 2014 年（基准年）分别上升 25 个百分点、下降 60 个百分点；主要污染因子浓度大幅下降，化学需氧量、高锰酸盐指数、氨氮和总磷平均浓度分别为 21.6mg/L、6.3mg/L、0.51mg/L、0.102mg/L、较 2014 年（基准年）分别下降 53.0%、41.1%、78.4%和 68.1%。详见图 3-4。

从国考断面水质状况来看，全市地表水环境质量阶段性好转，主要污染物浓度整体呈下降趋势。2018 年，全国 1940 个地表水国考断面水质优良（Ⅰ～Ⅲ类）、丧失使用功能（劣V类）比例分别为 71.0%、6.7%。和全国水平相比，2018 年天津市市国考断面地表水优良水体比例比全国平均水平低近 30 个百分点，劣V类水体比例比全国平均水平高约 15 个百分点。与全国整体平均水平相比，天津市地表水环境质量仍有较

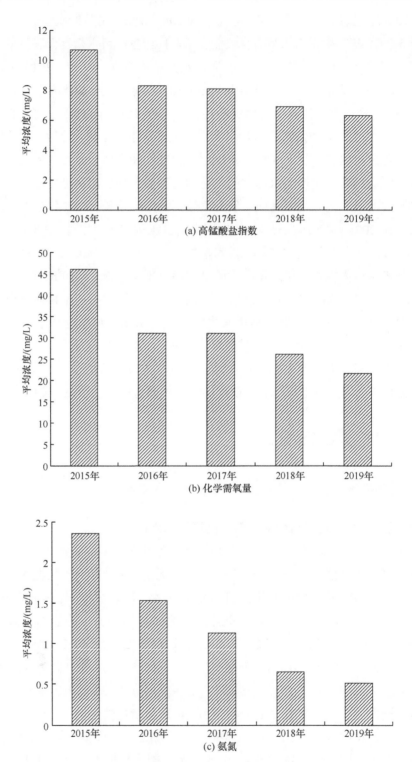

(a) 高锰酸盐指数

(b) 化学需氧量

(c) 氨氮

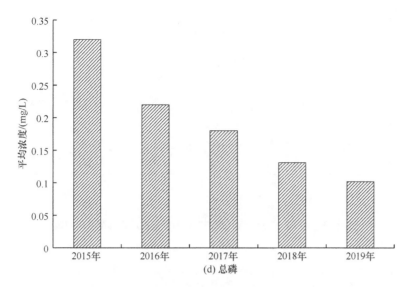

图 3-4 天津市地表水体中主要污染浓度变化趋势

大差距，特别是Ⅰ～Ⅲ类断面比例方面。优良水质主要集中在引滦水系、南水北调中线等饮用水和海河干流。

为全面掌握全市地表水环境质量，实现水环境监管精细化管控，2015 年起，天津市对全市地表水环境监测断面进行了系统整合和设置，确定了 92 个地表水环境市考断面。截至 2018 年年底，92 个市考断面中，水质优良（达到或优于Ⅲ类）的断面 19 个，比例为 20.7%，2014 年提高 13.6 个百分点；丧失使用功能（劣于Ⅴ类）的水体断面 33 个，比例为 35.9%，比 2014 年下降 16.6 个百分点。2018 年市考断面高锰酸盐指数、化学需氧量、氨氮、总磷四项主要污染物平均浓度为 7.1mg/L、26.6mg/L、1.22mg/L、0.250mg/L。与 2014 年相比，市考断面分别下降 40.83%、44.58%、65.24% 和 44.44%。市考断面主要污染物浓度下降幅度均达到 40% 以上。详见图 3-5～图 3-7。

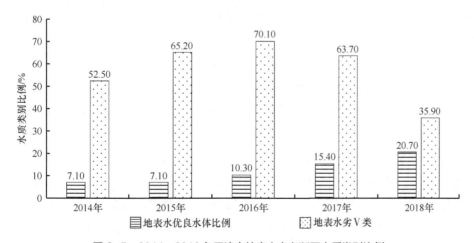

图 3-5 2014～2018 年天津市地表水市考断面水质类别比例

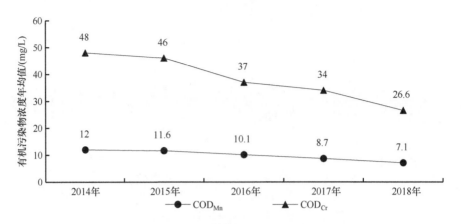

图 3-6　2014～2018 年天津市市考断面有机污染物浓度年均值

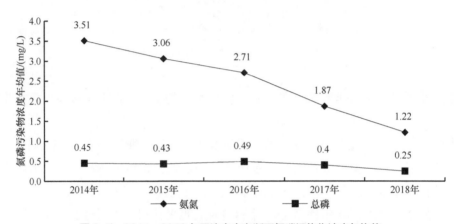

图 3-7　2014～2018 年天津市市考断面氮磷污染物浓度年均值

　　"十三五"以来天津入海河流水质大幅改善，截至 2018 年，全市十二条入海河流高锰酸盐指数、化学需氧量、氨氮、总磷平均浓度分别为 11.7mg/L、43.6mg/L、3.58mg/L、0.24mg/L，同比下降 12.7%、12.1%、23.3% 和 25%，较 2014 年分别下降 37.1%、36.8%、65.3%、8.5%。近年随着"水十条"、污染防治攻坚战的深入实施，2019 年，全市 12 条入海河流入海断面全部消除劣Ⅴ类。

　　（2）入海河流水质大幅改善但近海海域水质不乐观

　　天津市共设有近岸海域环境质量点位 12 个（包括 6 个国家考核点位），全年共开展 3 期监测，分别在枯水期、丰水期、平水期进行。近六年以来近岸海域断面水质，环境质量监测点位Ⅰ、Ⅱ类水质比例不断提高，劣Ⅳ类水质比例逐步下降。尽管近年来近岸海域环境功能区达标率不断提升，但依然不高，2019 年近岸海域环境功能区达标率仅为 73%，海洋环境质量尚未获根本性改善。2018 年天津市近岸海域 12 个环境质量点位中，Ⅰ～Ⅱ类水质点位 6 个，占 50.0%；Ⅲ类水质点位 4 个，占 33.3%；Ⅳ类水质点位 2 个，占 16.7%。2018 年天津近岸海域环境质量点位水质状况见图 3-8（书后另见彩图）。近岸海域污染呈现北高南低的态势，大神堂、北塘口、大沽排水河入海口、天津港航道以及部分入海排污口等邻近海域环境状况相对较差。不同水期水质波动幅度大，平水期水质好于枯水期和丰水期，丰水期水质最差。无机氮是影响水质类别的首要污染物，汉沽附近海域部分点位无机氮常年超标，一些涉及航道的点位石油类浓度较高，化学需氧量和活性磷酸盐浓度呈上升趋势。中北部海域富营养化特征相对明显，总体呈轻度富营养化水平，特别是大神堂养殖区为中度富营养化水平。

图 3-8   2018 年天津近岸海域环境质量点位水质状况图

3.1.4.2   时间特征

（1）长期特征

由于水资源、水环境问题，多年来全市地表水考核断面以劣Ⅴ类、Ⅴ类为主。特别是"十一五""十二五"期间，天津市市国考断面中劣Ⅴ类断面比例始终在 50%以上。随着"水十条"的实施，全市地表水国考断面大幅改善，劣Ⅴ类水体比例逐年下降。2019 年，"十三五"国考断面Ⅰ～Ⅲ类水质优良的断面占 50%，Ⅳ类和Ⅴ类断面占 45%；劣Ⅴ类重度污染的断面占 5%。水质类别总体明显好转。市考断面的水质类别也比 2014 年有明显的好转。详见表 3-7。

表 3-7   2006～2019 年天津市"十三五"国考断面水质类别

年份	有效监测断面数	无水断面数	Ⅰ～Ⅱ类比例/%	Ⅲ类比例/%	Ⅳ类比例/%	Ⅴ类比例/%	劣Ⅴ类比例/%
2006	17	0	11.8	11.8	5.9	17.6	52.9
2007	16	2	12.5	12.5	6.3	18.8	50.0
2008	16	2	12.5	12.5	12.5	18.8	43.8

年份	有效监测断面数	无水断面数	I～II类比例/%	III类比例/%	IV类比例/%	V类比例/%	劣V类比例/%
2009	16	2	12.5	12.5	12.5	25.0	37.5
2010	16	1	12.5	12.5	6.3	12.5	56.3
2011	17	0	11.8	11.8	17.6	11.8	47.1
2012	18	0	5.6	16.7	0.0	27.8	50.0
2013	18	0	5.6	16.7	5.6	22.2	50.0
2014	20	0	0.0	25.0	5.0	5.0	65.0
2015	16	4	6.3	18.8	6.2	6.2	62.5
2016	20	0	20		30		50
2017	20	0	10	25	15	10	40
2018	20	0	10	30	25	10	25
2019	20	0	50		45		5

（2）短期特征

受城市面源污染的影响，降雨后地表水环境质量往往会出现明显的恶化。由于城市下垫面硬化比例高，导致降雨径流系数较高。初期雨水径流中含有大量污染物质，直接排入水体将造成水体污染。据现场调查结果显示，以中心城区 2019 年 5 月 26 日为例，暴雨后，卫津河、四化河、津河、月牙河、南运河和海河 6 条河流明显恶化，水质自 II～III 类迅速降至劣 V 类。氨氮、化学需氧量、总磷、高锰酸盐指数整体较降水前分别升高了 217 倍、13 倍、1.6 倍和 1.4 倍。详见表 3-8。

表 3-8　中心城区相关断面降雨前后污染物浓度变化情况

序号	自动站名	所在水体	雨后污染物浓度峰值较降雨前升高倍数			
			氨氮	总磷	化学需氧量	高锰酸盐指数
1	纪庄子桥	卫津河	1028	52	2.8	1.3
2	仁爱濠景	四化河	472	11	2.7	3.6
3	井冈山桥	南运河	139	9.5	—	2.2
4	西横堤		60	6.5	1.8	1.08
5	西营门桥	津河	82	2.6	1.4	3.5
6	八里台		78	29	8.2	4.8
7	成林道	月牙河	49	6.4	1.7	1.7
8	满江桥		45	3.3	1.3	1.5
9	光明桥	海河	13	4.4	1.7	1.5

3.1.4.3 空间特征

（1）入境河流污染较重

天津市地处九河下梢，多年入境断面水质污染较重，自"十一五"以来，全市 34

条入境河流劣Ⅴ类断面比例高达60%以上。34条入境河流中（不含引滦、引江），与"十一五"期间相比，"十二五"期间天津入境断面水质总体明显变差，由中度污染演变为重度污染。"十三五"以来，入境断面水质依然严峻，2016年全市34个入境河流有效监测断面中，27个断面为劣Ⅴ类水质，占比79.4%；2017年入境断面劣Ⅴ类水质比例达到82%；2018年入境断面，1条长期断流，2条常年干涸，10条为Ⅴ类以上水质，21条为劣Ⅴ类水质，劣Ⅴ类断面比例仍高达61.7%。2014~2018年之间入境断面高锰酸盐指数、化学需氧量、氨氮、总磷四项主要污染物平均浓度分别上升了17.4%、14.2%、4.6%和96.2%。

（2）五大水系水质北优南劣

北部蓟运河水系水质较好，除入境断面外，基本能达到Ⅴ类以上水平。蓟运河汇水区涉及11条河道，1个水库，共包含16个监测断面，蓟运河汇水区水质主要受上游来水水质影响。根据2018年水质监测结果，蓟运河汇水区劣Ⅴ类断面5个，其中有4个为入境断面，主要超标因子为氨氮和总磷。

中部永定河水系、海河水系水质相对较好。其中，海河干流汇水区共包含28个监测断面，涉及11条河流。由于汇水区内建成区占比较大，管网和污水处理设施比较完善，污水处理率高，总体水质较好。2018年，海河干流汇水区28个水质监测断面中，劣Ⅴ类3个，占比10.7%；优良断面（Ⅰ~Ⅲ类）12个，占比42.9%。但海河干流从市内到入海口，水质呈现逐渐恶化的趋势，海河大闸（入海断面）为劣Ⅴ类，超标指标为化学需氧量。

永定新河汇水区共包含41个监测断面，汇水区总体水质为劣Ⅴ类，水质较差，主要原因为入境水体水质差，2018年，有效监测断面39个，劣Ⅴ类17个，占比43.6%。劣Ⅴ类水质主要集中在武清和宝坻区，多为入境监测断面。

南部独流减河和南四河水系最差，特别是2019年上半年，独流减河和南四河两个水系劣Ⅴ类的国考断面和市考断面达17个，占全市劣Ⅴ类断面的1/2以上。其中，独流减河汇水区水质最差，独流减河汇水区共包含18个监测断面，涉及10条河流，1个水库。2018年18个监测断面中，劣Ⅴ类断面15个，占比达到83.3%，主要超标因子为化学需氧量、氨氮和总磷，水质超标原因主要为境内污染物排放量过大。独流减河汇水区内部分行政区内存在多处雨污混流区域，且个别村镇未安装污水处理设施，居民神火污水无法集中收集处理；另外，水产养殖尾水未经处理排放也是水质较差的一个重要原因。

南四河汇水区包含天津市南部子牙新河、青静黄排水渠、北排水河和沧浪渠4条河流，水质较差，主要归因于河北省来水水质差，2018年，4条河道的入境水质均为劣Ⅴ类，主要超标因子为化学需氧量和高锰酸盐指数。

（3）建成区外黑臭水体数量众多

根据2019年城市黑臭水体排查数据显示，全市建成区以外的农村、城乡接合部等区域共发现沟渠坑塘等各类黑臭水体 500 余条，特别是蓟州区、北辰区、宝坻区等区的数量较多，详见表 3-9。

表 3-9　天津市建成区外黑臭水体数量情况

序号	行政区	总数/（条/段）
1	蓟州区	178
2	北辰区	117
3	宝坻区	70
4	宁河区	68
5	滨海新区	37
6	津南区	23
7	静海区	22
8	东丽区	11
9	武清区	10
10	西青区	6
总计		542

3.1.5　水污染排放调查分析

3.1.5.1　排污口状况

天津市处于九河下梢，多年来入河排污口众多，2013～2016 年美丽天津一号工程实施以来，全市完成了 995 个入河排污口门的治理。对多数不合理的口门进行了封堵，改做雨水排放口。然而入河排污口由于分布广泛，设置来源多样，一直以来排污口门数量众多。根据 2019 年调查数据，全市有约 3000 余个各类入河排污口，分布在一级、二级等各级河道上。具体见表 3-10。

表 3-10　全市入河排污（水）口情况统计表　　　　单位：个

序号	行政区	企事业单位排口	污水处理设施排口	农业农村排口	建成区雨水排放口	企事业单位雨水排放口	农村雨水排放口	雨污水混排口
1	东丽区	19	7	6	25	19	139	10
2	津南区	3	9	6	36	5	18	4
3	宝坻区	0	53	0	18	18	62	59
4	蓟州区	4	2	35	46	3	21	19
5	静海区	2	24	9	218	8	1	13
6	宁河区	6	5	173	2	2	20	0

序号	行政区	企事业单位排口	污水处理设施排口	农业农村排口	建成区雨水排放口	企事业单位雨水排放口	农村雨水排放口	雨污水混排口
7	滨海新区	34	9	16	68	41	253	59
8	南开区	0	0	0	44	4	0	0
9	和平区	0	0	0	10	0	0	8
10	河北区	2	0	0	24	0	0	10
11	河东区	0	1	0	66	0	0	0
12	河西区	0	0	0	80	0	0	1
13	红桥区	0	0	0	30	0	0	5
14	北辰区	0	9	4	21	7	97	158
15	武清区	4	11	6	34	5	172	2
16	西青区	11	4	62	35	27	298	509
合计		85	134	317	757	139	1081	857

3.1.5.2 污染物排放状况

根据第二次污染源普查数据测算，2017 年天津市全市工业源、生活源、种植业和养殖业产生的污染物排放情况为化学需氧量排放量 37526.54t、氨氮排放量 2666.66t、总氮排放量 16702.63t、总磷排放量 951.05t。本研究根据全市主要入海河道进行分配，得出永定新河、大沽排水河等河道受纳的主要污染物排放量最大。详见表 3-11～表 3-15。

同时可以看出，在 COD 和总氮因子来源中，污水处理厂生活源在各类排放源中比例最高；而在氨氮和总磷方面，规模化畜禽和种植业排放比例最高。

表 3-11 天津市 2017 年主要水污染物排放量   单位：t

水系名称	河流名称	化学需氧量排放量	氨氮排放量	总氮排放量	总磷排放量
蓟运河水系	于桥水库及引滦沿线	40.51	0.94	1.70	0.05
	蓟运河	4441.63	535.58	1721.32	184.75
	东排明渠	868.56	20.58	302.04	9.41
永定新河水系	永定新河	13363.15	1015.86	6177.41	419.85
海河水系	海河	2842.88	146.92	1226.62	55.08
	大沽排水河	7230.81	267.89	3509.71	65.57
独流减河水系	独流减河	7267.15	578.20	3305.77	183.10
	荒地河	680.72	52.27	240.49	14.64
	团泊洼水库	410.03	26.58	151.56	11.03
南部河流	南四河	381.10	21.84	66.01	7.57
总计		37526.54	2666.66	16702.63	951.05

注：以上统计未包含水产养殖、直排农村生活污染源。

表 3-12　天津市 2017 年化学需氧量排放量及构成　　　　　单位：t

水系名称	合计	直排外环境工业排放量	污水处理厂工业COD排放量	污水处理厂生活源COD排放量	规模化畜禽和种植业COD排放量
于桥水库	40.52	40.30	0.00	0.22	0.00
蓟运河	4441.63	10.89	636.99	714.12	3079.63
永定新河	13363.14	105.08	2929.37	5619.67	4709.02
大沽排水河	7230.82	350.32	2125.33	4490.60	264.57
海河	2842.88	16.86	476.69	1944.71	404.62
东排明渠	868.56		319.64	499.95	48.97
独流减河	7267.14	3.34	1954.63	3352.74	1956.43
荒地河	680.73	217.32	18.21	249.31	195.89
南四河	381.09	65.70	30.18	187.26	97.95
团泊洼水库	410.03		140.49	122.63	146.91
总计	37526.54	809.81	8631.53	17181.21	10903.99

表 3-13　天津市 2017 年氨氮排放量及构成　　　　　单位：t

水系名称	合计	直排外环境工业排放量	污水处理厂工业氨氮排放量	污水处理厂生活源氨氮排放量	规模化畜禽和种植业氨氮排放量
于桥水库	0.95	0.94	0.00	0.01	0.00
蓟运河	535.59	0.09	56.46	28.81	450.23
永定新河	1015.87	5.82	111.09	210.52	688.44
大沽排水河	267.88	53.44	75.69	100.07	38.68
海河	146.91	0.04	18.64	69.08	59.15
东排明渠	20.58		5.23	8.19	7.16
独流减河	578.20	0.11	101.76	190.31	286.02
荒地河	52.26	4.61	0.28	18.73	28.64
南四河	21.84	0.91	2.36	4.25	14.32
团泊洼水库	26.58		2.62	2.48	21.48
总计	2666.66	65.96	374.13	632.45	1594.12

表 3-14　天津市 2017 年总氮排放量及构成　　　　　单位：t

水系名称	合计	直排外环境工业排放量	污水处理厂工业总氮排放量	污水处理厂生活源总氮排放量	规模化畜禽和种植业总氮排放量
于桥水库	1.70	1.70	0.00	0.00	
蓟运河	1721.32	0.86	214.16	372.62	1133.68
永定新河	6177.40	31.29	1419.36	2993.26	1733.49

水系名称	合计	直排外环境工业排放量	污水处理厂工业总氮排放量	污水处理厂生活源总氮排放量	规模化畜禽和种植业总氮排放量
大沽排水河	3509.70	82.99	986.72	2342.60	97.39
海河	1226.62	0.10	247.87	829.70	148.95
东排明渠	302.05		110.77	173.25	18.03
独流减河	3305.77	0.52	924.34	1660.70	720.21
荒地河	240.50	32.06	6.15	130.18	72.11
南四河	66.01	5.90	1.69	22.36	36.06
团泊洼水库	151.56		45.30	52.18	54.08
总计	16702.64	155.42	3956.36	8576.85	4014.00

表 3-15 天津市 2017 年总磷排放量及构成   单位：t

水系名称	合计	直排外环境工业排放量	污水处理厂工业总磷排放量	污水处理厂生活源总磷排放量	规模化畜禽和种植业总磷排放量
于桥水库	0.05	0.05	0.00	0.00	
蓟运河	184.76	0.18	8.30	16.62	159.66
永定新河	419.84	1.82	53.22	120.66	244.14
大沽排水河	65.58	14.56	13.55	23.75	13.72
海河	55.08	0.01	7.42	26.67	20.98
东排明渠	9.41		2.68	4.19	2.54
独流减河	183.10	0.03	29.62	52.02	101.43
荒地河	14.64	1.94	0.12	2.42	10.16
南四河	7.57	0.32	0.10	2.07	5.08
团泊洼水库	11.03		0.61	2.80	7.62
总计	951.01	18.91	115.62	251.20	565.33

3.1.5.3 分地区污染物排放状况

各污染物排放量体现出区域不平衡性，而各类污染物区域排放特征总体呈现出一致性。其中，宝坻区各类污染物排放量均位于天津市各区县的首位，武清区次之。

污染物 COD 排放主要集中在天津北部地区，其排放量占天津市排放总量45.3%；其次东部及东南地区 COD 排放总量较高，共占总排放量的28.6%，北部地区和西部地区 COD 排放主要来源于农业源，生活源、工业源次之。氨氮排放主要集中在天津北部地区，其排放量占天津市排放总量的46.7%；其次为天津南部地区，排放占比为17.2%。

天津市各区域氨氮主要来源仍是农业源。天津市北部地区和东部地区总磷排放量较高，其排放量分别占天津市总排放量的43.0%和21.6%。天津市北部地区和东部地区总磷排放主要来源于农业源，生活源、工业源次之。

3.1.5.4 分行业工业行业污染物排放状况

（1）工业废水排放状况

根据2017年天津市环境统计数据，全市工业废水排放量合计14840万吨。其中，工业废水排放量较高、超过1000万吨/年的行业有化学原料和化学制品制造业、黑色金属冶炼和压延加工业、造纸和纸制品业，合计占全市工业废水排放总量的35%；工业废水排放量超过100万吨/年的行业有15个；上述18个行业工业废水排放量合计占全市排放总量超过70%。

全市工业废水排放平均强度1.27万吨/亿元。高于全市平均强度的行业有9个，9个行业工业废水排放量合计占全市工业排放总量的36%。造纸和纸制品业、纺织业、化学原料和化学制品制造业三个行业分别是全市工业平均排放强度的5.27倍、5.05倍、3.93倍。详见图3-9。

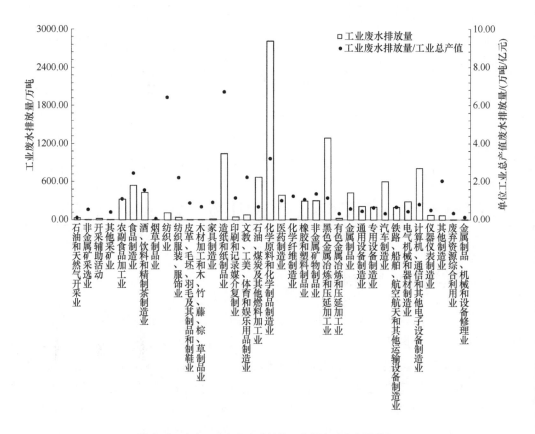

图3-9　全市工业行业大类单位工业总产值废水排放量

（2）化学需氧量排放状况

根据 2017 年天津市环境统计数据，全市工业化学需氧量排放量合计 6685t。其中，化学原料和化学制品制造业排放量最高，年排放量 1566t，占全市工业排放量的 23%。其他排放量较高的行业有：造纸和纸制品业，食品制造业，金属制品业，酒、饮料和精制茶制造业。

全市工业化学需氧量排放平均强度 0.57t/亿元。高于全市平均强度的行业有 15 个，15 个行业排放量合计占全市排放总量的 65%。纺织业，造纸和纸制品业，纺织服装、服饰业三个行业分别是全市工业平均排放强度的 8.63 倍、6.09 倍、5.23 倍。详见图 3-10。

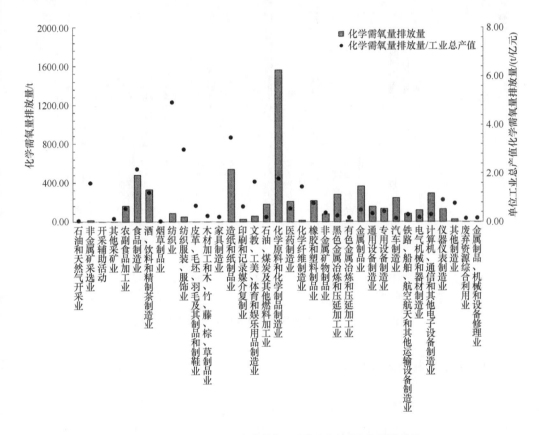

图 3-10   全市工业行业大类单位工业总产值化学需氧量排放量

（3）氨氮排放现状

根据 2017 年天津市环境统计数据，全市工业氨氮排放量合计 405t。其中，化学原料和化学制品制造业排放量最高，年排放量 80t，占全市工业排放量的 20%。其他排放量较高的行业有：造纸和纸制品业，酒、饮料和精制茶制造业，食品制造业，金属制品业。

全市工业氨氮排放平均强度 0.03t/亿元。高于全市平均强度的行业有 14 个，14 个行业排放量合计占全市排放总量的 72%。皮革、毛坯、羽毛及其制品和制鞋业，纺织业、造纸和纸制品业三个行业分别是全市工业平均排放强度的 16 倍、11 倍、10 倍。详见图 3-11。

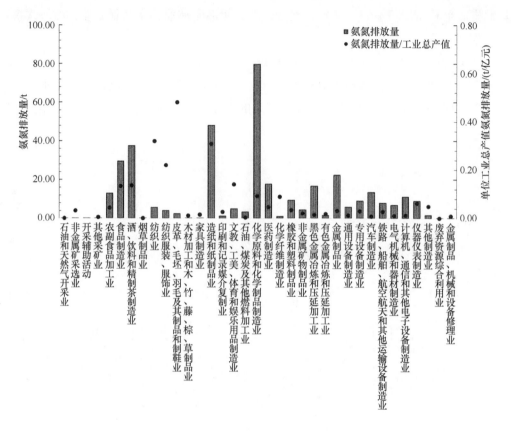

图 3-11　全市工业行业大类单位工业总产值氨氮排放量

3.1.5.5　农业农村污染物排放情况

农业农村水污染来源主要包括农村生活污水、畜禽养殖粪污水、水产养殖尾水和农田沥水。2017 年，天津市农村人口约 265 万人（约占全市人口的 17%），村庄约 3000个，耕地 43.7 万公顷（约占天津市国土总面积的 37%）。全市规模化畜禽养殖场和养殖小区 2000 余家，水产养殖面积约 4 万公顷。

据统计，农业农村面源污染中，畜禽养殖、水产养殖、农村生活产生的污染比重较大。化学需氧量排放量的大小依次为：水产养殖>畜禽养殖>农村生活>农田种植；总氮产生量的大小依次为：畜禽养殖>水产养殖>农村生活>农田种植；总磷排放量的大小依次为：畜禽养殖>水产养殖>农村生活>农田种植。不同来源的污染物占比详见图 3-12～图 3-14。

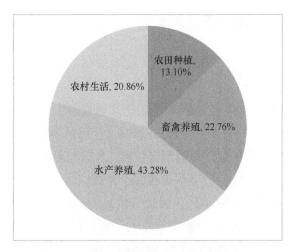

图 3-12　农业农村各类污染源化学需氧量排放比例

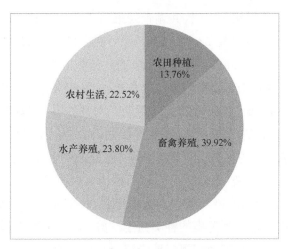

图 3-13　农业农村各类污染源总氮排放比例

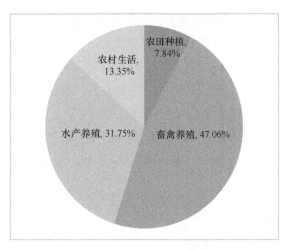

图 3-14　农业农村各类污染源总磷排放比例

3.1.6 水生态现状调查分析

3.1.6.1 水生态状况历史回溯

天津市较系统完备的水生态调查可回溯至 20 世纪 80 年代，主要由渔业部门基于开发渔业资源的目的开展调查，主要调查内容包含浮游植物、浮游动物、底栖动物、大型鱼类、水生植物等。由于缺乏原始调查数据，难以利用水生生物多样性等定量指标对历史水生态状况进行描述，但仍可利用各要素调查结果对水生态状况进行简要回顾。

浮游植物方面，20 世纪 80 年代共调查采集到 119 种，其中河流 8 门 69 种，湖库 8 门 88 种，总体以绿藻门 46 种、硅藻门 33 种、蓝藻门 22 种为主，另有褐藻门 7 种、金藻门 2 种、甲藻门 4 种、隐藻门 2 种、黄藻门 3 种。主要优势种有蓝藻门的蓝球藻、平裂藻、蓝纤维藻等。

浮游动物方面，20 世纪 80 年代共调查采集到 4 类 117 种，其中河流 4 类 60 种，湖库 4 类 73 种。其中原生动物 23 种，轮虫类 34 种，桡足类 31 种，枝角类 29 种。大部分浮游动物为温带普生性种类，但由于水域的多样性和临海的特点，使组成种类上既有典型的淡水种类（秀体蚤、龟甲轮虫、象鼻蚤），又有典型的半咸水种类（中华哲水蚤）；既有敞水带浮游种类（长肢秀体蚤），又有沿海性种类（晶囊轮虫、盘肠蚤），大多数属于对 pH 适应性较强的广布种类。特别需要注意的是，浮游动物种群分布受水环境质量影响较大，浮游动物的种类和变动与水体中氯化物的含量具有明显的负相关关系：从河流的上游至河口，氯化物浓度逐渐升高，浮游动物的种类和数量呈明显的下降趋势。

底栖动物方面，20 世纪 80 年代共调查采集到 69 个种类，分属 3 门 6 纲，在物种组成上，以广湿、广盐性、耐污染的种类为主。典型的淡水种类以背角无齿蚌、圆顶珠蚌、环棱螺等为主，河流下游和河口地带还分布典型的半咸水河口种，如河口缨鳃等。底栖动物的水平分布同样受氯化物影响较大，自河流的上游至下游，表现出明显的纵向演替现象，下游表现出种类贫乏、生物量低，甚至无底栖动物。

大型鱼类方面，20 世纪 80 年代调查鱼类共 66 种，分别隶属于 9 目 15 科，以草、鲢、鳙、鲤、鲫、鳊、鲂等鱼类为主。部分历史记录种在 80 年代末观测到，如鲈形目石首鱼科的黄姑鱼、白姑鱼，虾虎鱼科的克氏虾虎鱼，以及鲀形目鲀科的铅点东方鲀、条纹东方鲀、红鳍东方鲀、星点东方鲀、虫纹东方鲀等。

水生植物方面，20 世纪 80 年代共采集到 44 个种类，隶属于 21 科 31 属，其中沉水型植物 16 种，浮水型植物 9 种，挺水型植物 19 种，主要为世界广布种，种类相对贫乏，群体结构简单。

3.1.6.2 水生态现状评价

根据研究需要，课题组于 2018 年 9 月选取天津市 32 个河流调查点位和 20 个湖泊湿地点位为研究对象，对全市主要河道及湖库开展水生态环境现状调查。

河流调查点位包括流庄村（116.750119°E，38.8029°N）、独流减河进口闸（116.9182°E，39.0548°N）、西琉城大桥（117.019°E，39.021°N）、万家码头（117.3029°E，38.825°N）、团泊镇（117.157°E，38.919°N）、工农兵防潮闸（117.558°E，38.7648°N）、青静黄排水渠（117.5318°E，38.6629°N）、马棚口一村（117.5268°E，38.655°N）、龙凤河故道（116.9718°E，39.5217°N）、青龙湾减河（117.1676°E，39.59°N）、李家桥牌（117.2897°E，39.516°N）、北京排污河（117.1762°E，39.445°N）、新老米店闸（117.059844°E，39.311444°N）、州河西屯桥（117.399176°E，39.775863°N）、黄白桥（117.472578°E，39.469119°N）、永和闸（117.560592°E，39.17326°N）、北于堡（117.396319°E，39.224632°N）、东堤头村（117.380688°E，39.278233°N）、大田（117.748205°E，39.277114°N）、大神堂村河闸（117.95637°E，39.216081°N）、蓟运河防潮闸（117.727639°E，39.134023°N）、塘汉公路桥（117.700964°E，39.13162°N）、生产圈闸（117.334299°E，39.054775°N）、海河大闸（117.713925°E，38.986675°N）、东大沽泵站（117.719918°E，38.958362°N）、洋闸（117.205872°E，38.780261°N）、北排水河（117.327763°E，38.585174°N）、独流减河增点（117.521121°E，38.762654°N）、成林道月牙河（117.265185°E，39.128574°N）、海河三岔口（117.185959°E，39.148572°N）、迎水桥（117.127222°E，39.087874°N）。

湖泊湿地点位包括北辰郊野公园龙凤河段（117.0705°E，39.4278°N）、北辰郊野公园北运河段（117.0705°E，39.4278°N）、永定河郊野公园（117.155921°E，39.269123°N）、七里海西1（117.526682°E，39.279032°N）、七里海西2（117.545515°E，39.298°N）、七里海东1（117.636195°E，39.280359°N）、七里海东2（117.552085°E，39.306967°N）、上马台（117.261611°E，39.372693°N）、大黄堡东（117.221175°E，39.441059°N）、大黄堡西（117.267186°E，39.435936°N）、北塘水库（117.68612°E，39.13114°N）、黄港一库（117.56153°E，39.165352°N）、渤龙湖（117.518983°E，39.129598°N）、临港湿地1（117.689238°E，38.922962°N）、临港湿地2（117.695676°E，38.931059°N）、鸭淀水库（117.210312°E，38.940794°N）、团泊水库1（117.069328°E，38.860304°N）、团泊水库2（117.120429°E，38.889426°N）、团泊水库3（117.154202°E，38.919726°N）、天嘉湖（117.338985°E，38.900824°N）。

为与20世纪80年代成果具有一定对比性，现对浮游植物、浮游动物、底栖动物、大型鱼类、水生植物等主要指标调查结果予以概述。

浮游植物方面，本次合计调查到浮游植物180种，详见表3-16。其中河流调查到124种，硅藻门31种，绿藻门44种，裸藻门8种，蓝藻门36种，黄藻门6种，金藻门2种。湖泊湿地调查到浮游植物120种，硅藻23种，绿藻门45种，裸藻门16种，蓝藻门30种，黄藻门5种，金藻门1种。浮游植物采集物种整体多于20世纪80年代调查种类。

表 3-16　天津市河流浮游植物出现名录

序号	物种名称	序号	物种名称
硅藻门			
1	冰岛直链藻	21	扭曲小环藻
2	意大利直链藻	22	尖辐节藻
3	变异直链藻	23	双头辐节藻
4	梅尼小环藻	24	具星小环藻
5	湖沼圆筛藻	25	肘状针杆藻
6	近缘针杆藻	26	尖针杆藻
7	钝脆杆藻	27	优美曲壳藻
8	羽纹脆杆藻	28	短小曲壳藻
9	变异脆杆藻	29	谷皮菱形藻
10	瞳孔舟形藻	30	普通肋缝藻
11	简单舟形藻	31	透明双肋藻
12	喙头舟形藻	32	彩虹长篦藻
13	系带舟形藻	33	斜纹长篦藻
14	隐头舟形藻	34	卵圆双眉藻
15	凸出舟形藻	35	美丽星杆藻
16	放射舟形藻	36	圆孔异菱藻
17	扁圆舟形藻	37	线性双菱藻
18	卡里舟形藻	38	长刺根管藻
19	优美桥弯藻	39	膨大窗格藻
20	尖布纹藻		
绿藻门			
1	集球藻	19	双对栅藻
2	浮球藻	20	二形栅藻
3	粗肾形藻	21	尖细栅藻
4	小空星藻	22	爪哇栅藻
5	线形拟韦氏藻	23	龙骨栅藻
6	扭曲蹄形藻	24	弯曲栅藻
7	单刺四星藻	25	四角十字藻
8	短刺四星藻	26	月牙新月藻
9	粗刺四刺藻	27	广西鼓藻
10	胶星藻	28	厚皮鼓藻
11	胶带藻	29	柱胞鼓藻
12	集星藻	30	克利柱形鼓藻
13	短棘盘星藻	31	十字柱形鼓藻
14	胶球藻	32	花环宽带鼓藻
15	十字藻	33	斑点鼓藻
16	四足十字藻	34	小球衣藻
17	盘星藻	35	空心藻
18	双射盘星藻	36	池生微孢藻

序号	物种名称	序号	物种名称
绿藻门			
37	细丝藻	52	镰形纤维藻奇异变种
38	链丝藻	53	四尾栅藻
39	环丝藻	54	齿牙栅藻
40	湖生小椿藻	55	微小新月藻
41	韦氏藻	56	三页四角藻
42	水生集胞藻	57	膨胀四角藻
43	拟菱形弓形藻	58	纤细月牙藻
44	硬弓形藻	59	尖端月牙藻
45	螺旋弓形藻	60	小空星藻
46	二角盘星藻	61	小球藻
47	二角盘星藻纤细变种	62	波吉卵囊藻
48	螺旋纤维藻	63	单生卵囊藻
49	卷曲纤维藻	64	椭圆卵囊藻
50	镰形纤维藻	65	四刺顶棘藻
51	单角盘星藻	66	中华柱形鼓藻
裸藻门			
1	双鞭藻	11	矩形囊裸藻
2	梭形裸藻	12	矩圆囊裸藻
3	近轴裸藻	13	卵形鳞孔藻
4	尾裸藻	14	椭圆鳞孔藻
5	中型裸藻	15	喙状鳞孔藻
6	尖尾裸藻	16	纵纹鳞孔藻
7	颤动扁裸藻	17	具棘鳞孔藻
8	圆形扁裸藻	18	哑铃扁裸藻
9	华丽囊裸藻	19	多形裸藻
10	刺鱼状裸藻		
蓝藻门			
1	四弧藻	13	水华鱼腥藻
2	针状蓝纤维藻	14	类颤藻鱼腥藻
3	柔软腔球藻	15	卷曲鱼腥藻
4	小颤藻	16	弯头尖头藻
5	悦目颤藻	17	中华双尖藻
6	灿烂颤藻	18	中华尖头藻
7	两栖颤藻	19	小席藻
8	阿氏颤藻	20	具缘微囊藻
9	大螺旋藻	21	铜绿微囊藻
10	钝顶螺旋藻	22	针晶蓝纤维藻镰刀形
11	极大螺旋藻	23	棕眉藻
12	多变鱼腥藻	24	灿烂颤藻

序号	物种名称	序号	物种名称
蓝藻门			
25	巨颤藻	34	微小平裂藻
26	螺旋鞘丝藻	35	小形色球藻
27	湖泊鞘丝藻	36	微小色球藻
28	密集念珠藻	37	点状平裂藻
29	点形黏球藻	38	银灰平裂藻
30	捏团黏球藻	39	棕黄黏杆藻
31	高山立方藻	40	窝形席藻
32	灰绿隐杆藻	41	不定微囊藻
33	沼泽念珠藻	42	强壮微囊藻
黄藻门			
1	小型黄丝藻	5	普通黄丝藻
2	近缘黄丝藻	6	绿色黄丝藻
3	囊状黄丝藻	7	锅形黄管藻
4	短圆柱单肠藻		
金藻门			
1	微红金颗藻	3	浮游珠绿藻
2	金枝藻		

浮游动物方面，本次合计调查到浮游动物 84 种，详见表 3-17。河流共采集到浮游动物 72 种，其中原生动物 15 种、轮虫 35 种、枝角类 20 种、桡足类 2 种。湖泊、湿地采样调查中采集到浮游动物 44 种，其中原生动物 8 种、轮虫 29 种、枝角类 5 种、桡足类 2 种。浮游动物采集物种整体多于 20 世纪 80 年代调查种类。

表 3-17 天津市河流浮游动物出现名录

序号	物种名称	序号	物种名称
原生动物			
1	尾草履虫	11	沟钟虫
2	双核草履虫	12	念珠钟虫
3	有唇斜吻虫	13	小旋口虫
4	俏裸口虫	14	盘状表壳虫
5	前口瞬目虫	15	普通表壳虫
6	肾形豆形虫	16	球形方壳虫
7	液变形虫	17	杂葫芦虫
8	湖沼多核变形虫	18	长圆砂壳虫
9	湖累枝虫	19	球形砂壳虫
10	月形刺胞虫		

序号	物种名称	序号	物种名称
轮虫			
1	红臂尾轮虫	21	方形臂尾轮虫
2	萼花臂尾轮虫	22	裂足臂尾轮虫
3	可变臂尾轮虫	23	矩形臂尾轮虫
4	肛突臂尾轮虫	24	镰状臂尾轮虫
5	角突臂尾轮虫	25	尾突臂尾轮虫
6	皱褶臂尾轮虫	26	四角平甲轮虫
7	壶状臂尾轮虫	27	钩状狭甲轮虫
8	剪形臂尾轮虫	28	螺形龟甲轮虫
9	蹄形腔轮虫	29	曲腿龟甲轮虫
10	污前翼轮虫	30	细长肢轮虫
11	前节晶囊轮虫	31	月形腔轮虫
12	卜氏晶囊轮虫	32	囊形单趾轮虫
13	盖氏晶囊轮虫	33	卵形彩胃轮虫
14	条纹叶轮虫	34	纵长异尾轮虫
15	精致单趾轮虫	35	暗小异尾轮虫
16	刺盖异尾轮虫	36	跃进三肢轮虫
17	等刺异尾轮虫	37	刺簇多肢轮虫
18	长三肢轮虫	38	真翅多肢轮虫
19	尾三肢轮虫	39	长肢多肢轮虫
20	椎尾水轮虫	40	广布多肢轮虫
枝角类			
1	隆线溞	12	兴凯裸腹溞
2	多刺秀体溞	13	薄片宽尾溞
3	长肢秀体溞	14	镰形冠顶溞
4	寡刺秀体溞	15	秀体尖额溞
5	蚤状溞	16	点滴尖额溞
6	透明溞	17	肋形尖额溞
7	宽尾网纹溞	18	简弧象鼻溞
8	棘爪网纹溞	19	长额象鼻溞
9	方形网纹溞	20	脆弱象鼻溞
10	多刺裸腹溞	21	驼背盘肠溞
11	发头裸腹溞	22	活泼泥溞
桡足类			
1	无节幼体	2	桡足幼体

底栖动物方面，本次合计调查到底栖动物 36 种，分属 3 门 6 纲，详见表 3-18，较 20 世纪 80 年代调查减少了 33 个种类。在河流生态系统中调查到底栖动物 32 种，分属 11 目 18 科；在湖库湿地生态系统调查到底栖动物 21 种，分属 6 目 13 科。从物种种类上来说，主要以腹足纲为主，其次是昆虫纲、鳃瓣纲、软甲纲，多毛纲仅有一种沙蚕出现。

表 3-18　天津市河流底栖动物出现名录

序号	物种名称	序号	物种名称
1	溪流摇蚊	19	大耳萝卜螺
2	苍白摇蚊	20	狭耳萝卜螺
3	纳塔摇蚊	21	大脐圆扁螺
4	喜盐摇蚊	22	中国圆田螺
5	小云多足摇蚊	23	铜锈环棱螺
6	云集多足摇蚊	24	梨形环棱螺
7	费塔无突摇蚊	25	拟沼螺
8	流长蚐	26	豆螺
9	褐顶赤卒	27	河蚬
10	细腰蚊	28	钳形无齿蚌
11	沙蚕	29	霍甫水丝蚓
12	方格短沟蜷	30	克拉伯水丝蚓
13	扁玉螺	31	日本沼虾
14	脉红螺	32	中国毛虾
15	近江牡蛎	33	天津厚蟹
16	扭蚌	34	秀丽白虾
17	剑状矛蚌	35	三形矛蚌
18	四角蛤蜊	36	光滑河蓝蛤

大型鱼类方面，本次合计调查到大型鱼类共 33 种，分别隶属于 10 目 17 科 33 种，详见表 3-19。河流调查鱼类 27 种，分属 8 目 12 科；湖泊、湿地调查鱼类 22 种，分属 5 目 10 科。从物种种类上看，全市大型鱼类主要以鲤形目为主：河流生态系统中，鲤形目占总物种种类的 43%，其次是鲈形目占总物种种类的 30%，鲱形目占 7%，鲇形目、颌针鱼目、脂鲤目、鹤鱵目和鳉形目各占 4%。在湖泊湿地生态系统中，鲤形目占总物种种类的 54%，其次是鲈形目占总物种种类的 22%，鲇形目占 14%，颌针鱼目和鳉形目各占 5%。与 20 世纪 80 年代调查结果相比较可知，本次调查鱼类种类减少了 50%，历史记录中基本未复现，主要种类依然以鲫、鲤为主，草、鲢、鳙、鳊、鲂等虽仍有捕获但分布水平明显降低。

表 3-19　天津市河流鱼类出现名录

序号	物种名称	序号	物种名称
1	鲫鱼	18	梭鱼
2	鲤鱼	19	海鲈（鲇）
3	餐鲦	20	花鲈
4	红鳍鲌	21	斑尾刺鰕鲩鱼
5	草鱼	22	纹缟鰕鲩鱼
6	棒花鱼	23	褐吻鰕鲩鱼
7	彩鳑鲏	24	子陵栉鰕鲩鱼
8	鳙	25	弹涂鱼
9	麦穗鱼	26	拉氏狼牙鰕虎鱼
10	兴凯鲍	27	黄鲴
11	马口鱼	28	鲶
12	团头鲂	29	黄颡鱼
13	白鲢	30	塘鳢
14	大鳞副泥鳅	31	斑鰶
15	青鳉	32	赤鼻棱鳀
16	乌鳢	33	鲬
17	淡水白鲳		

水生植物方面，本次大型水生植物共调查出 27 种，隶属于 24 科 27 属，详见表 3-20。其中沉水型植物 3 种，浮水型植物 5 种，挺水型植物 19 种。与历史资料相比，沉水型植物种类下降明显，浮水型植物略有下降，挺水型植物基本持平。沉水型植物主要有金鱼藻、狐尾藻，浮水型植物主要有水鳖、浮萍、凤眼兰，挺水型植物主要以芦苇、水稗、蓼、黄菖蒲为主。

表 3-20　天津市大型水生植物调查名录

植物生活型	科	属	物种名
挺水型植物	禾本科	芦苇属	芦苇
	禾本科	稗属	水稗
	禾本科	米草属	互花米草
	禾本科	芒属	芒
	泽泻科	慈姑属	慈姑
	香蒲科	香蒲属	香蒲
	菊科	醴肠属	醴肠
	莎草科	莎草属	莎草
	苋科	苋属	苋
	蓼科	蓼属	蓼
	鸢尾科	鸢尾属	黄菖蒲
	莲科	莲属	荷花

植物生活型	科	属	物种名
挺水型植物	大戟科	叶下珠属	叶下珠
	藜科	碱蓬属	碱蓬
	千屈菜科	千屈菜属	千屈菜
	竹芋科	再力花属	再力花
	美人蕉科	美人蕉属	美人蕉
	豆科	草木犀属	草木犀
	水马齿科	水马齿属	沼生水马齿
飘浮型植物	水鳖科	水鳖属	水鳖
	浮萍科	浮萍属	浮萍
	天南星科	大薸属	大薸
	菱科	菱属	欧菱
	雨久花科	凤眼兰属	凤眼兰
沉水型植物	金鱼藻科	金鱼藻属	金鱼藻
	眼子菜科	眼子菜属	菹草
	小二仙草科	狐尾藻属	狐尾藻

根据对天津市河流水生态健康调查结果显示，天津市河流生态健康状况的整体处于一般水平，海河干流水系、蓟运河水系生态状况较好，永定新河水系生态状况一般，独流减河水系生态状况较差。在 32 个河流调查点位中，生态系统为"健康"的样点占比 18.8%，"较好"的样点占比 28.1%，"一般"的样点占比 40.6%，"较差"的样点比占 6.3%，"差"的样点占比 6.2%。20 个湖库湿地调查点位中，"健康"的样点占 5%，"较好"的样点占 20%，"一般"的样点占 35%，"较差"的样点占 30%，"差"的样点占 10%。

根据对天津市湖库湿地水生态健康调查结果显示，天津市湖库湿地生态健康状况整体处于一般水平，呈现出西部优于东部的趋势，空间差异较为显著。其中，北辰郊野公园北运河、大黄堡湿地、鸭淀水库生态状况较好，临港湿地公园生态状况一般。七里海湿地、团泊水库生态状况较差。生态健康良好的湿地分布在远离人类活动的区域，健康状况较差的湿地一般分布在耕地、居民点及堤坝附近，其中自然保护区内的采样点大多数为健康状态，而河口附近湖湿地的生态健康状况较差。

3.1.7 水环境风险调查分析

3.1.7.1 水环境风险

通过对天津市第二次污染源普查数据进行分析，截至 2017 年全市共有 2294 家涉水工业企业，全市有 20 家上述重点行业企业分布在 7 条一级河道周边 1km 范围内，涉及蓟运河、海河、子牙河、马厂减河、北运河、独流减河、新引河、永定新河等河道，其中蓟运河 5 家、海河 4 家。20 家企业涉及原油加工及石油制品制造、染料制造、中药饮片加工、中成药生产、化学药品制剂制造、有机化学原料制造、化学农药制造等 12 个行业。20 家企业年废水排放量约 194.2 万吨。

3.1.7.2 饮用水安全

（1）饮用水源地概况

目前，全市共有 10 个地级以上饮用水水源地，主要供广大城镇地区用水；有 205 个千人以上集中式饮用水源地和若干分散式饮用水源地，主要供农村地区用水。详见表 3-21。

表 3-21 天津市 10 个地级以上饮用水源地名单

序号	坐落区	水源地名称	水源类型	级别
1	西青区	南水北调中线天津段	河流型	市级
2	蓟州区	于桥水库	湖库型	市级
3	蓟州区	杨庄水库	湖库型	地级
4	宝坻区	尔王庄水库	湖库型	地级
5	滨海新区	北塘水库	湖库型	地级
6	武清区	王庆坨水库	湖库型	地级
7	蓟州区	城关镇	地下水型	地级
8	武清区	下伍旗镇	地下水型	地级
9	宁河区	芦台镇	地下水型	地级
10	宁河区	宁河北	地下水型	地级

（2）饮用水水源水质

受中长期上游来水水质情况及于桥水库运行管理模式影响，于桥水库水源水质不能稳定达标。于桥水库作为城市重要饮用水源地之一，曾在 2015 年 6 月、9 月经历了 2 次蓝藻暴发，最高值达到 8000 万个/升。2016 年 6 月再次暴发蓝藻。此外，引滦上游来水总磷输入长期积累，使得于桥水库底泥中总磷浓度呈现上升趋势。2018 年，于桥水库 7 月份水质指标中总磷超标，浓度为 0.1mg/L，水质类别为地表水Ⅳ类。目前，于桥水库因水质问题，已经停止供水，仅作为生态用水。南水北调中心自 2014 年供水以来，因无可替代的供水水源，无法进行正常检修。一旦发生突发事故，天津无备用水源可用。详见图 3-15。

农村水源原水水质达标率低。天津市千人以上农村集中式饮用水水源地共 205 个，服务人口约 100 万。为保护好农村水源地，2018 年我市在全国率先完成 205 个千人以上的农村饮用水水源保护区划定工作，并开展了千人以上农村集中式饮用水水源环境状况调查评估工作。根据天津市千人以上集中式饮用水源调查评估报告，2018 年天津市千人以上农村集中式饮用水水源地原水水质达标率为 24.3%。超标指标主要为氟化物、总砷、

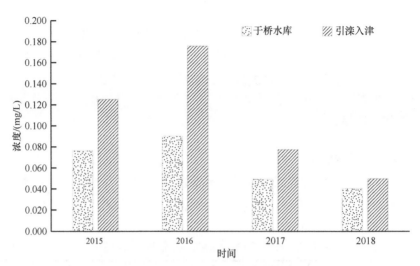

图 3-15　引滦入津与于桥水库总磷浓度对比

钠、pH 值、碘化物、色度、细菌总数、氯化物、耗氧量、总大肠菌群。其中砷超标水源主要集中在武清区、宁河区和北辰区，钠超标水源主要集中在静海区、北辰区和武清区。

3.2
水生态环境问题诊断及瓶颈分析

3.2.1　区域水环境容量低造成水环境质量波动大

3.2.1.1　水资源总体匮乏

① 上游来水量少。海河流域水资源开发利用的强度已达到 106%，远远超过了世界公认的安全警戒线 40%，导致天津市天然入境水量少且有衰减趋势。近年天津市平均入境水量约 $13 \times 10^8 m^3$（不含引滦、引江），仅相当于 20 世纪 50 年代的 1/10。详见图 3-16。1970～1979 年平均来水量减为 $11.9 \times 10^8 m^3$。1980 年为 $0.41 \times 10^8 m^3$，1981 年为 $0.337 \times 10^8 m^3$。1980 年起，外调水量几乎占工业及生活用水量的 90%。此外，入境来水区域不均，主要来水分布在北运河、永定新河等水系，而中南部大清河、永定河、南运河等水系多年入境没有水量。

② 本地水资源严重匮乏。天津市属于重度资源型缺水地区，据 2017 年国家水资源公报，天津市本地水资源总量约有 $13 \times 10^8 m^3$，水资源总量与其他超大或特大城市相比极其短缺，仅为北京市的 1/2。我国人均水资源量约 $2000 m^3$，海河流域人均水资源量是 $240 m^3$，而天津人均水资源量 $160 m^3$，人均水资源量不到全国的 1/10，是最少

的城市之一。详见图 3-17。

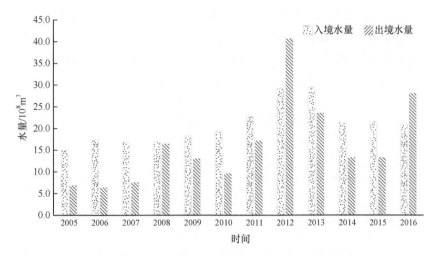

图 3-16　2005～2016 年天津市出、入境水资源量比较

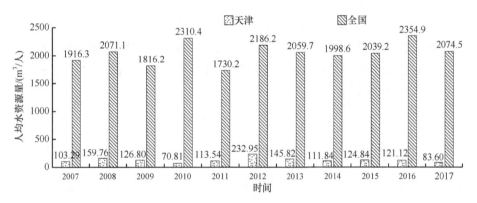

图 3-17　2007～2017 年天津市及全国人均水资源量

③ 供用水形势严峻。天津作为京津冀一体化发展核心城市，未来产业、人员进一步集聚，用水量度进一步加大。随着社会经济快速发展，城镇生活用水持续增加，农业用水增幅较大[增至 100 万亩（1 亩 = 666.67m²）小站稻、多需 $1.8 \times 10^8 m^3$ 水]。随着乡村振兴、农村人居改善等深入推进，未来农业用水量可能会进一步加大。与此同时，地下水进一步压采，南水北调中线已接近配额，东线暂未通水。供用水紧张的严峻形势将长期存在。

④ 非常规水源利用率不高，再生水回用量少率低。2015 年全市再生利用量为 $2.48 \times 10^8 m^3$，再生水回用率 26.8%；工业再生水利用率偏低，工业再生水利用量仅 $0.38 \times 10^8 m^3$，占工业用水量 7%。海水淡化供水能力未能得到充分发挥。2013 年，淡化海水只占供水量的 2.2%，目前我市最大的海水淡化能力北疆电厂一期工程为 20 万吨/天，因用水价格、去向等原因，2017 年日产水量仅为 3.2 万吨，仅占一期 20 万吨/天生产能力的 16%。

3.2.1.2 水资源利用效率仍有待提高

① 农业用水效率不高。农业特别是种植业耗水量大，但农村排管设施建设仍显滞后，全市耕地灌溉率为 70%，部分耕地仍是"望天田"，节水灌溉率不足 50%，且节水工程建设标准不高，造成农业用水效率较差，农业单位产值水耗最高，分别是第二产业、第三产业单位产值水耗的 68 倍、271 倍。详见表 3-22。

表 3-22　2017 年全市三大产业及耗水情况表

产业类别	耗水量/$10^8 m^3$	产值/亿元	单位产值水耗/（m^3/元）
第一产业	10.7199	218.28	0.0491
第二产业	5.51	7590.36	0.0007
第三产业	1.9536	10786.74	0.0002

② 部分重点行业用水效率不高。根据《天津产业能效指南（2018 版）》统计，全市规模以上工业企业总产值水耗中位数为 0.90，除电力、热力生产和供应业和水的生产和供应业外，其余行业工业企业总产值水耗均低于全市平均水平。单位产值水耗相对较高的行业有：非金属矿采选业、造纸和纸制品业、酒饮料和精制茶制造业、化学原料和化学制品制造业、石油、煤炭及其他燃料加工业、非金属矿物制品业、纺织业、家具制造业。详见图 3-18。

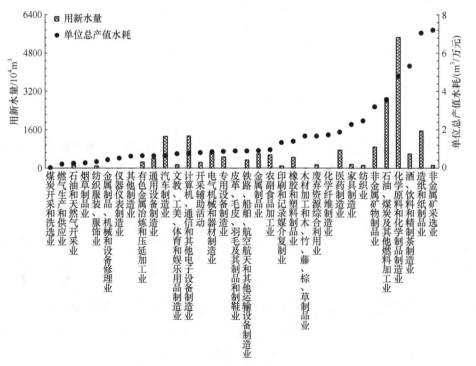

图 3-18　全市工业行业大类产值水耗图

3.2.2 流域开发强度高导致水生态系统脆弱

3.2.2.1 全市河道生态流量不足

2017 年人工生态环境补水量 $5.2 \times 10^8 m^3$，生态用水量不足全市总用水量的 20%。与北京市相比，北京 2017 年人工生态环境补水量 $12.7 \times 10^8 m^3$，占全市总用水量的 32%（2018 年 34%）；与上海市相比，长江年入海水量约 $1.0 \times 10^{12} m^3$，海河仅为 $13 \times 10^8 m^3$ 左右，差距甚远。水系循环不畅，生态功能弱，全市二级河道、干渠设有大量闸坝，存在"非汛期纳污，汛期集中排污"问题。部分河道内源污染问题突出，沿岸垃圾堆存、河道底泥淤积，水系循环不畅，水体流动性差、失去自净能力。

3.2.2.2 湖泊湿地面积严重萎缩

近些年，工农业生产、房地产开发、旅游开发等活动导致大量坑塘、滩涂等湿地被围垦开发。陆域湿地覆盖率由 50 年代的 50% 降至目前的 17% 左右（主要分布在七里海等 4 个自然保护区，占全市总面积 7.4%），特别是以天然湿地为主的自然生态系统遭到严重破坏。其中生态价值高的天然芦苇湿地面积仅剩约 $200km^2$，滩涂湿地由 2000 年的 $356km^2$ 降至现在的 $150km^2$。以大黄堡湿地自然保护区为例，周边村民为谋生计围垦天然湿地进行养殖、耕种，导致天然湿地面积大量转变为人工湿地或耕地，导致湿地生态功能退化明显。天然芦苇湿地从 2005 年保护区成立时的 $25.00km^2$ 减少到 2015 年的 $3km^2$。

3.2.3 原有污染物排放控制体系下减污空间无法支撑工业带大规模产业聚集

3.2.3.1 污染物排放总量远超环境容量

根据天津市 2020 年攻坚战目标，经对国考和市考断面进行地表水环境容量测算，全市地表水环境容量分别为 COD 31101t、氨氮 1630t、总磷 311t。天津市水环境承载力已经处在严重"超载"状态之中。按照生态环境部环境规划院提出的承载力划分标准（当承载力指数<0.8 时，不超载；介于 0.8～1 之间时，临界超载；>1 时，超载），天津市水环境承载力已经处在严重"超载"状态之中。

3.2.3.2 工业结构性污染问题比较突出

产业结构依然偏重，冶金、石化等高耗水、重化工业比例偏高，约占全市比重的

1/3，高技术产业占全市工业比重不足 20%。产业布局不尽合理，"钢铁围城""园区围城"问题突出。部分行业环境绩效差，"十二五"期间化学原料及化学制品制造业、食品、烟草加工及食品饮料制造业、普通机械制造业、电力煤气及水的生产和供应业五个行业废水排放量占工业废水排放量的 60% 以上。印染等部分行业企业规模小，生产方式落后，增长方式粗放。废水直排企业仍然存在，个别企业污水处理设施处于闲置状态，偷排漏排、超标排污等违法排污行为时有发生。

3.2.3.3 城镇污水处理厂规模依然不足

城镇人口增幅较大、污染排放量较大，城镇污水防治设施能力有待提升。全市污水处理厂的处理能力、运行负荷率和污水集中处理率和国内兄弟城市相比，仍有一定差距。以 2017 年数据为例，天津市 2017 年污水处理率为 92.5%，和北京、南京、杭州等兄弟城市相比，处于末尾水平；人均污水处理设计能力也处于最低，为 187L/d。详见表 3-23。随着经济社会的快速发展，中心城区等区域污水处理能力不足日益凸显。中心城区东郊、咸阳路、张贵庄污水处理厂超负荷运行，造成局部地区出现污水外溢，影响地表水环境质量。据测算，中心城区污水处理能力缺口在 $15 \times 10^4 t/d$ 以上。受污水处理设施建设重厂轻网、区域开发进度慢等因素影响，2018 年全市仍有大邱庄综合污水处理厂、南排河污水处理厂等 30 余个污水处理厂运行负荷率低于 60%，分布在滨海新区、武清区、静海区等区。

表 3-23　2017 年国内主要城市污水处理厂建设基本情况表

主要城市	污水处理厂设计能力/（$10^4 t/d$）	人均污水处理设计能力/[L/（日·人）]	污水处理率/%	污水处理厂运行负荷率/%	实际处理量/（$10^4 t/a$）
天津	290.5	187	92.58	91.7	91469
北京	665.6	307	97.53	95.0	168755
南京	230.8	277	96.26	71.0	70726
杭州	188.7	199	95.25	95.3	66516

3.2.3.4 城市面源污染问题凸显

建成区排水管网不完善。天津市全市 16 个行政区建成区污水管网空白、雨污管网合流、错接混接普遍；据不完全统计，全市建成区内有 15 片污水管网空白区、150 余片雨污合流区、上千个雨污混接点，导致汛期大量污水经合流管道排入周边河道。详见表 3-24。同时，污水处理厂污泥处置存在隐患，部分污泥处置单位能力已近饱和。

表3-24　全市各区建成区城镇雨污合流区数量统计表

序号	行政区	城镇雨污合流区/片
1	和平区	4
2	河西区	7
3	河东区	20
4	河北区	8
5	南开区	2
6	红桥区	41
7	东丽区	4
8	西青区	24
9	津南区	7
10	北辰区	2
11	武清区	4
12	宁河区	16
13	宝坻区	4
14	静海区	17
15	蓟州区	2
16	滨海新区	3
合计		165

3.2.3.5　农业农村污染源治理滞后

农村生活污水治理设施不足。全市仍有约 1000 个现状保留农村的污水没有得到治理，废水直排周边沟渠和坑塘。尚有 500 家规模化养殖场未配备建设粪污治理设施，2000 余家畜禽养殖专业户粪污也未得到妥善治理和资源利用。据 2018 年开展的建制村环境综合整治现状调查结果，调查的 2309 个村庄，农村生活污水处理率达到 60%以上的村庄仅 282 个，生活垃圾无害化处理现状已达标的村庄 1672 个，饮用水卫生合格率≥90%的村庄 521 个。

农业面源污染治理不足。全市农药化肥利用率仍然偏低，主要农作物化肥、农药有效利用率不足 40%，大量流失引起土壤、地表水、地下水污染。化肥施用强度（化肥施用量/农作物种植面积）仍然偏高，2017 年为 409.78kg/hm^2，是国际公认安全线 225kg/hm^2 的 1.82 倍。有机肥资源还田利用不足，天津市有机肥产能 30 万吨以上，而实际生产数量仅为 10 万吨左右。畜禽养殖粪污生态化、资源化利用程度较低，多数粪污治理设施堆存简易处理后直接还田，存在二次污染隐患，畜禽粪污农田利用"最后一公里"问题没有得到彻底解决。

水产养殖尾水污染问题突出。水产养殖普遍采用"大引大排"，养殖投饵、施药、换水等方式粗放，大量高浓度养殖污水直接排放进入周边水体，对地表水体和海洋造成污染。目前天津市 48 万亩水产养殖面积尚有 30 万亩未列入渤海污染治理攻坚战的水产养殖改造及污染治理任务中。入海河流周边区域存在海水养殖坑塘，从河道取水补水，并将养殖尾水排入周边河流，尾水中氮、磷类污染物对生态水环境造成影响。

3.2.4 精准治污、科学治污精细化的环境管理技术支撑有待加强

3.2.4.1 地方标准体系仍不健全

由于天津市水环境质量较差，基本无环境容量，因此出台了水污染排放地方标准。天津市现行污水排放标准，采用地方污水综合排放标准与行业标准并行的方式，凡是有国家和地方行业水污染方法标准的，执行相应的行业水污染物排放标准，但通过对比发现，部分行业水污染标准部分因子限值宽松于地方污水综合排放标准，导致难以对污染物排放实施有效的监管。例如，炼焦化学工业企业执行的行业标准，《炼焦化学工业污染物排放标准》（GB 16171—2012）中规定，新建企业水污染物排放浓度限制值化学需氧量直接排放标准限值为 80mg/L，《硫酸工业污染物排放标准》（GB 26132—2010）中规定，新建企业水污染物排放限值化学需氧量直接排放标准限值为 60mg/L。而天津市《污水综合排放标准》（DB 12/356—2018）规定，化学需氧量一级标准为30mg/L，二级排放标准为 40mg/L。某些行业标准比天津市地方标准要求要宽松。天津市《城镇污水处理厂污染物排放标准》控制指标尚不全面。目前，天津市《城镇污水处理厂污染物排放标准》（DB 12/599—2015）中的控制指标不够全面，如目前的标准中没有盐度指标。一方面，天津市工业产业中重工业居多，化工、制药、印染、农副食品加工等行业废水容易含高盐度废水，如含氯化钠、氯化铵、硫酸铵、硫酸钠或者是多种混合盐等。由于很难直接处理含盐废水，且物化处理过程较复杂，处理费用较高，不少工业废水中经过厂区处理外排时含盐量偏高，对下游城镇污水处理厂处理工业有一定冲击；另一方面，由于天津市盐碱地较多，污水处理厂排水若盐度偏高，会进一步加剧土地的盐碱化，不利于水生态环境健康稳定。

3.2.4.2 污染管控精细化程度不高

"河流-口门-汇水区-污染源"查溯管控体系不完善。特别是部分河流潜藏大量暗管、暗口，污水来源不明、性质不清；目前尚缺乏对雨污合流等口门的有效监管。此外，由于涉农污染的随机性、突发性、隐蔽性以及不易监测性，通常缺乏行之有效的定量方法和针对性的治理措施，已成为制约天津市水环境质量的重要因素。废水直排企业仍然存在，个别企业污水处理设施处于闲置状态，偷排漏排、超标排污等违法排

污行为时有发生。

城镇污水处理存在超标现象。2018 年天津市全市纳入环保监督性监测的 72 家污水处理厂，超标 3 次以污水处理厂比例达到 17%，涉及城镇和工业园区等各类污水处理厂，污染因子总氮、总磷和氨氮等。

农村污水处理设施长效管护机制尚不完善。天津市已建成的农村污水处理设施，由于配套管网、运行经费等问题，导致多数建成后运转不正常、不运行或者不稳定运行，严重影响了环境效益的发挥。2018 年开展的建制村环境综合整治现状调查中对典型村庄进行了采样分析，按照天津市《城镇污水处理厂污染物排放标准》(DB 12/599—2015)，集中式污水处理设施设计规模<1000m³/d 时排水执行 C 标准，46 个污水站出水仅有 6 个全部达标，占 13%。

畜禽养殖场粪污治理及资源化运营市场化机制尚未形成。现有治理设施能力弱、水平低，资源化利用程度不高，种养衔接不充分。全市 3670 个养殖场、区、户，其中有 855 个畜禽粪便存在场外丢弃现象、568 个粪便未采取有效工艺进行处理、128 个畜禽尿液废水直接排放。

3.2.4.3 水安全管控措施仍不完善

全市大部分钢铁、火电、化工等高耗水高污染行业沿海沿河分布，存在一定安全隐患。尤其是天津市滨海新区，大型石化、化工等产业集聚度高，化学原材料仓储多，全市 278 家重大、较大环境风险源，滨海新区达 172 家，其中，全市重大环境风险源 70 家，滨海新区达 59 家，占比高达 80% 以上，风险源的聚集造成环境风险隐患突出。且现有环境风险管理体系尚不健全。渤海是一个三面为陆地包围的半封闭海域，独特的自然条件使得渤海的海水交换能力差、生态环境极其脆弱，一旦发生突发事故，污染物进入大气和海域后会对周边地区造成重大影响。

第4章

面向水生态环境根本好转的顶层目标指标体系研究

- 统筹功能保障和生态恢复的
  水生态环境根本好转目标
  定量表达技术研究

- 基于入境和入海水质的
  水环境改善动态情景模式研究

- 基于水流分析的水生态环境
  改善控制指标体系研究

顶层设计的目标设计遵循目标导向的原则，实现前瞻性的事前计划。本章首先对水生态环境根本改善进行定量表达研究，以 2035 年水生态环境质量全面改善为最终愿景，统筹功能保障和生态修复，将水生态环境质量全面改善的定量表达确定为：以水功能区水质水量双达标、重要河流重现/恢复土著鱼类作为，即"双达标—恢复"。其次，基于水生态环境的自然和社会双重属性，构建了基于入境和入海水质的水环境改善动态情景预测模型，综合考虑不同情景下基于上游来水水质和水量的环境容量核算和基于入海水质达标的水质受损评价结果，耦合预测得出全市所有评价断面的水质改善优先序。最后，以改善水生态环境质量为核心目标，综合考虑当前水生态环境管理精细化的要求，在基于水流分析的水生态环境改善影响因素分析基础上，构建了水生态环境改善控制指标体系，量化分解实现顶层目标的重点内容和控制要求。

4.1
统筹功能保障和生态恢复的水生态环境根本好转目标定量表达技术研究

4.1.1　定量表达的思路和形式

4.1.1.1　定量表达的思路

水是自然环境的重要组成要素，同时也作为物质和能量载体，贯穿自然-社会-经济整个复合系统，因此水生态环境具有自然和社会双重属性。水生态环境的自然属性是社会属性的基础，人类依赖于水得以生存和发展。同时，水生态环境又具有社会属性，人类通过利用和改造活动，来影响水生态环境的自然属性。人类排放的污染物进入水环境，造成水体污染，影响水生态环境的自然属性。水生态环境的自然属性是具有一定空间特征的，从海域、流域到河湖水系到河道、湖泊，相互联系也有一定的空间划分。同一位置的污染可能会因为排放通道设置、地形的不同，影响完全不同的两条河道，甚至水系、流域。但在社会属性中，水生态环境的人工可控性又更强，尤其是人口密集地区的水环境，由于水库、引水、蓄水、闸坝等水利工程的建设，使水系的闸控特点明显，使得水生态环境在自然属性中的自净能力受到较大的人为影响。因此，在考虑水生态环境根本好转的目标时必须要综合考虑水生态环境的双重属性，既要让水生态环境能够保障人类的生存和发展，也要使水生态环境维持其应有的自然特征和功能，进而实现人水和谐的可持续发展。

从功能保障的角度来看，水生态环境根本好转目标的定量表达，首先要明确水环境质量要达到其相应水体功能的水质目标要求，即水功能区水质达标。现阶段我国以水功能区划作为水资源开发利用与保护、水污染防治和水环境综合治理的重要依据。水功能区是根据流域或区域的水资源自然属性和社会属性，依据其水域定为具有某种应用功能和作用而划分的区域，进而以水体使用功能确定水体应执行的质量标准及污染源的排放标准。可以说，水功能区的划定综合体现了水资源开发利用现状和经济社会发展对水量及水质的需求，是水环境自然属性和社会属性的有机结合。2011年，国务院批复了《全国重要江河湖泊水功能区划（2011—2030年）》（国函〔2011〕167号），并印发《国务院关于实行最严格水资源管理制度的意见》（国发〔2012〕3号）等文件要求，各地均划定了本地的水功能区划，并作为水生态环境管理的主要管理依据。

从生态恢复的角度来看，水生态环境根本好转目标的定量表达，要更加注重水生态功能和水生境的恢复，实现"有河有水，有水有鱼，有鱼有草"的"人水和谐"。水生态功能区作为流域生态系统管理和水资源保护的重要手段，是基于流域生态学、地域分异规律、生态系统健康与生态完整性、流域生态系统管理等理论基础，以恢复流域持续性、完整性生态系统健康为目标。一方面，水量是生态环境质量中的"数量"因素，一个地区环境质量的优劣，除水质外还必须有一个"量"的概念，而且水质与水量两者往往存在因果的关系；一个水资源不足的地区，水质也不可能是良好的。天津市地处海河流域最下游，工农业、生活用水外部依赖度高，水质除受水源的影响外很大程度上受上游来水量大小的制约。在水环境质量研究中，只有搞清水量才能计算污染物的排放总量、河流的污染负荷及负荷能力，也只有在搞清本地区水量资源基础上才能制定该区污水的排放标准，才能合理利用水资源。另一方面，良性健康循环的水生境得以恢复，例如重要河湖重现土著鱼类或者水生植物。

综上，水生态环境质量根本好转的定量表达可表述为：水功能区水质水量双达标、重要河流重现/恢复土著鱼类，即"双达标一恢复"。"双达标一恢复"作为水环境与水生态顶层目标，既是水环境回归自然属性的重要体现，也能够实现水环境质量改善与水资源利用、水污染防治、水环境管理在行政管理上的有效衔接。

4.1.1.2　定量表达的形式

对水功能区"双达标一恢复"顶层目标进行定量表达，首先要确定能够进行水质水量监测评价的代表断面，以评价断面水质水量达标率作为水功能区水量水质双达标的评价指标。评价断面以水功能区划对应的监测断面为基础，叠加课题对水生态功能区划的精细划分成果，并与"十三五"期间的"水十条"水质考核断面有效衔接，兼顾水质预测所需的现状水质、排污状况等基础数据的可获得性，断面汇水范围及上下游关系，监测点位调整修改等因素，最终确定了共计94个控制断面作为水生态环境根本好转水质水量目标的评价断面，详见表4-1。

2008年，按照《天津市实施〈中华人民共和国水法〉办法》的有关规定，市水务局会同市环保局制定了第一版海河流域天津市水功能区划。该版海河流域天津市水功能区划将天津市水域共分为 102 个水功能区，其中一级水功能区 73 个，包括 4 个保护区，22 个缓冲区，47 个开发利用区（47 个开发利用区划分为二级水功能区 76 个，其中饮用水源区 12 个、工业用水区 12 个、农业用水区 35 个、渔业用水区 1 个、景观娱乐用水区 13 个、过渡区 1 个、排污控制区 2 个）。2017 年，天津市政府以《全国重要江河湖泊水功能区划（2011—2030 年）》为基础，制定实施了新的《海河流域天津市水功能区划》。

新版《海河流域天津市水功能区划》将天津境内所有水体分为两级体系管理。依据《水功能区划分标准》结合天津市的实际情况，海河流域在天津市市境内共划分了 76 个一级水功能区，区划河长 1705.85km，区划湖库面积 337.38km²。结合河道沿线的用水需求，在开发利用区内共划分出 58 个二级水功能区，二级水功能区区划河长总计 1377.85km，区划湖库面积总计 224km²。按区划范围不重复原则统计，一、二级水功能区合并总数为 84 个。在水功能区划中，每个水功能区均设定了对应的水环境质量目标，并确定了水质的监控断面。

表 4-1　基于 94 个评价断面的水功能区"双达标一恢复"目标

序号	所在水系	所在河流	断面名称	水质目标①	水量目标②	土著鱼类
1	引滦入津	果河	果河桥	II	—	宽鳍鱲、中华多刺鱼
2		于桥水库	于桥水库中心	II	—	州河鲤、中华多刺鱼
3			于桥水库出口	II	—	州河鲤、中华多刺鱼
4		引滦入津	西双树桥	II	—	中华鳑鲏、中华多刺鱼
5		尔王庄水库	尔王庄泵站	II	—	中华鳑鲏、中华多刺鱼
6		引滦入津	宜兴埠泵站	II	—	中华鳑鲏、中华多刺鱼
7	南水北调	南水北调	曹庄子泵站	II	—	—
8			王庆坨水库	II	—	中华鳑鲏、中华多刺鱼
9			北塘水库	II	—	黄颡、鳡鱼
10		北大港水库	北大港水库出口	II	—	中华鳑鲏、赤眼鳟
11	蓟运河水系	沟河	杨庄水库坝下	III	20%	宽鳍鱲、中华多刺鱼
12			罗汉石	III	20%	宽鳍鱲、中华多刺鱼
13		州河	西屯桥	IV	20%	宽鳍鱲、中华多刺鱼
14		蓟运河	新安镇	IV	20%	大银鱼、黄尾鲴
15			江洼口	IV	20%	大银鱼、黄尾鲴
16			芦台大桥	IV	20%	大银鱼、黄尾鲴
17			南环桥	IV	20%	大银鱼、黄尾鲴
18			蓟运河防潮闸	IV	20%	大银鱼、黄尾鲴
19		付庄排干	大神堂村河闸	IV	20%	大银鱼、黄尾鲴

序号	所在水系	所在河流	断面名称	水质目标①	水量目标②	土著鱼类
20	永定新河水系	北京排污河	西安子桥	Ⅳ	20%	黄颡、团头鲂
21			九园公路桥	Ⅳ	20%	黄颡、团头鲂
22			东堤头闸上	Ⅳ	20%	黄颡、团头鲂
23		机场排水河	盖模闸	Ⅳ	15%	黄颡、团头鲂
24		北运河	新老米店闸	Ⅳ	20%	黄颡、团头鲂
25		青龙湾河	李家牌桥	Ⅳ	20%	黄颡、团头鲂
26			潘庄	Ⅳ	20%	黄颡、团头鲂
27		潮白新河	黄白桥	Ⅳ	20%	潮白河鲫鱼、大银鱼
28			老安甸大桥	Ⅳ	20%	潮白河鲫鱼、大银鱼
29			于家岭大桥	Ⅳ	20%	潮白河鲫鱼、大银鱼
30		增产河	六合庄桥	Ⅳ	15%	潮白河鲫鱼、大银鱼
31		永定河	马家口桥	Ⅳ	20%	潮白河鲫鱼、大银鱼
32		中泓故道	丁庄桥	Ⅳ	15%	潮白河鲫鱼、大银鱼
33		永金引河	永金引河特大桥	Ⅳ	15%	潮白河鲫鱼、大银鱼
34		新开-金钟河	北于堡	Ⅳ	20%	潮白河鲫鱼、大银鱼
35		金钟河	金钟河桥	Ⅳ	20%	潮白河鲫鱼、大银鱼
36		永定新河	东堤头村	Ⅳ	20%	纹缟鰕虎鱼、青梢红鲌
37			永和大桥	Ⅳ	20%	纹缟鰕虎鱼、青梢红鲌
38			塘汉公路桥	Ⅳ	20%	纹缟鰕虎鱼、青梢红鲌
39		北塘排水河	北塘桥	Ⅳ	20%	纹缟鰕虎鱼、青梢红鲌
40			永和闸	Ⅳ	20%	纹缟鰕虎鱼、青梢红鲌
41		东排明渠	东排明渠入海口	Ⅳ	20%	纹缟鰕虎鱼、青梢红鲌
42		新开河	新开桥	Ⅳ	20%	纹缟鰕虎鱼、青梢红鲌
43	海河干流水系	北运河（市区段）	郭辛庄桥	Ⅳ	20%	黄颡、鳜鱼
44			北洋桥	Ⅳ（Ⅲ）	20%	黄颡、鳜鱼
45		南运河（市区段）	井冈山桥	Ⅳ	20%	黄颡、鳜鱼
46			西横堤	Ⅳ	20%	黄颡、鳜鱼
47		子牙河	西河闸	Ⅳ	20%	黄颡、鳜鱼
48			天河桥	Ⅳ	20%	黄颡、鳜鱼
49			大红桥	Ⅳ（Ⅲ）	20%	黄颡、鳜鱼
50		海河干流	海河三岔口	Ⅳ（Ⅲ）	20%	黄颡、鳜鱼
51		津河	马场道	Ⅳ	15%	黄颡、鳜鱼
52			八里台	Ⅳ	15%	黄颡、鳜鱼

序号	所在水系	所在河流	断面名称	水质目标①	水量目标②	土著鱼类
53	海河干流水系	津河	西营门桥	Ⅳ	15%	黄颡、鳡鱼
54		海河干流	海津大桥	Ⅳ	20%	黄颡、鳡鱼
55		海河干流	光明桥	Ⅳ	20%	黄颡、鳡鱼
56		洪泥河	生产圈闸	Ⅳ（Ⅲ）	15%	黄颡、鳡鱼
57		海河	西外环高速桥	Ⅳ	20%	黄颡、鳡鱼
58		津港运河	东台子闸	Ⅳ	15%	黄颡、鳡鱼
59		四化河	仁爱濠景	Ⅳ	15%	黄颡、鳡鱼
60		外环河	0.4km	Ⅳ	15%	黄颡、鳡鱼
61			新开河口	Ⅳ	15%	黄颡、鳡鱼
62			大沽南路桥	Ⅳ	15%	黄颡、鳡鱼
63			微山路外环交口	Ⅳ	15%	黄颡、鳡鱼
64		卫河	万达鸡场闸	Ⅳ	15%	黄颡、鳡鱼
65		卫津河	纪庄子桥	Ⅳ	15%	黄颡、鳡鱼
66			七里台	Ⅳ	15%	黄颡、鳡鱼
67		幸福河	幸福河北闸	Ⅳ	15%	黄颡、鳡鱼
68		月牙河	成林道	Ⅳ	15%	黄颡、鳡鱼
69			满江桥	Ⅳ	15%	黄颡、鳡鱼
70			岷江桥	Ⅳ	15%	黄颡、鳡鱼
71		海河	大梁子	Ⅳ	20%	黄颡、鳡鱼
72			海河大闸	Ⅳ	20%	黄颡、鳡鱼
73	独流减河水系	大清河	大清河第六埠	Ⅳ	20%	黄颡、红鳍鲌
74		子牙河/南运河	十一堡新桥	Ⅳ	20%	黄颡、红鳍鲌
75		中亭河	大柳滩泵站桥	Ⅳ	15%	黄颡、红鳍鲌
76		陈台子排水河	复康路桥下	Ⅳ	15%	黄颡、红鳍鲌
77			华苑西路桥	Ⅳ	15%	黄颡、红鳍鲌
78		团泊水库	团泊水库	Ⅳ	—	黄颡、红鳍鲌
79		大沽排水河	鸭淀二期泵站	Ⅳ	20%	黄颡、红鳍鲌
80			石闸	Ⅳ	20%	黄颡、红鳍鲌
81			大沽排水河防潮闸	Ⅳ	20%	黄颡、红鳍鲌
82		赤龙河	大侯庄泵站	Ⅳ	15%	黄颡、红鳍鲌
83		马厂减河	洋闸	Ⅳ	20%	黄颡、红鳍鲌
84			西小站桥	Ⅳ	15%	黄颡、红鳍鲌
85			九道沟闸	Ⅳ	15%	黄颡、红鳍鲌

序号	所在水系	所在河流	断面名称	水质目标[①]	水量目标[②]	土著鱼类
86	独流减河水系	马厂减河	西关闸	IV	15%	黄颡、红鳍鲌
87		独流减河	万家码头	IV	20%	黄颡、红鳍鲌
88			独流减河防潮闸	IV	20%	黄颡、红鳍鲌
89		荒地河	荒地河入海口	IV	20%	黄颡、红鳍鲌
90	南四河水系	北排水河	北排水河防潮闸	IV	20%	黄颡
91		沧浪渠	沧浪渠出境	IV	20%	黄颡
93		青静黄排水渠	大庄子	IV	20%	黄颡
92			青静黄防潮闸	IV	20%	黄颡
94		子牙新河	马棚口防潮闸	IV	20%	黄颡

① 面向水生态环境根本好转的强化版水功能区水质目标。

② 水量目标为生态基流，指当年水量与多年平均流量的比值。

4.1.2 "双达标"目标定量化思路和依据

4.1.2.1 水质目标的确定思路和依据

水功能区水质达标率是指水质达标的水功能区占参与评价的水功能区的比例。考虑到新版《海河流域天津市水功能区划》的水质目标年限截至 2030 年，课题组依据如下原则，对 94 个评价断面所对应的水功能区水质目标进行微调，形成面向水生态环境根本好转的强化版水功能区水质目标，见表 4-1。

① 原为水功能区监控断面的评价断面，水质目标原则上以所属功能区类型的水质目标为准；

② 没有对应水功能区划的评价断面，原则上以该断面所在河段汇入的具有水功能区水质要求的河段为其水质目标；

③ 涉及引滦入津和南水北调两大集中式饮用水源的监测断面，水质统一设定为 II 类，例如北大港水库出口断面，根据南水北调供水规划，北大港水库未来将承接南水北调东线调水，作为备用饮用水源，将其水功能区目标设定为 II 类；

④ 原水质目标为 V 类的水体，考虑到城镇污水处理标准已经提高到类 IV 类，依据"污染零负荷增长"原则，其水质目标均提高到 IV 类。

4.1.2.2 水量目标的确定思路和依据

河道生态环境需水量具有社会-自然双重属性，其社会属性表现在其与社会经济需水的综合协调，其自然属性主要表现为时间性、空间性、阈值性和水环境的一致性。生态环境需水量是指与水生态环境改善目标相匹配，为维持水生态环境不再恶化并逐渐改善而需要消耗的水资源总量，主要包括保护和修复河流下游的天然植被及生态环境，水土保持及水保范围之外的林草植被建设，维持河流水沙平衡及湿地、水域等生态环境的基流。

关于如何确定河道内生态需水量或环境流量，是随着人类社会对水资源利用的强度与规模而提出的。依据定义可知，针对流域系统在不同水生态环境改善目标的情境模式设定下，可进一步细分为"河道生态环境需水量""河道最小生态环境需水量""河道环境需水量""河道最小环境需水量"，而针对某一特定流域或河道可能只具备上述需水量当中的一种或几种。河道内生态需水量相对关系如图 4-1 所示。

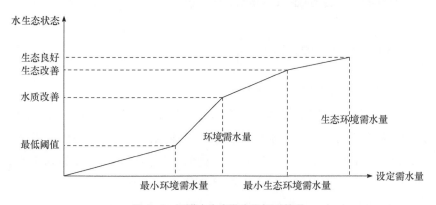

图 4-1　河道内生态需水量相对关系

各分项具体定义：河道生态环境需水是指维持水生生物正常生长及保护特殊生物和珍稀物种生存所需要的水量。河道最小生态环境需水是指为维系和保护河流的最基本生态功能不受破坏所需在河道内保留的水量。河道环境需水量是指为保护和改善河流水体水质，为维持河流水沙平衡、水盐平衡及维持河口地区生态环境平衡所需要的水量。河道最小环境需水量是指为维系和保护河流的最基本环境功能不受破坏所必须在河道内保留的最小水量。

生态基流量是指为保证河流生态服务功能，用以维持或恢复河流生态系统基本结构与功能所需的最小流量。生态基流保障率越高，河流生态系统服务功能越强，水环境承载力越大。根据生态环境需水量的定义可知，生态基流对应的是河道最小生态环境需水量。目前，生态基流量的计算方法主要有水文学法、水力学法、组合法、生境模拟法、综合法及生态水力学法等。其中，水文学法中的 Tennant 法是宏观战略与目标管理中最常用的计算方法。该方法依据观测资料而建立起来的流量和栖息地质量之间的经验关系，具有宏观的指导意义，可以在生态资料缺乏的地区使用，可作为河流进行最初目标管理、战略性管理方法使用。该方法以河流多年平均流量的 10% 作为水生生物生长最低标准下限，年平均流量的 30% 作为水生生物的满意流量，即将江河多年平均流量的 10% 作为生态基流。

环境保护部（现生态环境部）、国家发展改革委、水利部联合印发的《长江经济带生态环境保护规划》中也将生态基流作为河流生态水量的指标要求，明确提出"保障长江干支流 58 个主要控制节点生态基流占多年平均流量比例在 15% 左右，其中干流在 20% 以上。"因此，本研究也将生态基流作为"水生态环境根本好转"水量目标的表征指标，并参考长江经济带规划要求，结合天津市实际情况，依据河道功能及重要性，确定一级河道和入海河流的生态基流应达到多年平均流量的 20% 左右，其他河道的生态基流应达到多年平均流量的 15% 左右，详见表 4-1。

4.1.3 "一恢复"目标定量化思路和依据

4.1.3.1 鱼类与水生态环境之间依存关系

（1）鱼类在水生态系统中的功能与价值

鱼类是水域生态系统中最为重要的生物组分，作为水体中的高级或顶级消费者，鱼类在水生生物群落构建、生态系统物质循环和能量流动、生物多样性维持，以及生态系统稳定和平衡中起着至关重要的作用。同时，鱼类作为自然界最为重要的优质蛋白质来源之一，对人类而言具有巨大的经济价值。

在一个完整的水体生态系统中，非生物环境因子和生物之间，以及生物与生物之间通过上行（bottom-up）和下行（top-down）效应而相互作用。光照、温度、营养盐等理化因素通过上行效应，对生产者、消费者和分解者的种类组成和丰度产生影响，导致不同的水体具有不同的生物（鱼类）群落结构和生物（鱼类）多样性；与之相对应的是一个生态系统中的生物，特别高层级的消费者，如鱼类，通过营养级联（下行）效应，会对生产者乃至生态系统理化环境产生影响。因此，基于上行效应，一个水体生态系统中的鱼类群落结构，可以反映水体在人为活动影响下的水质状况和生态系统的健康状况。基于鱼类的生物完整性指数（index of biological integrity），自 Karr 和 Dudley 提出以来，被广泛应用于河流等水体生态系统健康的评价。基于鱼类下行效应的生物操纵技术，通过合理调控鱼类群落结构，发挥鱼类的生态功能达到控制过度繁衍的其他水生生物，如水体富营养化导致的藻类水华和过度生长的水生植物等，已被广泛用于富营养水体的治理修复，现在提出的保水渔业和净水渔业即是基于鱼类对水体生态系统的积极作用。

（2）鱼类资源和多样性与水环境的关系

一个水体生态系统中的鱼类群落结构是在长期与自然环境相适应的演化过程中形成的，受气候和地理地质演变和人类活动的影响，因此不同地区、不同气候、不同水文和地貌特征的水体具有不同的鱼类区系、群落结构和功能类群。例如，河流上游栖息着适应低温、急流的鱼类，以摄食着生藻类、水生昆虫为食的鱼类为主；而中下游河流或湖泊生活着适应缓流或静水、耐低氧，广温性的鱼类，以浮游生物食性、杂食性和碎屑食性的鱼类为主。在一个健康的水体生态系统中，鱼类群落表现为与自然环境相应的物种多样性和功能多样性，而在一个受损的水体生态系统中，鱼类群落常常呈现出物种多样性丧失，特别是该流域对环境改变敏感的特有种、土著种丧失，而外来种增加，经济价值高的鱼类资源下降，鱼类群落小型化、低龄化，导致鱼类在生态系统中的功能和价值下降。

（3）鱼类资源和多样性面临的问题及成因

水体环境的自然变迁，特别是近期人类活动的加剧对水体环境造成深刻的改变，导致鱼类群落结构和功能发生了根本性的变化，主要表现为鱼类资源衰竭、多样性下降，而成因包括气候变化和人类活动引起的污染、鱼类生境破坏或丧失、过度捕捞、外来种入侵等。

4.1.3.2 基于历史追溯的重要河流土著鱼类恢复目标研究

（1）土著鱼类恢复品种研究

通过对近十年来统计资料和课题组专项调查，得出如下结果。

① 天津市已消失的鱼种：中华多刺鱼、兴凯刺鳑鲏、青梢红鲌、鳜鱼、鳤鱼、宽鳍鱲、似鳊、前额间银鱼、油餐、黄尾鲴、银鲴、北方花鳅、逆鱼、青鳞、鳗鲡、刺鳅、油鳘、中华花鳅、银飘鱼、银似鳊、三角鲂、长春鳊、彩副鳊、大鳍鳠、白河鳠、黄尾密鲴、蛇鮈、花斑副沙鳅等。

② 现存濒危主要土著鱼种：潮白河鲫鱼、州河鲤、黄颡、中华鳑鲏、大银鱼等。部分现存濒危的土著鱼种见图 4-2（书后另见彩图）。

(a) 潮白河鲫鱼

(b) 州河鲤

(c) 中华鳑鲏

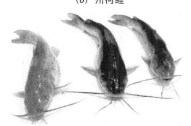
(d) 黄颡

图 4-2 部分现存濒危的土著鱼种照片

(2) 恢复区域

由于水域底质改变，调水排水、河道行洪、排污等因素对水生生物多样性的评价影响非常大，据往年天津市河道调查数据，均存在多样性不稳定、忽高忽低现象。可以看出恢复鱼类生物多样性是一个长期的过程。综合近十年的资料和本课题的专项调查结果，海河干流水质鱼类相对丰富，其次为永定新河（潮白新河）、再次为蓟运河和独流减河，最差区域为南部四条河流。据此，设定"一恢复"目标如下。

① 到2025年：潮白河鲫鱼、州河鲤、黄颡鱼、中华鳑鲏、大银鱼等土著鱼类生物多样性指数不降低。主要恢复区域：潮白新河、于桥水库等。

② 到2030年：其他现存土著鱼类在上述主要河道均有发现。力争在1条以上河湖实现土著鱼类恢复，恢复1~3个已消失的土著鱼种，如中华多刺鱼等。主要恢复区域：海河干流、永定新河等。

③ 到2035年：力争在3条以上河湖实现土著鱼类恢复，恢复3~9个已消失的土著鱼种，不断提高鱼类丰富度和生物完整性指数。主要恢复区域：蓟运河、独流减河等。

4.2
基于入境和入海水质的水环境改善动态情景模式研究

4.2.1　模型构建思路

基于水环境的自然和社会双重属性，水环境质量的影响因素也必然包括人为和自然两个大的维度，且这些影响因素相互影响，有积极影响，也有消极影响。结合天津市实际情况，既定顶层目标下影响区域水环境质量改善时序的因素主要为水文条件、上游入境水质等资源环境容量因素和污染排放及控制等社会经济压力因素。模型构建思路详见图4-3。因此，本研究通过建立资源环境容量和社会经济压力二维情景模式，对水环境质量达标情况进行预测。在时间序列上，主要考虑2020年、2025年、2030年、2035年四个主要时间点。

图4-3　模型构建思路

首先，开展基于入境水质的区域水环境改善容量分析，以水量达标情况和上游来水水质作为基础条件，分别核算不同资源环境情景下的水环境容量，并与污染物排放现状情况进行比较，预测得出全市 94 个评价断面的水质改善优先序。

对于水量达标情况的考虑：天津地处海河流域最下游，近十年上游河道基本没下泄流量，枯水期更没有上游来水。根据以往研究实践经验，参考《京津冀水环境承载力核算》与《天津市水功能区纳污能力及限制排污总量意见》等研究的结果，考虑到天津市大部分河流的流速< 0.1m/s，且流量较小，基本难以达到生态基流目标。因此，在水量达标情况情景设定过程中，采用枯水期流量进行预测基本没有实际意义。故本研究，根据天津市水文特征设定丰水年和平水年两个水文条件情景。

对于上游来水水质情况的考虑：综合考虑京津冀生态环境协同发展以及雄安新区、北京通州城市副中心建设等国家重大战略部署，相信未来一段时间，入境水质将会有全面的改善。因此上游来水水质的情景设定为现状情景和功能达标情景两个情景。

其次，开展基于入海水质的区域水环境改善压力分析，依据天津滨海工业带各断面主要污染物水质现状，以水环境功能区水质目标为标准，开展基于断面水质受损评价的水环境改善压力分析，作为区域水环境改善的预测依据。

最后，在充分考虑水质改善压力和主要污染物减排压力的双重约束下开展综合预测，得到全市水环境功能区全面达标的时序。

4.2.2　基于入境水质的区域水环境改善容量分析

4.2.2.1　情景设定

基于水质压力响应关系，以水量达标情况和上游来水水质作为背景条件，通过设置不同的情景资源环境情景，核算不同资源环境情景下的水环境容量，并与污染物排放现状情况进行比较，预测得出评价断面的水质改善优先序。在测算过程中，剔除引滦和南水北调等饮用水断面，参与分析的评价断面共计 84 个。在情景模式设计上，主要考虑水资源情况、上游来水水质情况两方面。其中，上游来水水质作为外界因素，天津市无法有效控制，但综合考虑京津冀生态环境协同发展以及雄安新区、北京通州城市副中心建设等国家重大战略部署，相信未来一段时间，入境水质将会有全面的改善。因此上游来水水质的情景设定为现状情景和功能达标情景两个情景。因此，在水文条件因素情景设置过程中，综合考虑气候条件、上游来水以及人工补水等因素，以河流生态基流是否达标作为情景指标，设定生态基流达标和生态基流未达标两种情景。基于此，构建 4 种情景模式。

情景模式 1：上游来水达到水功能区目标，生态基流未达标。
情景模式 2：上游来水达到水功能区目标，生态基流达标。
情景模式 3：上游来水为现状水质，生态基流未达标。
情景模式 4：上游来水为现状水质，生态基流达标。

4.2.2.2　模型分析结果

（1）情景模式 1

评价断面上游来水达到水功能区目标，评价断面水文条件为生态基流未达标，预测结果详见表 4-2。

表 4-2　主要断面改善时间表（情景模式 1）

序号	水系名称	达标时间			
		2020 年	2025 年	2030 年	2035 年
1	蓟运河		杨庄水库坝下 南环桥 罗汉石	新安镇 江洼口	蓟运河防潮闸 西屯桥 芦台大桥
2	永定新河	金钟河桥 新开河口 新开桥 成林道 岷江桥 满江桥	李家牌桥 潘庄 塘汉公路桥 老安甸大桥 永金引河特大桥 于家岭大桥 六合庄桥 盖模闸 永和大桥	丁庄桥 永和闸 九园公路桥 马家口桥 北于堡 东堤头闸上 西安子桥 新老米店桥	黄白桥 北塘桥 东堤头村
3	海河干流	八里台 仁爱濠景 七里台 井冈山桥 幸福河北闸 东台子闸 纪庄子桥 天河桥 海河三岔口 西营门桥 大沽南路桥 微山路外环交口 光明桥 马场道 0.4km 大红桥 北洋桥	西横堤 郭辛庄桥 海河大闸 海津大桥 西外环高速桥 大梁子 生产圈闸 西小站桥 九道沟闸	西关闸	
4	独流减河		十一堡新桥 大柳滩泵站桥 西河闸 独流减河防潮闸	复康路桥下 迎水桥 大清河进洪闸 万达鸡场闸	洋闸 万家码头 大清河第六埠
5	南四河及其他		大庄子 鸭淀二期泵站 石闸	北排水河防潮闸 马棚口防潮闸 大神堂村河闸 东排明渠入海口 沧浪渠出境 荒地河入海口 大侯庄泵站 东大沽泵站	青静黄防潮闸

（2）情景模式 2

评价断面上游来水为现状水环境质量，评价断面段水文条件为生态基流未达标，预测结果详见表 4-3。与情景模式 1 相比较，在相同水文条件情况下，各评价断面上游来水水质成为主要限制因素。现状上游来水水质较好，优于水环境功能区水质要求的评价断面，达标时间可能提前；劣于水环境功能区水质要求的，达标时间可能延后。

表 4-3　主要断面改善时间表（情景模式 2）

序号	水系名称	达标时间			
		2020 年	2025 年	2030 年	2035 年
1	蓟运河	新安镇	杨庄水库坝下 罗汉石	西屯桥 江洼口 蓟运河防潮闸	芦台大桥 南环桥
2	永定新河	东堤头村 老安甸大桥 永和大桥 永和闸 北于堡 新开桥 新开河口	李家牌桥 成林道 满江桥 岷江桥 永金引河特大桥 盖模闸 北塘桥 潘庄	塘汉公路桥 西安子桥 新老米店桥 六合庄桥 丁庄桥 金钟河桥	黄白桥 于家岭大桥 九园公路桥 东堤头闸上 马家口桥
3	海河干流	大红桥 海津大桥 海河三岔口 光明桥 西外环高速桥 大梁子 北洋桥 八里台 西营门桥 马场道 井冈山桥 七里台 纪庄子桥 仁爱濠景 幸福河北闸 0.4km 大沽南路桥 微山路外环交口 郭辛庄桥	生产圈闸 东台子闸 天河桥	海河大闸 西关闸 九道沟闸 西小站桥 西横堤	
4	独流减河		大清河进洪闸 西河闸	十一堡新桥 洋闸 复康路桥下 迎水桥 大柳滩泵站桥 万达鸡场闸	万家码头 独流减河防潮闸
5	南四河及其他		大沽排水河防潮闸 石闸 鸭淀二期泵站 大侯庄泵站	大神堂村河闸 东排明渠入海口 荒地河入海口	大庄子 青静黄防潮闸 马棚口防潮闸 北排水河防潮闸 沧浪渠出境

（3）情景模式 3

评价断面上游来水达到水功能区目标，评价断面水文条件为生态基流达标，预测结果详见表 4-4。与情景模式 1 相比较，此情景模式下各评价断面达标时间类似。

表4-4 主要断面改善时间表（情景模式3）

序号	水系名称	达标时间			
		2020年	2025年	2030年	2035年
1	蓟运河		杨庄水库坝下 南环桥 罗汉石	新安镇 江洼口	蓟运河防潮闸 西屯桥 芦台大桥
2	永定新河	金钟河桥 新开河口 新开桥 成林道 岷江桥 满江桥 老安甸大桥 于家岭大桥 永金引河特大桥 六合庄桥	盖模闸 永和大桥 潘庄 塘汉公路桥 李家牌桥 丁庄桥 永和闸 九园公路桥 马家口桥 北于堡	东堤头闸上 西安子桥 新老米店桥	东堤头村 黄白桥 北塘桥
3	海河干流	八里台 仁爱濠景 七里台 井冈山桥 幸福河北闸 东台子闸 纪庄子桥 天河桥 海河三岔口 西营门桥 大沽南路桥 微山路外环交口 光明桥 马场道 0.4km 大红桥 北洋桥 生产圈闸 西小站桥	西关闸 西横堤 郭辛庄桥 海河大闸 海津大桥 西外环高速桥 大梁子 九道沟闸		
4	独流减河	独流减河防潮闸 西河闸	十一堡新桥 大柳滩泵站桥 大清河进洪闸	复康路桥下 迎水桥 万达鸡场闸	洋闸 万家码头
5	南四河及其他		大庄子 鸭淀二期泵站 石闸 东大沽泵站 大侯庄泵站 北排水河防潮闸 马棚口防潮闸 大神堂村河闸	东排明渠入海口 沧浪渠出境 荒地河入海口	青静黄防潮闸

（4）情景模式4

评价断面上游来水为现状水环境质量，评价断面水文条件为生态基流达标，可视为情景模式2、3的协同作用情况下的预测结果，各评价断面上游来水水质仍为主要限制因素。现状上游来水水质较好，优于水环境功能区水质要求的评价断面，达标时间可能提前；劣于水环境功能区水质要求的，达标时间可能延后。预测结果详见表4-5。

表 4-5　主要断面改善时间表（情景模式 4）

序号	水系名称	达标时间			
		2020 年	2025 年	2030 年	2035 年
1	蓟运河	新安镇	杨庄水库坝下 罗汉石	西屯桥 江洼口	芦台大桥 南环桥 蓟运河防潮闸
2	永定新河	东堤头村 老安甸大桥 永和大桥 永和闸 北于堡 新开桥 新开河口	李家牌桥 成林道 满江桥 岷江桥 永金引河特大桥 盖模闸 北塘桥 潘庄	塘汉公路桥 六合庄桥 丁庄桥 金钟河桥	西安子桥 新老米店桥 黄白桥 于家岭大桥 九园公路桥 东堤头闸上 马家口桥
3	海河干流	八里台 仁爱濠景 七里台 井冈山桥 幸福河北闸 东台子闸 纪庄子桥 天河桥 海河三岔口 西营门桥 大沽南路桥 微山路外环交口 光明桥 马场道 0.4km 大红桥 北洋桥	西横堤 郭辛庄桥 海河大闸 海津大桥 西外环高速桥 大梁子 生产圈闸 西小站桥 九道沟闸	西关闸	
4	独流减河		大清河进洪闸 西河闸	十一堡新桥 洋闸 复康路桥下 迎水桥 大柳滩泵站桥 万达鸡场闸	万家码头 独流减河防潮闸
5	南四河及其他		东大沽泵站 石闸 鸭淀二期泵站 大侯庄泵站	大神堂村河闸 东排明渠入海口 荒地河入海口	大庄子 青静黄防潮闸 马棚口防潮闸 北排水河防潮闸 沧浪渠出境

4.2.2.3　基于环境容量的区域水环境改善系统分析

通过系统分析上述 4 种情景模式下的天津滨海工业带水环境改善时间表，在兼顾水环境质量和水文条件的基础上，采用专家判别方式对各评价断面水质改善时间表进行预测。预测结果详见表 4-6。

专家判读工作从主要污染物排放削减和水环境容量两个维度开展。在主要污染物排放削减方面，主要结合断面污染源排放、分布及现有污染治理措施，考虑断面实际污染物削减难易程度。例如在部分情景模式下，南四河水系各评价断面达标时限较早，但因其主要受入境污染较为严重，天津市域内河段长度较短，可施用的污染治理手段相对较少，因此在专家判读过程中，主要采纳各情景模式中达标较晚时限的结论。在水环境容量方面，主要考虑上游水资源供给提升和区域再生水利用补充生态用水的可能性。

表 4-6　主要断面改善时间表

序号	水系名称	达标时间			
		2020 年	2025 年	2030 年	2035 年
1	蓟运河		杨庄水库坝下 南环桥 罗汉石	新安镇 江洼口	蓟运河防潮闸 西屯桥 芦台大桥
2	永定新河	金钟河桥 新开河口 新开桥 成林道 岷江桥 满江桥	李家牌桥 潘庄 塘汉公路桥 老安甸大桥 永金引河特大桥 于家岭大桥 六合庄桥 盖模闸 永和大桥	丁庄桥 永和闸 九园公路桥 马家口桥 北于堡 东堤头闸上 西安子桥 新老米店桥	黄白桥 北塘桥 东堤头村
3	海河干流	八里台 仁爱濠景 七里台 井冈山桥 幸福河北闸 东台子闸 纪庄子桥 天河桥 海河三岔口 西营门桥 大沽南路桥 微山路外环交口 光明桥 马场道 0.4km 大红桥 北洋桥	西横堤 郭辛庄桥 海河大闸 海津大桥 西外环高速桥 大梁子 生产圈闸 西小站桥 九道沟闸	西关闸	
4	独流减河		十一堡新桥 大柳滩泵站桥 西河闸 独流减河防潮闸	复康路桥下 迎水桥 大清河进洪闸 万达鸡场闸	洋闸 万家码头
5	南四河及其他		大庄子 鸭淀二期泵站 石闸	北排水河防潮闸 马棚口防潮闸 大神堂村河闸 东排明渠入海口 沧浪渠出境 荒地河入海口 大侯庄泵站 东大沽泵站	青静黄防潮闸

4.2.3 基于入海水质的区域水环境改善压力分析

4.2.3.1 受损水体评价

依据 2017～2020 年各断面主要污染物水质监测年均值再平均数据，对照水功能区水质目标，选取化学需氧量、氨氮和总磷三个污染指标，分别计算出每个断面每个污染指标的超标倍数。受损分析程度划分依据如下原则：

① 断面任一个污染指标超标倍数大于等于 100%，视为严重受损；
② 超标倍数大于等于 50% 且小于 100%，视为一般受损；
③ 超标倍数大于 0 且小于 50%，视为轻度受损；
④ 超标倍数等于 0 或未超标，均视为未受损。

受损分析表明结果，在 94 个评价断面中，严重受损断面 9 个，占全市断面总数的 9.6%，其中引滦引江水系 1 个、永定新河水系 2 个、海河干流水系 1 个、独流减河水系 3 个、南四河水系 1 个；一般受损断面 24 个，占全市断面总数的 25.5%，主要分布于永定新河水系、海河干流水系和独流减河水系；轻度受损断面 22 个，占全市断面总数的 23.4%，主要分布于永定新河水系，其他水系均有 2～3 个；未受损（即基本达到水功能区标准）断面 39 个，占全市断面总数的 41.5%，主要分布在海河干流、蓟运河水系和永定新河水系。计算结果详见图 4-4 和表 4-7。

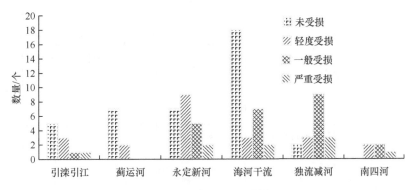

图 4-4 受损水体分析结果

表 4-7 水体受损分析表

序号	所在水系	所在河流	断面名称	水质现状	水质目标	受损情况
1	引滦入津	果河	果河桥	Ⅲ	Ⅱ	轻度受损
2		于桥水库	于桥水库中心	Ⅲ	Ⅱ	轻度受损
3			于桥水库出口	Ⅳ	Ⅱ	一般受损
4		引滦入津	西双树桥	Ⅲ	Ⅱ	轻度受损

序号	所在水系	所在河流	断面名称	水质现状	水质目标	受损情况
5	引滦入津	尔王庄水库	尔王庄泵站	II	II	未受损
6		引滦入津	宜兴埠泵站	II	II	未受损
7	南水北调	南水北调	曹庄子泵站	II	II	未受损
8			王庆坨水库	II	II	未受损
9			北塘水库	II	II	未受损
10		北大港水库	北大港水库出口	劣V	II	严重受损
11	蓟运河水系	沟河	杨庄水库坝下	III	III	未受损
12			罗汉石	III	III	未受损
13		州河	西屯桥	III	IV	未受损
14		蓟运河	新安镇	IV	IV	未受损
15			江洼口	IV	IV	未受损
16			芦台大桥	IV	IV	未受损
17			南环桥	V	IV	轻度受损
18			蓟运河防潮闸	V	IV	未受损
19		付庄排干	大神堂村河闸	劣V	IV	轻度受损
20	永定新河水系	北京排污河	西安子桥	V	IV	轻度受损
21			九园公路桥	V	IV	轻度受损
22			东堤头闸上	V	IV	轻度受损
23		机场排水河	盖模闸	劣V	IV	一般受损
24		北运河	新老米店闸	V	IV	一般受损
25		青龙湾河	李家牌桥	V	IV	轻度受损
26			潘庄	劣V	IV	轻度受损
27		潮白新河	黄白桥	IV	IV	未受损
28			老安甸大桥	V	IV	轻度受损
29			于家岭大桥	IV	IV	未受损
30		增产河	六合庄桥	IV	IV	未受损
31		永定河	马家口桥	IV	IV	未受损
32		中泓故道	丁庄桥	劣V	IV	严重受损
33		永金引河	永金引河特大桥	V	IV	一般受损
34		新开-金钟河	北于堡	V	IV	轻度受损
35		金钟河	金钟河桥	劣V	IV	一般受损
36		永定新河	东堤头村	V	IV	轻度受损
37			永和大桥	V	IV	轻度受损
38			塘汉公路桥	IV	IV	未受损

序号	所在水系	所在河流	断面名称	水质现状	水质目标	受损情况
39	永定新河水系	北塘排水河	北塘桥	劣V	IV	严重受损
40			永和闸	劣V	IV	一般受损
41		东排明渠	东排明渠入海口	IV	IV	未受损
42		新开河	新开桥	III	IV	未受损
43	海河干流水系	北运河（市区段）	郭辛庄桥	III	IV	未受损
44			北洋桥	II	IV（III）	未受损
45		南运河（市区段）	井冈山桥	II	IV	未受损
46			西横堤	III	IV	未受损
47		子牙河	西河闸	II	IV	未受损
48			天河桥	II	IV	未受损
49			大红桥	II	IV（III）	未受损
50		海河干流	海河三岔口	II	IV（III）	未受损
51		津河	马场道	V	IV	未受损
52			八里台	V	IV	未受损
53			西营门桥	III	IV	未受损
54		海河干流	海津大桥	III	IV	未受损
55		海河干流	光明桥	III	IV	未受损
56		洪泥河	生产圈闸	III	IV（III）	未受损
57		海河	西外环高速桥	劣V	IV	一般受损
58		津港运河	东台子闸	劣V	IV	一般受损
59		四化河	仁爱濠景	V	IV	一般受损
60		外环河	0.4km	V	IV	轻度受损
61			新开河口	劣V	IV	一般受损
62			大沽南路桥	IV	IV	未受损
63			微山路外环交口	IV	IV	未受损
64		卫河	万达鸡场闸	劣V	IV	一般受损
65		卫津河	纪庄子桥	V	IV	轻度受损
66			七里台	V	IV	轻度受损
67		幸福河	幸福河北闸	V	IV	未受损
68		月牙河	成林道	劣V	IV	严重受损
69			满江桥	劣V	IV	一般受损
70			岷江桥	劣V	IV	严重受损
71		海河	大梁子	V	IV	一般受损
72			海河大闸	V	IV	未受损

序号	所在水系	所在河流	断面名称	水质现状	水质目标	受损情况
73	独流减河水系	大清河	大清河第六埠	Ⅴ	Ⅳ	轻度受损
74		子牙河/南运河	十一堡新桥	Ⅴ	Ⅳ	轻度受损
75		中亭河	大柳滩泵站桥	Ⅴ	Ⅳ	一般受损
76		陈台子排水河	复康路桥下	Ⅴ	Ⅳ	一般受损
77			华苑西路桥	劣Ⅴ	Ⅳ	一般受损
78		团泊水库	团泊水库	Ⅴ	Ⅳ	轻度受损
79		大沽排水河	鸭淀二期泵站	劣Ⅴ	Ⅳ	严重受损
80			石闸	劣Ⅴ	Ⅳ	一般受损
81			大沽排水河防潮闸	劣Ⅴ	Ⅳ	严重受损
82		赤龙河	大侯庄泵站	Ⅴ	Ⅳ	未受损
83		马厂减河	洋闸	劣Ⅴ	Ⅳ	一般受损
84			西小站桥	劣Ⅴ	Ⅳ	一般受损
85			九道沟闸	劣Ⅴ	Ⅳ	一般受损
86			西关闸	劣Ⅴ	Ⅳ	一般受损
87		独流减河	万家码头	劣Ⅴ	Ⅳ	一般受损
88			独流减河防潮闸	Ⅴ	Ⅳ	未受损
89		荒地河	荒地河入海口	劣Ⅴ	Ⅳ	严重受损
90	南四河水系	北排水河	北排水河防潮闸	Ⅴ	Ⅳ	轻度受损
91		沧浪渠	沧浪渠出境	Ⅴ	Ⅳ	一般受损
92		青静黄排水渠	大庄子	Ⅴ	Ⅳ	一般受损
93			青静黄防潮闸	劣Ⅴ	Ⅳ	严重受损
94		子牙新河	马棚口防潮闸	Ⅴ	Ⅳ	轻度受损

4.2.3.2 基于受损水体评价的区域水环境改善系统分析

根据各断面水体受损程度,同时考虑各断面上下游水质变化关系和水质现状,形成基于受损水体评价的区域水环境改善预测结果详见表4-8。

表4-8 基于受损水体评价的主要断面改善时间表

序号	所在水系	达标时间			
		2020 年	2025 年	2030 年	2035 年
1	蓟运河水系	杨庄水库坝下 罗汉石 西屯桥 新安镇 江洼口 芦台大桥 蓟运河防潮闸	南环桥 大神堂村河闸		

序号	所在水系	达标时间			
		2020 年	2025 年	2030 年	2035 年
2	永定新河水系	黄白桥 于家岭大桥 六合庄桥 马家口桥 塘汉公路桥 东排明渠入海口 新开桥	西安子桥 九园公路桥 东堤头闸上 李家牌桥 潘庄 老安甸大桥 北于堡 东堤头村 永和大桥	盖模闸 新老米店闸 永金引河特大桥 金钟河桥 永和闸	丁庄桥 北塘桥
3	海河干流水系	郭辛庄桥 北洋桥 井冈山桥 西横堤 西河闸 天河桥 大红桥 海河三岔口 马场道 八里台 西营门桥 海津大桥 光明桥 生产圈闸 大沽南路桥 微山路外环交口 幸福河北闸 海河大闸	0.4km 纪庄子桥 七里台	西外环高速桥 东台子闸 仁爱濠景 新开河口 万达鸡场闸 满江桥 大梁子	成林道 岷江桥
4	独流减河水系	大侯庄泵站 独流减河防潮闸	大清河第六埠 十一堡新桥 团泊水库	大柳滩泵站桥 复康路桥下 华苑西路桥 石闸 洋闸 西小站桥 九道沟闸 西关闸 万家码头	鸭淀二期泵站 大沽排水河防潮闸 荒地河入海口
5	南四河水系		北排水河防潮闸马 棚口防潮闸	沧浪渠出境 大庄子	青静黄防潮闸
6	饮用水源	果河桥 尔王庄泵站 宜兴埠泵站 曹庄子泵站 王庆坨水库 北塘水库	于桥水库中心 西双树桥	于桥水库出口	北大港水库出口

4.2.4 综合预测结果

综合上述研究结果，确定天津市水环境质量顶层目标设计详见表 4-9。从全市总体情况来看，2020 年，全市水功能区水质达标率 50%；到 2025 年，全市达标率 80% 以上；到 2030 年，全市达标率 90% 以上；到 2035 年实现全面达标。详见表 4-10 和图 4-5（书后另见彩图）。

表 4-9　水（环境）功能区水质达标时间表

序号	所在水系	达标时间			
		2020 年	2025 年	2030 年	2035 年
1	蓟运河水系	杨庄水库坝下 罗汉石 西屯桥 新安镇 江洼口 芦台大桥 大神堂村河闸	南环桥 蓟运河防潮闸		
2	永定新河水系	西安子桥 九园公路桥 东堤头闸上 李家牌桥 潘庄 黄白桥 老安甸大桥 于家岭大桥 马家口桥 北于堡 金钟河桥 东堤头村 永和大桥 北塘桥 永和闸 东排明渠入海口 新开桥	盖模闸 新老米店闸 永金引河特大桥	六合庄桥 丁庄桥 塘汉公路桥	
3	海河干流水系	郭辛庄桥 北洋桥 井冈山桥 西横堤 西河闸 天河桥 大红桥 海河三岔口 西营门桥 海津大桥 光明桥 生产圈闸 0.4km 大沽南路桥 微山路外环交口 万达鸡场闸 纪庄子桥	马场道 八里台 西外环高速桥 东台子闸 仁爱濠景 新开河口 七里台 幸福河北闸 成林道 满江桥 岷江桥 大粱子 海河大闸		
4	独流减河水系	大清河第六埠 十一堡新桥 石闸	团泊水库 鸭淀二期泵站 大沽排水河防潮闸 大侯庄泵站 西小站桥 九道沟闸	大柳滩泵站桥 复康路桥下 华苑西路桥 洋闸 西关闸	万家码头 独流减河防潮闸 荒地河入海口
5	南四河水系	马棚口防潮闸		北排水河防潮闸 沧浪渠出境	大庄子 青静黄防潮闸
6	饮用水源	尔王庄泵站 宜兴埠泵站 曹庄子泵站 王庆坨水库 北塘水库	果河桥 于桥水库中心 于桥水库出口 西双树桥	北大港水库出口	

表 4-10　水生态环境根本好转水质目标顶层设计

项目	2020 年		2025 年		2030 年		2035 年		断面总数/个
	累计达标断面数/个	累计达标百分比/%	累计达标断面数/个	累计达标百分比/%	累计达标断面数/个	累计达标百分比/%	累计达标断面数/个	累计达标百分比/%	
全市总体	50	53	78	83	89	95	94	100	94
海河干流	17	57	30	100	30	100	30	100	30
蓟运河	7	78	9	100	9	100	9	100	9
独流减河	3	18	9	53	14	82	17	100	17
南四河	1	20	1	20	3	60	5	100	5
永定新河	17	74	20	87	23	100	23	100	23
饮用水源	5	50	9	90	10	100	10	100	10

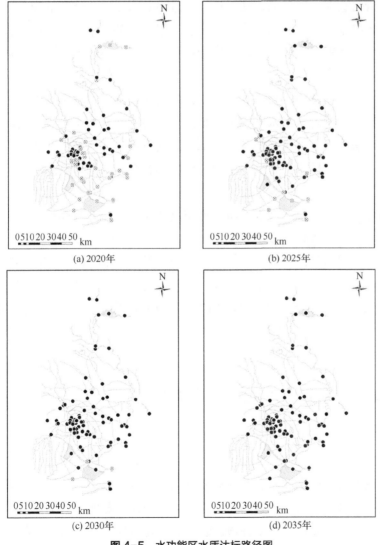

图 4-5　水功能区水质达标路径图

4.3
基于水流分析的水生态环境改善控制指标体系研究

4.3.1　基于水流分析的水生态环境改善影响因素分析

4.3.1.1　水流分析及水流图绘制

与能流图类似，水流图是水在区域水生态环境系统中流向、活动的图形展示，是区域水流分析最直观、形象的表现手法。通过绘制水流图，能够清晰地看出水在区域水生态环境系统各个子系统和环节间的活动过程，了解各个子系统和水流环节之间的联系，从而帮助理解区域水生态环境质量的影响因素，寻找区域水生态环境系统改善的管控重点及实施路径。

包景岭教授等早在 20 世纪 90 年代就开始关注水流图在城市环境规划和管理中的应用，与杨宝臣等在对区域水流分析的基础上，建立了区域水环境规划的广义目标规划方法。在该研究中，首次绘制了城市水系统网络图，即水流图，直观表现了水资源开发、供水、用水、排水、处理、回用、外排等各个环节的区域水环境系统构成；与欧阳志云等学者首次将水作为一种物质流，通过对城市复合生态系统水流特征和行为的分析，构建了基于系统动力学城市水系统灵敏度模型，并对天津市城市水系统进行模拟分析，提出水系统优化政策建议。

课题组在已有研究成果的基础上，结合天津市实际情况，以改善水生态环境质量为核心目标，综合考虑当前水生态环境管理精细化的要求，通过从水环境→排污（水）口→污水处理→污水排放收集→用水→供水→水资源的逆向思维，逐个分析天津市水生态环境系统的运行环节和系统活动，并绘制天津市水流图，详见图 4-6。

4.3.1.2　基于主成分回归的影响因素分析模型构建

（1）分析方法介绍

对环境影响因素的讨论最早可以追溯到马尔萨斯强调人口增长与自然资源缺乏关系的探讨，强调人口过剩问题是造成环境资源困境的关键因素，认为缓解环境冲击最急迫、最重要的是减少人口。目前，对水生态环境质量影响因素的研究，国内外学者主要从单因素和多因素两个角度开展。单因素研究集中在城市化、工业化、经济发展、

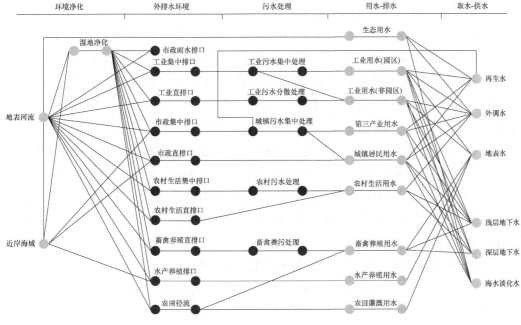

环境净化	外排水环境	污水处理	用水-排水	取水-供水

图4-6 天津市水流图

城市扩张等方面。多因素研究侧重于运用相关数据模型，对上述多方面因素对水生态环境质量的影响机理进行实证分析和探讨。

为了研究社会、经济、科学技术等方面的发展对环境质量的影响问题，归结为数学问题，就是针对环境质量指标 $y_1, y_2, \cdots$，选取与每个环境质量指标 y_i 相关的社会、经济等方面的影响因素 $x_1, x_2, \cdots$，根据某一时间或空间或面板数据，找出环境质量指标 y_i 与影响因素 $x_1, x_2, \cdots$ 之间的关系。目前，用于影响因素分析的方法主要有灰关联分析、聚类分析、主成分分析、回归分析、结构方程模型、人工神经网络模型、系统动力学模型等。

从水流图中可以看出，水生态环境改善的影响因素包括社会经济发展、自然气候条件、资源利用等，这些因素对水生态环境的影响往往是交叉的，有积极影响，也有消极影响。尤其是在描述经济社会发展的各项指标中，难免有一些数据是相互关联的，这也符合经济发展的客观规律，例如，用水量与人口、经济规模，污染物排放量与用水量等，均存在密切的关系。这种情况下，主成分回归方法在处理多自变量与因变量关系方面比单纯的多元线性回归有非常显著的优势，它去除了自变量内部的信息重叠，使自变量内部原本不是很显著的信息能够体现出来。综合考虑各种方法的适用范围、调研数据的数量和特点等因素，采用主成分回归方法作为水环境质量影响因素分析方法。

（2）确定水生态环境质量的表征指标

在模型构建过程中，确定水生态环境质量的表征指标是模型构建的难点之一。一方面，受监测技术、管理要求、评价方法等因素影响，长时间序列的水生态环境质量监测数据不匹配；另一方面，水生态环境质量空间均一性较差，监测点位的设置对于水生态环境质量监测结果的影响较大，在实际过程中，地表水环境监测点位的设施变动往往较大，从而影响水生态环境质量的连续性和可比性。为解决这一问题，课题组在翻阅搜集案例城市——天津市 1986~2015 年间的水环境质量监测报告以及原始监测结果的基础上，结合专家意见，设置了"主要河流严重污染比例（%）=（严重污染河流条数/具有监测数据的河流条数）×100%"指标表征主要河流地表水水质状况。按照 2002 年以后新标准评价的，评价结果为劣 V 类的河流，即为严重污染河流。按照 2002 年以前旧标准评价的，将综合评价指数除以参与统计的监测项目数，按所得结果 P 分为 4 类，分别为：$P \leqslant 0.5$ 为轻度污染；$0.5 < P \leqslant 2$ 为中度污染；$2 < P \leqslant 4$ 为重度污染；$P > 4$ 为严重污染。

（3）选取水生态环境改善关键影响因素评价指标

课题组在参考借鉴现有研究成果的基础上，针对水流图中的各个环节，综合考虑数据的可获得性和连续性，分别确定参与分析的水生态环境改善关键影响因素评价指标。

① 取水-供水环节：区域地表水资源主要来源于本地地表水资源和入境水资源，本地水资源受降水和蒸发等因素影响。水资源量不完全等同于可开发水资源量。供用水量受区域可开发水资源量和结构影响。区域可开发水资源包括地表水、地下水、海水淡化水、再生回用水以及雨洪水等。结合统计数据基础，选取入境水量和降水量两项指标参与影响因素分析。

② 用水-排水环节：区域用水受经济发展水平、人口和城市化水平、产业结构、用水效率等因素影响。结合统计数据基础，选取人均 GDP、工业占 GDP 比重、第三产业占 GDP 比重、灌溉面积、常住人口、城镇化率、全市居民平均消费水平 7 项指标参与影响因素分析。污水排放受用水结构、用水技术等因素影响，结合统计数据基础，选取人均日生活用水量、万元工业增加值新鲜用水量、灌溉水利用系数、工业用水重复利用率 4 项指标参与影响因素分析。

③ 污水处理环节：污水处理受处理方式、处理技术水平等因素影响，结合统计数据基础，选取城市污水处理率、工业废水达标排放率两项指标参与影响因素分析。

④ 外排水环境环节：除受排污污染物影响，也受水体自然净化能力影响，故选取生态用水量指标参与影响因素分析。

筛选出的水生态环境改善影响因素评价指标既包括社会经济发展、资源利用指标，也有自然气候条件指标，从理论上分析这些指标对水生态环境改善既有积极影响，也有消极影响。通过理论分析，将选取的 16 项指标分类归纳为经济发展、社会发展、资源利用、污染控制和环境承载 5 大类，建立影响因素分析指标体系，进行影响因素分析，详见表 4-11。

表 4-11 水生态环境改善影响因素分析指标体系

指标分类	序号	指标名称	回归分析结果
环境承载	C1	入境水量	−0.0012
	C2	降雨量	−0.1467
经济发展	C3	人均 GDP	0.1477
	C4	工业占 GDP 比重	−0.2119
	C5	第三产业占 GDP 比重	0.2476
	C6	灌溉面积	0.1421
社会发展	C7	常住人口	0.1519
	C8	城镇化率	−0.1014
	C9	全市居民平均消费水平	0.1580
资源利用	C10	人均日生活用水量	0.1487
	C11	单位工业增加值新鲜用水量	−0.2231
	C12	工业用水重复利用率	0.0015
	C13	灌溉水利用系数	0.2648
污染控制	C14	工业废水达标排放率	0.2815
	C15	城镇污水集中处理率	0.2208
	C16	生态用水量	0.0963

4.3.1.3 模型计算及结果分析

各影响因素指标的数据主要来源包括《天津市环境质量报告书》《天津统计年鉴》《中国统计年鉴》《中国环境统计年鉴》《天津市水资源公报》《国民经济和社会发展统计公报》等统计资料。使用 SPSS 2.0 对所选取的 16 个变量与因变量（主要河流严重污染比例）进行主成分回归分析。

（1）影响因素间共线性分析

因所选取的变量之间可能存在相关性，首先要对自变量进行共线性诊断，结果如上所示。从结果中可以看出多个指标的 VIF 值很大，超过 10，说明存在严重的多重共线性问题，应先做主成分分析。计算结果详见表 4-12。

表 4-12 共线性诊断结果

模型	非标准化系数		标准化系数	T	显著性	共线性统计资料	
	B	标准错误	β			允差	VIF
（常数）	−588.971	749.826		−0.785	0.446		
入境水量	0.036	0.317	0.014	0.113	0.912	0.494	2.024
降雨量	−0.019	0.018	−0.121	−1.046	0.314	0.578	1.731
人均 GDP	−0.002	0.001	−4.043	−1.657	0.121	0.001	768.057
工业占 GDP 比重	4.358	6.286	0.767	0.693	0.500	0.006	158.167

模型	非标准化系数		标准化系数	T	显著性	共线性统计资料	
	B	标准错误	β			允差	VIF
第三产业占 GDP 比重	4.162	5.186	1.280	0.803	0.437	0.003	328.506
灌溉面积	2.767	0.971	2.575	2.849	0.014	0.009	105.399
常住人口	0.314	0.193	3.090	1.624	0.128	0.002	467.095
城镇化率	0.156	0.159	0.145	0.986	0.342	0.356	2.807
全市居民平均消费水平	0.006	0.003	2.541	1.766	0.101	0.004	267.293
人均日生活用水量	0.291	0.566	0.097	0.514	0.616	0.219	4.565
单位工业增加值新鲜用水量	−0.556	0.309	−0.820	−1.801	0.095	0.037	26.743
工业用水重复利用率	−342.298	487.623	−0.188	−0.702	0.495	0.108	9.221
灌溉水利用系数	−1412.762	623.001	−2.507	−2.268	0.041	0.006	157.709
工业废水达标排放率	0.345	0.770	0.352	0.448	0.661	0.013	79.630
城镇污水集中处理率	−0.766	0.400	−1.086	−1.916	0.078	0.024	41.456
生态用水量	7.362	14.605	0.240	0.504	0.623	0.034	29.378

（2）影响因素主成分分析

通过计算得到 16 个统计变量的方差提取分析和主成分载荷矩阵，见表 4-13 和表 4-14。前 4 个主成分的特征值都大于 1 并且累计贡献率达到 86.391%，大于要求的 85%，故提取这 4 项主成分。

表 4-13　方差提取分析

成分	起始特征值			撷取平方和载入		
	总计	增加的贡献率/%	累计贡献率/%	总计	增加的贡献率/%	累计贡献率/%
1	8.407	52.547	52.547	8.407	52.547	52.547
2	2.963	18.520	71.066	2.963	18.520	71.066
3	1.395	8.718	79.784	1.395	8.718	79.784
4	1.057	6.607	86.391	1.057	6.607	86.391
5	0.712	4.452	90.843			
6	0.572	3.577	94.420			
7	0.476	2.973	97.393			
8	0.193	1.207	98.600			
9	0.106	0.662	99.262			
10	0.054	0.339	99.601			
11	0.032	0.202	99.804			
12	0.019	0.120	99.924			
13	0.005	0.032	99.956			
14	0.005	0.029	99.984			
15	0.002	0.011	99.995			
16	0.001	0.005	100.000			

表 4-14　主成分载荷矩阵

指标	成分			
	1	2	3	4
入境水量	0.364	−0.320	0.280	0.656
降雨量	−0.078	−0.559	0.274	0.535
人均 GDP	0.957	−0.197	0.077	−0.055
工业占 GDP 比重	−0.731	−0.273	0.415	−0.002
第三产业占 GDP 比重	0.892	0.286	−0.187	−0.025
灌溉面积	−0.230	0.806	0.486	0.044
常住人口	0.971	−0.191	−0.011	−0.050
城镇化率	0.135	−0.550	0.446	−0.250
全市居民平均消费水平	0.970	−0.164	0.052	−0.062
人均日生活用水量	0.212	0.452	−0.489	0.474
单位工业增加值新鲜用水量	−0.918	−0.159	−0.169	0.011
工业用水重复利用率	−0.675	0.590	0.253	0.007
灌溉水利用系数	0.554	0.652	0.496	0.006
工业废水达标排放率	0.857	0.461	0.055	0.049
城镇污水集中处理率	0.970	0.104	0.062	0.063
生态用水量	0.863	−0.335	0.076	−0.189

用 F_1 代表第一个主成分，F_2 代表第二个主成分，F_3 代表第三个主成分，F_4 代表第四个主成分，通过计算得到 F_1、F_2、F_3、F_4 的表达式如下：

$$F_1 = 0.13x_1 - 0.03x_2 + 0.33x_3 - 0.25x_4 + 0.31x_5 - 0.08x_6 + 0.33x_7 + 0.05x_8 \\ + 0.33x_9 + 0.07x_{10} - 0.32x_{11} - 0.23x_{12} + 0.19x_{13} + 0.3x_{14} + 0.33x_{15} + 0.3x_{16}$$

$$F_2 = -0.19x_1 - 0.32x_2 - 0.11x_3 - 0.16x_4 + 0.17x_5 + 0.47x_6 - 0.11x_7 - 0.32x_8 \\ - 0.1x_9 + 0.26x_{10} - 0.09x_{11} + 0.34x_{12} + 0.38x_{13} + 0.27x_{14} + 0.06x_{15} - 0.19x_{16}$$

$$F_3 = 0.24x_1 + 0.23x_2 + 0.07x_3 + 0.35x_4 - 0.16x_5 + 0.41x_6 - 0.01x_7 + 0.38x_8 \\ + 0.04x_9 - 0.41x_{10} - 0.14x_{11} + 0.21x_{12} + 0.41x_{13} + 0.05x_{14} + 0.05x_{15} + 0.06x_{16}$$

$$F_4 = 0.64x_1 + 0.52x_2 - 0.05x_3 - 0.02x_5 + 0.04x_6 - 0.05x_7 - 0.24x_8 \\ - 0.06x_9 + 0.46x_{10} + 0.01x_{11} + 0.01x_{12} + 0.01x_{13} + 0.05x_{14} + 0.06x_{15} - 0.18x_{16}$$

（3）主成分对水环境质量影响定量分析

将标准化变量 F_1、F_2、F_3、F_4 当作自变量，将代表水生态环境质量的主要河流严重污染比例数据标准化后作为因变量，进行回归分析，结果如表 4-15 所列。由此得到主成分回归模型为：

$$Y = 0.587F_1 + 0.403F_2$$

将 F_1、F_2 表达式带入回归方程中得到标准化变量表示的主成分回归方程：

$$Y = -0.0012x_1 - 0.1467x_2 + 0.1477x_3 - 0.2119x_4 + 0.2476x_5 + 0.1421x_6 + 0.1519x_7$$
$$- 0.1014x_8 + 0.158x_9 + 0.1487x_{10} - 0.2231x_{11} + 0.0015x_{12} + 0.2648x_{13} + 0.2815x_{14}$$
$$+ 0.2208x_{15} + 0.0963x_{16}$$

表 4-15　回归分析结果

自变量	系数	t	Sig	R_2	F
C	-2.337×10^{-16}	0.000	1.000		
F_1	0.587	4.354	0.000		
F_2	0.403	2.990	0.006	0.546	7.502
F_3	-0.077	-0.573	0.572		
F_4	-0.180	-1.334	0.94		

主成分回归方程中的各项系数,即为各项影响因素对水生态环境质量的影响程度。从分析结果来看,天津市水生态环境质量的影响是多方面、多领域的。偏重的产业结构、城市化发展进程、污水处理等污染控制措施、降水量和入境水、生态补水等多方面的影响共同造成了天津市水生态环境状况以及变化趋势。从产业方面来看,工业占 GDP 比重和第三产业占 GDP 比重两项指标的系数分别排在第 2 位和第 4 位,表明产业结构对主要河流水环境质量的影响最大。从资源利用情况来看,工业用水和农业用水效率对主要河流水环境质量的影响也较大,灌溉水利用系数和单位工业增加值新鲜用水量两项指标的影响程度分别排在第 5 位和第 6 位。从污染控制情况来看,工业废水达标排放率是对主要河流水环境质量影响最大的指标,这也跟产业结构影响结果相印证。同时,城市化进程对水环境的影响也是显著的。随着城镇化水平提高,水生态环境质量恶化,但城市化进程也伴随着污水的处理水平的提高,水生态环境质量恶化趋势得到遏制。因此,要改善天津市地表水环境质量,必须统筹考虑城市社会-经济-自然复合系统的特征,优化产业结构、提高资源利用效率、加严污水治理要求、多渠道增加生态用水,统筹规划、综合施策。

4.3.2　基于水流分析的水生态环境改善控制指标体系构建

4.3.2.1　指标体系框架设计

指标体系就像是一个收纳容器,将指标按照系统的某种性质或结构,系统有序地串联起来。对于简单的问题,指标体系可为水平结构,即并列的若干个指标;一般复杂的综合问题则采用递阶层次结构,各层指标由综合到具体。这种结构既方便描述复杂系统的关系,又符合人类的思维习惯,有利于使综合问题方便、准确地得到分解、落实。根据水生态环境根本改善的影响因素分析,本研究采用递阶层次结构,将水生态环境根本改善的控制指标体系分为目标和指标两层，如表 4-16 所列。其中，目标层服务于水生态环境质量全面改善的水污染有效控制、水生态良性循环、水资源平衡保障、水安全切实保证和水治理能力提升五项。

表 4-16　水生态环境改善控制指标体系构建

序号	目标层	指标名称		单位	现状	2025 年	2030 年	2035 年
1	水污染有效控制	主要污染物排放量下降率	COD	%	10	10	10	10
			氨氮	%	10	10	10	10
			总氮	%	—	7.5	10	5
			总磷	%	—	7.5	10	5
2		工业企业达标排放率		%	100	100	100	100
3		城市污水处理率		%	95	≥97	≥98	100
4		农村污水处理及资源化利用率		%	—	≥80	≥90	100
5		畜禽粪污综合利用率		%	—	≥90	≥95	≥95
6		化肥施用强度		kg/hm²	409	380	300	225
7		入河（海）排水口达标率		%	100	100	100	100
8	水生态良性循环	陆域湿地覆盖率		%	17	≥20	≥25	≥30
9		水生生物完整性指数		—	一般	一般	较好	健康
10		重点湖库综合营养状态指数			30~50	30~50	30~50	30~50
11		达到生态基流底线要求的河湖比例		%	50	≥80	≥90	100
12	水资源平衡保障	万元生产总值用水量		m³/万元	7	<7	<7	<7
13		非常规水资源利用率		%	15	≥20	≥25	≥30
14		再生水利用率		%	40	≥50	≥60	≥70
15		生态用水占用水总量的比例		%	20	≥30	≥20	≥10
16	水安全切实保证	集中式饮用水源地达标率		%	100	100	100	100
17		重大污染事故发生率		%	0	0	0	0
18		污染事故应急物资覆盖率		%	—	100	100	100
19	水治理能力提升	重点入河（海）排水口监控覆盖率		%	—	100	100	100
20		重点河流节点水文监测覆盖率		%	—	100	100	100

4.3.2.2　指标的选取原则和方法

目前，指标的筛选方法主要分为主观法和客观法两类，各有优缺点。主观法主要包括理论分析法、专家咨询法等，是研究者在对研究对象的内涵、性质、特点等进行分析研究的基础上，凭主观认识确定相对重要的指标的方法。主观法所选定的指标，可以充分体现出研究者对指标所表征的内容的重视程度和主观要求，其中的专家咨询法可以充分发挥专家丰富的专业知识和实践经验。但正因为如此，主观法也具有较大的人为随意性和意见统一的缺点。客观法主要有频度分析法、因子分析法、聚类分析法等，是研究者依据现有数据，通过统计分析、相关分析、聚类分析等定量分析手段，从数量较大的备选指标中确定的相关性或关联性较小、独立性较强的指标的方法。客观法通过定量分析，剔除指标相关性较大的指标，能够很好地避免主观法可能造成的指标信息重叠度大和人为随意性的缺点，但在指标定量化分析中，需要大量的统计数据，并且对样本具有较大的依赖性，样本不同筛选的结果也可能不同。此外，客观法确定的指标难以体现出指标的重要程度和主观要求。因此，本研究根据水环境与水生态顶层设计方案的宏观性、战略性、前瞻性、导向性等特点，在影响因素分析的基础上，采用理论分析和专家咨询相结合的主观方法确定具体控制指标。

首先，根据对水生态环境改善的影响分析结果，借鉴已有的水生态环境战略、规划、方案等，分别对影响较大的指标进行细化、分解，例如针对水污染有效控制、水生态良性循环、水资源平衡保障、水安全切实保证、水治理能力提升五个目标层选取最具代表性、使用频率相对较高、数据可获得性和连续性强的指标，例如主要污染物排放量下降率、农村污水处理及资源化利用率、化肥施用强度、陆域湿地覆盖率、万元生产总值用水量、非常规水资源利用率、再生水利用率、集中式饮用水源达标率等指标。然后根据专家咨询意见，结合天津实际特点和顶层设计方案的前瞻性、导向性特点，确定重点排污口监控覆盖率、生态/水生生物完整性指数、河道人工岸线比例、生态用水占用水总量的比例、重大污染事故发生率、污染事故应急物资覆盖率等指标。

4.3.2.3　指标目标值研究

指标值的确定原则包括以下几点。

① 立足区域社会经济发展现状及未来发展形势，以促发展为目标，既满足生态文明建设要求又不盲目求高；

② 基于本研究中所构建的水资源-水环境双重约束下水资源水环境系统动力学模型和多目标规划模型模拟分析。

第5章

基于四水联动的水生态环境差异化提升对策及实施路径研究

- 水资源-水环境双重约束下水资源配置和产业结构优化对策及路径研究
- 统筹三源共治的水污染防治对策及实施路径
- 面向人水和谐的水生态恢复对策及实施路径
- 基于风险评估的水生态环境风险管控对策及实施路径研究
- 基于空间管控的重点河流生态廊道差异化改善对策研究

本章遵循系统化思考-方法论支撑-数据化分析-空间化分解的原则，统筹"四水联动水资源、水环境、水生态、水安全"，研究提出了减污染、增容量、提效率、防风险四个重点领域的改善措施和实施路径，并以入海河流通道为抓手，按照河流汇水和纳污范围，分别针对蓟运河、永定新河、海河干流、独流减河、青静黄排水渠/子牙新河/北排水河/沧浪渠 5 条主要河流水生态廊道，提出差异化水质改善措施和实施路径。重点研究成果包括：研究构建了水资源-水环境双重约束下基于系统动力学和多目标规划耦合的水资源优化配置模型，提出提高再生水回用率、提高海水淡化水利用量、增加生态用水量、提升水资源利用效率等措施；采用麦肯锡矩阵方法，综合考虑产业发展潜力和水资源环境约束，对天津市各工业行业的发展优先序进行分析，提出严格资源环境准入、推进涉水产业空间集约化发展等措施；创新性地建立了基于风险源及水体脆弱性评价的水环境风险网格化评估模型，以区域内主要河流、湖泊、水库作为风险受体，分别从环境风险源的危害性、风险受体的脆弱性两方面确定指标体系和量化方法，构建水环境风险量化评估模型，并对天津市水环境风险进行评估，获得天津市突发水环境风险地图，为研究制定突发水环境风险防范分区管控措施提供决策依据。

5.1
水资源-水环境双重约束下水资源配置和产业结构优化对策及路径研究

5.1.1　基于系统动力学的水资源水环境系统模拟分析

5.1.1.1　模型构建

　　水环境污染过程是一个涉及多变量、非线性的复杂过程。区域社会经济和水生态环境系统内部结构关系十分复杂，涉及的影响因素较多。影响因素中不仅包括自然环境因素，还包括社会、经济、人口、政策等许多社会经济因素。水环境与社会经济发展间存在相互作用关系，一方面，水环境质量恶化，将会限制社会经济的发展；另一方面，经济发展和人口增长虽然增加了废水排放量，但也提供了更多的资金和更先进的技术用于水资源开发和污水治理，从而减少污染物排放、提高用水效率，改善水环境质量。

　　系统动力学（system dynamics，SD）适合处理具有多个变量，且系统内存在双重反馈或多重反馈的非线性的随着时间变化的社会、经济、环境等问题。课题组采用系统动力学方法，基于区域水流分析，建立水资源水环境系统动力学模型，模拟天津市供水、用水、排水以及回用的系统运行规律与状况，耦合水资源-水环境双重约束条件下的城市水系统优化多目标规划模型，研究最佳运行状态下的社会经济发展及资源利用情景，为水生态环境改善路径提供技术支撑。

SD 模型基于社会水循环系统理论分析天津市供水、用水、排水以及回归水的运行规律与状况，选取对天津市水资源和水环境承载有影响的人口经济等社会环境因素，利用 VenSIM 软件建立生活生产与水资源水环境关系的系统模型，以 2006 年和 2030 年为时间边界，将 2006 年的各个相关数据作为相关状态变量的初始值，时间间隔为 1 年，对 2006～2030 年天津市供水、需水和 COD 水环境进行历史模拟和未来预测，分析各生产和生活相关的因素对天津市供水和水质量的影响，通过技术参数的调整设定实现对供水和环境的优化方案，以期为天津市社会经济活动与水环境的可持续发展提供参考。

根据前面所述系统划分依据，在 VenSIM 软件中绘制系统流图以全面、直观地分析天津市的水资源-水环境循环状况[见图 5-1]。

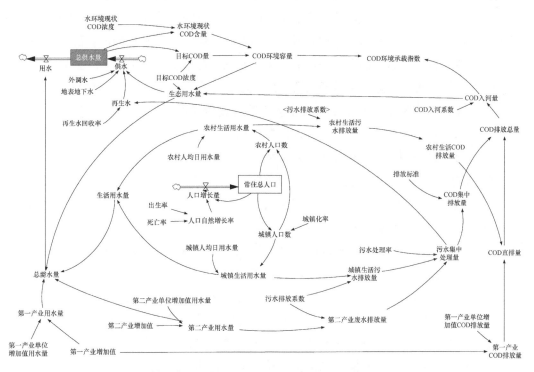

图 5-1 天津市水资源-水环境系统动力仿真模型

（1）生活生产与水资源、环境子系统

首先，人是生活用水和生活污染排放的主体也是经济发展的劳动力来源，以天津市常住总人口为状态变量，其增长量主要通过自然增长率来计算。常住人口区分为城镇人口和农村人口，考虑到天津市城镇化率相对平稳（2006～2009 年天津市城镇化率

趋势如图 5-2 所示），系统模拟将其作为常数。

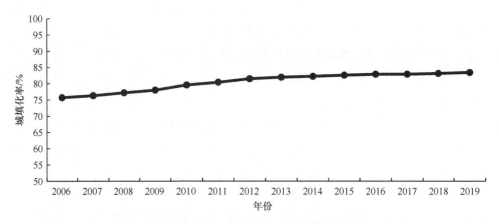

图 5-2　2006～2019 年天津市城镇化率变化趋势

其次，生产活动是社会经济发展的基础，扩大生产带动经济增长同时也增加了用水量和污染排放量。由于产业增加值是某产业在一定时期（通常 1 年）内生产的产品的货币总额减去消耗的产品与劳务货币额后的净增量。本系统以增加值作为第一产业和第二产业水耗计算的载体，结合不同产业废水排放的实际情况，设定第一产业 COD 污染直排变量，设定第二产业废水排放量和污水处理量作为 COD 排放量计算的前置变量。

生活生产与水资源、环境子系统中涉及方程设置如下：

① 人口增长量 = 常住总人口 × 人口自然增长率

② 人口自然增长率 = 出生率 − 死亡率

③ 城镇人口数 = 常住总人口 × 城镇化率

④ 农村人口数 = 常住总人口 − 城镇人口数

⑤ 城镇生活用水量 = 城镇人口数 × 城镇人均日用水量 × 365/(1000 × 10000)

⑥ 农村生活用水量 = 农村人口数 × 农村人均日用水量 × 365/(1000 × 10000)

⑦ 生活用水量 = 城镇生活用水量 + 农村生活用水量

⑧ 第一产业用水量 = 第一产业单位增加值用水量 × 第一产业增加值

⑨ 第二产业用水量 = 第二产业单位增加值用水量 × 第二产业增加值

⑩ 总需水量 = 生活用水量 + 第一产业用水量 + 第二产业用水量 + 生态用水量

⑪ 城镇生活污水排放量 = 城镇生活用水量 × 污水排放系数

⑫ 农村生活污水排放量 = 农村生活用水量 × 污水排放系数

⑬ 农村生活 COD 排放量 = 农村生活污水排放量 × 10^8 × 50mg/m³

⑭ 第一产业 COD 排放量 = 第一产业单位增加值 COD 排放量 × 第一产业增加值

⑮ 第二产业废水排放量 = 第二产业用水量 × 污水排放系数

⑯ 污水集中处理量 = (城镇生活污水排放量 + 第二产业废水排放量) × 污水处理率

⑰ COD 集中排放量 = 污水集中处理量 × 排放标准

⑱ COD 直排量 = 第一产业 COD 排放量 + 农村生活 COD 排放量

⑲ COD 排放总量 = COD 集中排放量 + COD 直排放量

⑳ COD 如何量 = COD 排放量 × COD 入河系数

（2）水资源子系统

水资源的供需系统是分析水资源优化的基础。结合天津市水资源约束现状，本系统将总供水量作为状态变量，综合供水和用水的双向速率变量模拟总供水量变动情况。来自引滦入津和南水北调的外调水、地表地下水、再生水和生态用水构成了天津市某时期（通常为以年为单位）的总供水量。其中外调水和地表地下水属于新鲜来源水，其历年供水量相对稳定，初始设为常数（外调水年均供水初始设为 $15 \times 10^8 m^3$，地表地下水年均供水初始设为 $8.35 \times 10^8 m^3$），区域外调供水量随后根据系统其他参数优化进行增减设置，实现水资源供给优化。此外，再生水源于生活、生产排放的污水处理再生，再生水的水量同时也受不同技术水平下的回收率影响。另有考虑到用于冲洗河道稀释污染物的生态用水由于是直接灌向河道，所以该用水量既是需水量也是供水量。当然，生态用水产生与否取决于水环境中污染物承载情况，如果 COD 入河量超过环境容量，则需要生态用水，否则不发生生态用水。其中 COD 环境容量是总体供水中COD 目标含量与河道现状的对比结果。

水资源子系统中涉及的系统动力学方程有：

① 总供水量 = 初始值 +（供水 – 用水）

② 用水 = 总蓄水量

③ 供水 = 外调水 + 地表地下水 + 生态用水量 + 再生水

④ 再生水 = 污水集中处理量 × 再生水回收率

⑤ 生态水量 = IF THEN ELSE[COD 入河量>COD 环境容量,（COD 入河量 – COD环境容量）/目标 COD 浓度, 0]

⑥ 目标 COD 量 = 总供水量 × 10^8 × 目标 COD 浓度

⑦ 水环境现状 COD 含量 = 总供水量 × 10^8 × 水环境现状 COD 浓度

⑧ COD 环境容量 = 水环境现状 COD 含量 – 目标 COD 量

⑨ COD 环境承载指数 = COD 入河量/COD 环境容量

（3）数据来源与模型检验

研究所采用的数据来源分别为 2006～2016 年天津市统计年鉴、天津市水资源公报、天津市环境统计数据库以及课题组的历年数据积累。

2006～2016 年间天津市供水总量历史数据如图 5-3 所示呈现的稳中有升的趋势。

以 2006 年为初始年，设置状态变量参数，如常住总人口设为 1075 万、总供水量设为 $22.96 \times 10^8 m^3$。结合当前实际和现有技术水平设定以下参数:污水排放系数为 0.7、污水处理率为 0.95、再生水回收率为 0.4、集中处理排放标准为 30mg/m³、水中 COD

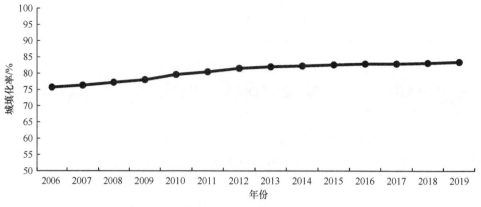

图 5-3　2006～2016 年间天津市供水总量变化

目标浓度为 30mg/m³、COD 入河系数为 0.03、近年地表地下水年均供水量为 8.35×10^8m³，外调水年均供水量为 15×10^8m³（上限为 23×10^8m³）。

　　基于上述变量参数设置进行系统动力模型在结构适合性、历史一致性等方面的检验。以供水总量为例，将系统模型的初始运行结果与已知年份历史数据进行对照。从表 5-1 中的历史值和模拟值的对比可以看出，系统仿真数据的相对误差绝对值大体上都没有超过 10%，由此确认该模型具有良好的历史一致性。

表 5-1　系统模拟值和历史实际值对比

年份	供水总量/10⁸m³			常住总人口/万人		
	历史值	模拟值	相对误差	历史值	模拟值	相对误差
2006	22.96	22.96	0	1075	1092.415	0.0162
2007	23.37	23.19	0.0064	1115	1049.9955	0.0583
2008	22.33	23.43	0.0511	1176	1204.9296	0.0246
2009	23.37	23.67	0.0150	1228	1271.4712	0.0354
2010	22.49	23.89	0.0658	1299	1407.467	0.0835
2011	23.09	24.12	0.0481	1355	1296.3285	0.0433
2012	23.13	24.34	0.0566	1413	1507.9536	0.0672
2013	23.76	24.56	0.0383	1472	1636.864	0.1120
2014	24.09	24.77	0.0332	1517	1464.9669	0.0343
2015	25.7	24.98	0.0230	1547	1617.2338	0.0454
2016	27.23	25.2	0.0701	1562	1605.4236	0.0278

5.1.1.2　基于资源约束的供水优化配置分析

　　原情境和优化再生回收率之后的情境模拟值对比如图 5-4 所示。在生产生活用水再生回收率现状（系数为 0.4），地表水 8.35×10^8m³ 的供水量和外调水 15×10^8m³ 的供水量的原情境基础上，将再生回收率系数提高至 0.7，地表水供水量不变的情况下，降低外调水供水量 33%仍然可以保持供水总量原来的变动趋势，图 5-4 所示稍低的趋势线为优化情境下的总供水量。

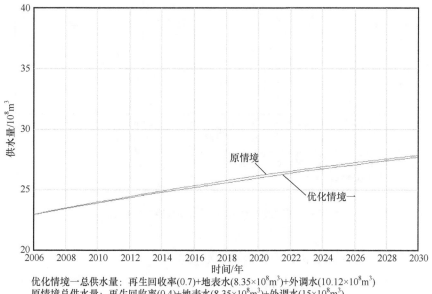

优化情境一总供水量：再生回收率(0.7)+地表水(8.35×10⁸m³)+外调水(10.12×10⁸m³)
原情境总供水量：再生回收率(0.4)+地表水(8.35×10⁸m³)+外调水(15×10⁸m³)

图 5-4 提高再生回收率、降低外调水供水量的模拟分析

5.1.1.3 基于水环境承载力的产业结构优化分析

通过对模型灵敏度分析对比得到城市人均生活用水量、第一产业单位增加值用水量、第二产业单位增加值用水量、废水排放系数、污水处理率、第二产业单位 COD 排放量的灵敏度都大于 0.05，按照系统动力模型的灵敏度判断标准，可以确定这些变量是系统的关键因素。

（1）增产对 COD 环境承载能力的影响分析

在系统模型中，按照 COD 入河量与环境 COD 容量的比值所设定的 COD 环境承载指数可以用来反映水环境对污染排放的承载能力。由此，在模型通过有效性检验之后，可以模拟某些关键因素变动引起这一指数的变动情况。按照当前天津市常住人口生产、生活现状，水环境中 COD 承载指数在 2035 年之前比较稳定地保持大于 0.6 的水平，即 COD 入河量占环境饱和容量的 60%。随着经济提升，该指数同时呈现上升的趋势，如图 5-5 所示。其中标识 2 的趋势线为仅第二产业增加值在模拟初始年份基础上提升 10%，所呈现的 COD 承载指数随着时间推移截止模拟终止年份趋近 1，即污染排放接近环境的饱和容量；标识 1 的趋势线为仅第一产业增加值在模拟初始年份基础上提升 10%，所呈现的 COD 承载指数随时间推移到 2026 年将会跳跃式上升接近 2，即污染排放将呈倍数超载。

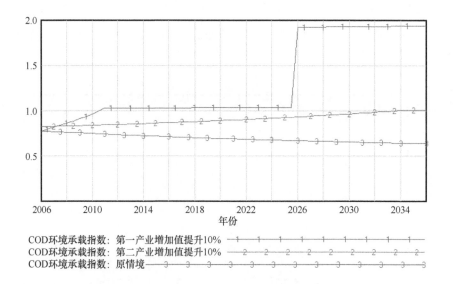

图 5-5　产业增产对 COD 环境承载能力的影响示意

（2）节水对增产环境负外部性的缓解效应分析

为了缓解第一产业增加值提升在不久的未来将带来严重的污染物超载，课题将第一产业单位增加值用水量作为调节因子，预期通过第一产业节水路径缓解增产对环境产生的负外部性。经过多次节水情境调节对比，得到最终有效节水情境如图 5-6 所示，在第一产业增加值提升 10%的同时将该产业的单位用水量降低 5%，从中可以发现该节水情境下，COD 环境承载情况有了明显的改善，截至模拟终止年份持续维持在指数为 1 的水平。

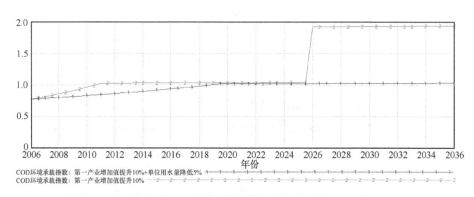

图 5-6　节水对增产环境负外部性的缓解效应分析示意

5.1.2　水资源-水环境双重约束下水资源多目标优化配置模型

5.1.2.1　模型构建

产业和用水结构多目标优化配置的最终目的是实现水资源的可持续利用，保证社会、经济、资源、生态环境的协调发展，使水资源发挥最大的经济效益和环境效益，并最终转化为社会效益，促进社会可持续发展。结合系统动力学模型，构建水资源-水环境双重约束下产业和用水结构多目标优化配置模型，实现方案优选。

水资源优化配置模型包含经济、社会、生态环境三方面，其一般形式为：

$$\text{opt}\{f_1(X),\ f_2(X),\ f_3(X)\}$$
$$\text{s.t.}\quad X \in G(X)$$

式中　　　　　opt——优化方向，一般为最大化或最小化；

　　　　　　　X——决策向量，比如供水量可以作为决策变量或决策问题（可以具体为水源向用户的供水量）；

$f_1(X),\ f_2(X),\ f_3(X)$——经济效益、社会效益和生态环境等目标；

　　　　　　　$G(X)$——约束条件集，比如水量平衡约束、水源可供水量约束、水源输水能力约束、用户需水约束、变量非负约束等。

根据水源的供水范围，可以将水源分为两类：独立水源（当地水源）和跨流域水源（外调水）。用水部门一般分为生产、生活、生态用水等大类。水资源优化配置受到地理条件和工程配套情况的限制，同时还得考虑不同用水部门对供水水质、供水水量和成本的要求，也就是说，供水水源有一个供水能力，用水部门有一定需水要求，当两者彼此满足时，该水源可以向该用水部门供水。设区域供水水源为 I（$i = 1, 2, \cdots, I$），用水部门为 J（$j = 1, 2, \cdots, J$）。定义 $R = r_{ij}$ 为区域内水源 i 向用水部门 j 的供水关系系数。当水源 i 对用水部门 j 存在供需关系时，$r_{ij} = 1$，否则 $r_{ij} = 0$。

（1）天津市的水源和用户组成

目前天津市可供水水源有引滦水、南水北调、污水再生、海水淡化、地表和地下水 6 种，$I = 6$（分别记为 $i = 1, 2, \cdots, 6$）。用水户具体区分为第一产业、第二产业、城镇生活、农村生活、生态用水 5 类，$J = 5$（分别记为 $j = 1, 2, \cdots, 5$）。r_{ij} 为水源与用水户之间的供求关系系数，那么天津市水源和用水户之间供需关系矩阵记为 $\boldsymbol{R} = (r_{ij})_{6 \times 5}$。

决策变量取为某时间内水源 i 供给用水部门 j 的水量，记为 $\boldsymbol{X} = (x_{ij})_{6 \times 5}$，$x_{ij}$ 与系数 r_{ij} 相互对应，若 $r_{ij} = 0$，则水源 i 不对用水户 j 供水，即 $x_{ij} = 0$；若 $r_{ij} = 1$，则水源 i 对用水户 j 供水，必然有 $x_{ij} \geqslant 0$。结合天津市水源与用户供需关系列出用户供需关系矩阵 $\boldsymbol{R}$。

$$\boldsymbol{R} = \begin{bmatrix} 1 & 1 & 1 & 1 & 1 \\ 0 & 1 & 1 & 1 & 0 \\ 1 & 0 & 0 & 0 & 1 \\ 0 & 1 & 1 & 1 & 0 \\ 1 & 1 & 1 & 1 & 0 \\ 1 & 1 & 1 & 1 & 0 \end{bmatrix}$$

（2）水资源配置目标函数界定

① 经济效益目标函数。GDP 是一个国家或地区所有常住单位在一定时期内（通常为一年）生产生活的最终成果，即所有常住机构单位或产业部门在一定时期内生产的可供最终使用的产品和劳务的价值。这一指标能够全面反映经济社会生活的总规模，是衡量地区的经济实力、评价经济形势的重要综合指标，同时也具有资料收集全面、良好的统计数据支持和计算简便易行等特点。课题选用 GDP 度量水资源优化配置的经济效益目标，以天津市域内水资源利用对 GDP 的净贡献最大作为经济效益目标，记为 $f_1(X)$，计算公式如下：

$$f_1(X) = \text{GDP} = \sum_{j=1}^{J} \beta_j \left[\sum_{i=1}^{I} \alpha_i (b_{ij} - c_{ij}) x_{ij} \right]$$

式中 α_i——水源供水次序系数，指某个水源相对其他水源供水的优先程度，与水源供水次序有关；

     β_j——用户用水公平系数，指某个用水部门相对于其他用水部门在水需求满足上的先后顺序，取决于用水部门的需水特性在时间、空间和缺水敏感度上的差异而产生供给的先后顺序；

     b_{ij}——水源 i 向用户 j 单位供水量的效益系数，元/m³；

     c_{ij}——水源 i 向用户 j 单位供水量的费用系数，元/m³，供水净贡献记为 $b_{ij} - c_{ij}$。

α_i 数值确定的计算公式如下：

$$\alpha_i = \frac{1 + n_{\text{Max}} - n_i}{\sum_{i=1}^{I} (1 + n_{\text{Max}} - n_i)}$$

式中 n_i——区域水源 i 的供水序号；

     n_{Max}——区域水源总数。

β_j 数值确定的计算公式如下：

$$\beta_j = \frac{1 + m_{\text{Max}} - m_j}{\sum_{j=1}^{J} (1 + m_{\text{Max}} - m_j)}$$

式中 m_j——区域用户 j 的用水序号；

     m_{Max}——区域用户总数。

对第一产业用水部门，可用灌溉定额和灌溉增产效益推导；对第二产业用水部门，可用万元产值用水定额推导得到；生活与生态用水效益系数由于难以定量化，也缺乏明确的数值指标，所以一般根据社会发展情况赋予其较大的估计值。生活用水与生态用水关联紧密，生态用水效益系数设定与生活用水效益系数一致。

② 社会效益目标函数。相对经济、生态目标，社会目标更为抽象、难以量化考察。

从水资源优化配置的最终目的看，为了维护社会和谐稳定发展，应当避免社会各部门处于缺水、等水的状态。所以在水资源优化配置过程中，部分学者将配置区域内不同用户的缺水量来衡量社会效益目标。另有学者提议用社会公平性来考量社会目标，主要是通过计算各用水部门在水供需比值的差异程度来分析公平性。

在社会效益的目标函数上，本课题结合上面两种思路做出设定。一方面，由于生产领域、用途和人口用水习惯等不同，用水部门对水资源需求量不同，供给的水量也不同，可能会导致部门之间缺水量出现不同的数量级。如果单纯地以缺水量差异来衡量，可能导致较大偏差，难以反映供需差异。另一方面，如果直接运用供需水比值的差异来反映社会效益，则强调更多的只是社会公平。因此，课题在前述两种反映社会效益的目标设定思路基础上加以改进，选择将缺水量转化为缺水率 v_j，将用水供需比值的差异转化为缺水率的差异，以此考察水资源配置的社会目标。缺水率计算公式如下所示：

$$v_j = \frac{D_j - \sum\limits_{i=1}^{I} x_{ij}}{\sum\limits_{i=1}^{I} x_{ij}}$$

式中　D_j——用户 j 的需水量。

对缺水率差异程度的考察，课题借鉴经济学"基尼系数"的计算逻辑，计算公式如下所示：

$$G = \frac{1}{N} \sum_{i=1}^{N-1} \sum_{j=i+1}^{N} \left| \frac{I_i}{I} - \frac{I_j}{I} \right| = \frac{1}{NI} \sum_{i=1}^{N-1} \sum_{j=i+1}^{N} \left| I_i - I_j \right|$$

式中　N——社会成员综述；

　　　I——社会成员的总收入；

I_i, I_j——第 i 个和第 j 个社会成员个人的总收入。

G 的计算是用任何两个社会成员收入比率的差的平均程度来反映社会分配收入的差异程度。基尼系数越小，意味着收入差异程度越小。

为了尽可能缩小不同用水部门在缺水上的差异，课题将缺失率比照基尼系数中的收入 I，将各用水户的总数比照社会成员总数，通过各用水部门的缺水率差异的考察来衡量用水的社会性目标（即缺水基尼系数最小），记为 $f_2(X)$，计算公式如下所示：

$$f_2(X) = \frac{1}{J} \sum_{j=1}^{J-1} \sum_{j'=j+1}^{J} \left| \frac{v_j}{v} - \frac{v_{j'}}{v} \right| = \frac{1}{J} \sum_{j=1}^{J-1} \sum_{j'=j+1}^{J} \left| \frac{\dfrac{D_j - \sum\limits_{i=1}^{I} x_{ij}}{\sum\limits_{i=1}^{I} x_{ij}} - \dfrac{D_{j'} - \sum\limits_{i=1}^{I} x_{ij'}}{\sum\limits_{i=1}^{I} x_{ij'}}}{\sum\limits_{j=1}^{J} \dfrac{D_j - \sum\limits_{i=1}^{I} x_{ij}}{\sum\limits_{i=1}^{I} x_{ij}}} \right|$$

式中 J——用水户个数；

　　D_j——用水户 j 的需水量；

　　$\sum\limits_{i=1}^{I}x_{ij}$——用水户 j 从不同水源得到的供水量之和（即用水户 j 的供水量）。

　　③ 生态环境目标函数。生态环境效益主要体现水资源对生态系统的压力或维持作用，并取不同的优化方向。当前该研究领域主要有 3 类方法：a. 货币化方法，即将生态环境所对应的价值进行货币量化，以生态系统服务理论为代表；b. 生物物理类指标，以 Wackernagel 等提出的生态足迹理论和 Odum 提出的能值分析理论为代表；c. 国内普遍采用的污染物排放量法（如 BOD_5、COD_{Mn} 等）、污径比、生态环境供水满足程度、生态环境缺水量法等，用来衡量人类生产、生活行为对环境造成的破坏程度或生态不能容纳程度。以上 3 类方法虽然取得良好的实践效果，但货币比方法高度依赖于所选取参数，缺乏区域弹性；生物物理类指标、污径比等方法需要大量的原始资料，计算难度大；生态环境缺水量的方法过于抽象。鉴于此，课题以污染物指标来度量生态环境效益，以化学需氧量 COD 排放量之和最小作为生态环境目标，记为 $f_3(X)$，计算公式如下：

$$f_3(X)=\sum_{j=1}^{J}0.01d_jp_j\sum_{i=1}^{I}x_{ij}$$

式中 d_j——用水户 j 单位废水排放量中 COD 的含量，mg/L；

　　p_j——用水户 j 的污水排放系数。

（3）约束条件

　　在对水资源进行优化配置的时候，通常需要考虑不同用水部门的生成条件约束、承载能力约束、可投入资金约束以及其他限制条件约束。生存条件约束要求水资源优化配置首先必须要解决人口生存问题，即满足人类最基本的生活需求；承载能力约束包括水源可供水约束、水源输水能力约束和污染物约束。对天津市水资源配置约束条件分析主要有以下几方面。

　　① 用水部门生存约束：需水量的上限与下限

$$D_{j,\min}\leqslant\sum_{i=1}^{I}x_{ij}\leqslant D_{j,\max}$$

式中 $D_{j,\min}$ 和 $D_{j,\max}$——用水部门 j 的最小需求量和最大需求量。

　　城镇、农村生活需水应当给以满足，考虑取等号约束，有：

$$\begin{cases}\sum\limits_{i=1}^{I}x_{i3}=D_3\\[2mm]\sum\limits_{i=1}^{I}x_{i4}=D_4\end{cases}$$

第一产业生产的供水量下限要满足保证农业灌溉面积的水需求，上限可达有效灌溉面积的水需求。由于灌溉与年降雨量有关，丰水年降雨量多，需要灌溉水量少；反之枯水年降雨少，需要灌溉水量多。所以灌溉面积一般都会对应有保证率，如保证率为 75%。设计灌溉面积是指按规定的保证率设计的灌溉面积。

$$S_{sj}G \leqslant \sum_{i=1}^{I} x_{i1} \leqslant S_{yx}G$$

式中　$S_{\min}$——天津市设计灌溉面积；

　　　$S_{\max}$——天津市农田有效灌溉面积；

　　　G——作物的综合灌溉定额（单位农田灌溉水量）。

第二产业生产的供水量的上限按该产业需水量 D_2 来核定，下限按需水量 0.75 系数计算，有以下约束：

$$0.75D_2 \leqslant \sum_{i=1}^{I} x_{i2} \leqslant D_2$$

② 水源可供水量和供水上限。水源可供水量是指在不同年份和不同基础设施条件下，考虑用户需水情况，通过一定的渠道提供用户可以使用的水量。一般来说，水源供给各个用水部门的水量不会超过水源的可供水量，同时也不应超过用水部门实际所需的最大水量（$D_{j,\max}$）。

$$\begin{cases} \sum_{i=1}^{I} x_{ij} \leqslant W_i \\ x_{ij} \leqslant \min(Q_{ij},\ D_j) \end{cases}$$

式中　W_i——水源 i 的可供水量；

　　　Q_{ij}——水源 i 向用水部门 j 供水的最大输送能力。

③ 污染物标准约束。

$$\sum_{j=1}^{J} \mathrm{COD}_j \leqslant \theta_{\mathrm{COD}} \times \mathrm{COD}_{\max}$$

式中　COD_j——用水部门 j 排放的 COD 指标；

　　　$\mathrm{COD}_{\max}$——天津市水环境所能承受的 COD 最大容量；

　　　θ_{COD}——天津市对水环境中 COD 允许排放的指数（这一指数与科技进步和经济发展相关）。

④ 可投入资金约束。在一定的时间范围内，有限的区域投资中投入到水资源配置方面的费用也是有限的，需要满足以下费用约束条件。

$$\sum_{i=1}^{I} \sum_{j=1}^{J} V(x_{ij}) \leqslant \ln v_{\max}$$

式中　$\ln v_{\max}$——天津市水资源配置预算费用；

$V(\cdot)$——供水费用函数。

⑤ 决策变量非负。

$$x_{ij} \geqslant 0$$

5.1.2.2 模型求解

综上所述，天津市多目标水资源优化配置模型的数学表达如下：

$$\text{opt}\begin{cases} \textbf{max} \quad f_1(X) = \text{GDP} = \sum_{j=1}^{J}\beta_j\left[\sum_{i=1}^{I}\alpha_i(b_{ij}-c_{ij})x_{ij}\right] \\[4mm] \textbf{min} \quad f_2(X) = \dfrac{1}{J}\sum_{j=1}^{J-1}\sum_{j'=j+1}^{J}\left| \dfrac{\dfrac{D_j-\sum\limits_{i=1}^{I}x_{ij}}{\sum\limits_{i=1}^{I}x_{ij}} - \dfrac{D_{j'}-\sum\limits_{i=1}^{I}x_{ij'}}{\sum\limits_{i=1}^{I}x_{ij'}}}{\sum\limits_{j=1}^{J}\dfrac{D_j-\sum\limits_{i=1}^{I}x_{ij}}{\sum\limits_{i=1}^{I}x_{ij}}} \right| \\[4mm] \textbf{min} \quad f_3(X) = \sum_{j=1}^{J}0.01d_jp_j\sum_{i=1}^{I}x_{ij} \end{cases}$$

$$\text{s.t.}\begin{cases} S_{sj}G \leqslant \sum\limits_{i=1}^{I}x_{i1} \leqslant S_{yx}G \\[3mm] 0.75D_2 \leqslant \sum\limits_{i=1}^{I}x_{i2} \leqslant D_2 \\[3mm] \sum\limits_{i=1}^{I}x_{i3} = D_3 \\[3mm] \sum\limits_{i=1}^{I}x_{i4} = D_4 \\[3mm] \sum\limits_{i=1}^{I}x_{ij} \leqslant W_i \\[3mm] x_{ij} \leqslant \min(Q_{ij},\ D_j) \\[3mm] \sum\limits_{j=1}^{J}\text{COD}_j \leqslant \theta_{\text{COD}} \times \text{COD}_{\max} \\[3mm] \sum\limits_{i=1}^{I}\sum\limits_{j=1}^{J}V(x_{ij}) \leqslant \ln v_{\max} \\[3mm] x_{ij} \geqslant 0 \end{cases}$$

关于多目标优化配置模型的求解，学界有不同的方法，如使用线性加权和法、理想点法、演化算法、遗传算法、模拟退火算法等，不同的方法有各自的优缺点和使用条件。考虑到模型多变量、非线性、强冲突的特点，课题组选择运用全局搜索能力以及局部跳出性的模拟退火多目标算法，求解水资源优化配置函数模型。在求解多目标问题时，其优化结果为非劣解集，但仅需要返回一个偏好解。因此需要根据一定的偏好从非劣解集中确定一个偏好解。如何定义决策偏好，并从中得到偏好解是求解过程中的关键步骤。根据天津市水资源与水环境系统现状和预期规划，将在充分使用本地水资源的前提下考虑外调水源作为决策偏好。

5.1.2.3 模型参数设定

① 天津市水源总数为 6 个，各水源的理想供水次序为地表水、南水北调、滦河水、再生水、海水淡化、地下水。

$$
\begin{cases}
\alpha_i = \dfrac{1 + n_{\max} - n_i}{\displaystyle\sum_{i=1}^{I}(1 + n_{\max} - n_i)} \\
n_1 = 3, \ n_2 = 2, \ n_3 = 4, \ n_4 = 5, \ n_5 = 1, \ n_6 = 6
\end{cases}
$$

② 天津市用水部门总数为 5 类，各部门内需水次序为城镇生活、农村生活、第一产业、第二产业、生态。

$$
\begin{cases}
\beta_i = \dfrac{1 + m_{\max} - m_j}{\displaystyle\sum_{j=1}^{J}(1 + m_{\max} - m_j)} \\
m_1 = 3, \ m_2 = 4, \ m_3 = 1, \ m_4 = 2, \ m_5 = 5
\end{cases}
$$

③ 第一产业用水效益和第二产业用水效益可以通过历史资料计算得到。第二产业用水效益系数取万元工业用水量这一指标的倒数；第一产业用水效益系数运用灌溉后的农业效益乘以水利分摊系数确定。其中农业效益值可以用农业用水量除以农业总产值获得。有学者提议在无法获取长期统计资料时，可根据本地区情况，参考环境相似地区水利分摊系数。根据天津市 2011～2016 年万元农业用水量、万元工业用水量的历史数据以及水利分摊系数（参考值为 0.35）确定天津市第一产业用水效益系数为 $b_{i1} = 220.5$ 元/m³，第二产业用水效益系数为 $b_{i2} = 1237$ 元/m³，城镇生活用水效益系数 b_{i3}、农村生活用水效益系数 b_{i4}、生态用水效益系数 b_{i5} 均估计为 500 元/m³。

④ 根据天津市自来水公司水价信息，对于生活用水，天津居民生活用水实行梯度水量水价计算的方法，根据实际情况，给出的三个梯度按比例进行计算，得到居民生活用水均值 5.4 元/m³，设定生活用水供水费用系数为 5.4 （$c_{i3} = c_{i4} = 5.4$）。非居民用水为 7.85 元/m³，因此将第二产业、生态用水的供水费用系数设定为 7.85 （$c_{i2} = c_{i5} = 5.4$）。

因为农业用水实行分类水价，地区按照运行维护成本原则进行核定，没有统一标准，因此根据以往研究建议设定农业用水供水费用系数为 0.5（$c_{i1} = 0.5$）。

⑤ 水资源配置社会目标和供水约束均涉及规划年各个部门的用水需求量。参考天津市各类用户历年用水数据和 SD 仿真结果预测 2025 年需水量 D_j 分别为 $D_1 = 14.34 \times 10^8 \text{m}^3$、$D_2 = 7.51 \times 10^8 \text{m}^3$、$D_3 = 5.37 \times 10^8 \text{m}^3$、$D_4 = 1.01 \times 10^8 \text{m}^3$、$D_5 = 4.46 \times 10^8 \text{m}^3$。为了简化模型，假设地下水全部用于满足农村生活水需求，水源中不再考虑地下水，用户中不再考虑农村生活需水；在计算河道内生态环境需水时，采用 Tennant 法、最小径流法和 7Q10 法三种方法中取较大值作河流生态需水。由于河道外生态环境需水的资料获得有限，课题只考虑城市生态需水，包括城市绿地和城市公共设施谁需求，采用面积定额法计算得到。

⑥ 在生态目标函数中需要明确部门用水的污染物排放含量和排放系数。各类用水带来的污水排放不仅在体量上不用，由于用途差别，废水中的污染物含量也有较大差异。课题根据国家发布的污水综合排放标准，确定废水中 COD 限制标准确定用户排放废水中污染物排放的含量 d_j。按照当前天津市废水排放现状，第一产业、第二产业单位废水 COD 含量分别为 450mg/m^3、30mg/m^3；城市生活和农村生活废水的 COD 含量分别取值为 30mg/m^3、40mg/m^3；不考虑生态环境用水的 COD 含量。排放系数 p_j 根据基准年实际情况，按照基准年用户污水排放量除以该用户实际用水量计算得到。

⑦ 灌溉面积上下限和需水定额。根据天津市 2006～2017 年农业有效灌溉面积变化情况，以 2013～2017 年的均值作为规划年有效灌溉面积。将有效灌溉面积按 75% 保证率，计算得设计灌溉面积，即灌溉的水需求量的下限。因此有参数 $S_{\max} = 3.08 \times 10^9 \text{m}^2$，$S_{\min} = 2.31 \times 10^9 \text{m}^2$。灌溉综合需水定额是指单位灌溉面积年取水量。天津市农业灌溉取水定额综合各类作物情况，设定灌溉综合需水定额 $G = 315 \text{m}^3/$亩。

⑧ 引滦水作为天津市备用水源年均可供水量为 $4 \times 10^8 \text{m}^3$，南水北调当前可供水为 $19 \times 10^8 \text{m}^3$，地表水在一般年景时可供水量为 $8.35 \times 10^8 \text{m}^3$，地下水在规划年预计可供水量控制在 $1.1 \times 10^8 \text{m}^3$ 内。再生水源可供水量受第二产业和城镇生活用水量影响，可在规划年第二产业、城镇生活用水量基础上按照目前的 70% 的污水排放系数、90% 的污水处理率和 70% 的回用率来设定再生水源可供水上限。海水淡化上限按规划的技术水平下日产水 $6 \times 10^5 \text{m}^3$ 设定，年可供水上限为 $2.19 \times 10^8 \text{m}^3$。

$$\begin{cases} W_1 = 4 \times 10^8 \text{m}^3 \\ W_2 = 19 \times 10^8 \text{m}^3 \\ W_3 = 0.7 \times 0.9 \times 0.7 \times \sum_{i=1}^{6}(x_{i2} + x_{i3}) \\ W_4 = 2.19 \times 10^8 \text{m}^3 \\ W_5 = 8.35 \times 10^8 \text{m}^3 \\ W_6 = 1.1 \times 10^8 \text{m}^3 \end{cases}$$

5.1.2.4 结果分析

在确定了各项参数后，根据各规划水平年对应的数据资料采用模拟退火多目标算法进行求解，得到天津市 2025 年水资源优化配置方案集。为叙述方便，取农业供水量为分量指标，从非劣解集中选取对应的 4 个非劣解 V_1、V_2、V_3、V_4 作为备选方案，组成备选配置方案集。表 5-2 列出了 2025 年 $P = 90\%$ 的配置结果，其中生活供水是城镇生活供水和第三产业供水之和，当地水源是天津市地表水和地下水供水量之和。另外，从表 5-2 中也可以看到各用水部门的缺水量和缺水率以及总的缺水量和缺水率。

表 5-2　2025 年天津市水资源优化配置备选方案集（$P = 90\%$）　单位：$10^8 m^3$（除缺水率外）

方案集	供水水源	用水部门				合计
		第一产业	第二产业	生活	生态	
V_1	引滦入津	1.749	0.239	0.063	0.748	2.799
	南水北调	2.246	3.870	4.610	2.448	13.174
	再生水	3.503	0.000	0.000	1.267	4.770
	海水淡化	0.000	0.410	0.249	0.000	0.659
	当地水源	4.948	2.355	0.447	0.000	7.750
	总供水量	12.447	6.875	5.369	4.463	29.154
	总需水量	14.341	7.510	5.369	4.463	31.683
	总缺水量	1.894	0.635	0.000	0.000	2.529
	缺水率/%	13.209	8.457	0.000	0.000	7.985
V_2	引滦入津	1.521	0.221	0.063	0.748	2.553
	南水北调	2.153	4.082	4.500	2.248	12.984
	再生水	3.312	0.000	0.000	1.467	4.779
	海水淡化	0.000	0.390	0.238	0.000	0.628
	当地水源	4.942	2.329	0.568	0.000	7.839
	总供水量	11.929	7.023	5.369	4.463	28.784
	总需水量	14.341	7.510	5.369	4.463	31.683
	总缺水量	2.412	0.487	0.000	0.000	2.899
	缺水率/%	16.821	6.483	0.000	0.000	9.151
V_3	引滦入津	1.632	0.210	0.057	0.715	2.614
	南水北调	2.309	3.942	4.515	2.328	13.094
	再生水	3.382	0.000	0.000	1.421	4.803
	海水淡化	0.000	0.370	0.236	0.000	0.606
	当地水源	4.992	2.410	0.561	0.000	7.963
	总供水量	12.316	6.933	5.369	4.464	29.082
	总需水量	14.341	7.510	5.369	4.463	31.683

方案集	供水水源	用水部门				合计
		第一产业	第二产业	生活	生态	
V_3	总缺水量	2.025	0.577	0.000	0.000	2.602
	缺水率/%	14.123	7.682	0.000	0.000	8.213
V_4	引滦入津	1.462	0.211	0.061	0.698	2.432
	南水北调	2.003	3.960	4.496	2.296	12.755
	再生水	3.070	0.000	0.000	1.470	4.540
	海水淡化	0.000	0.384	0.229	0.000	0.613
	当地水源	4.962	2.557	0.583	0.000	8.102
	总供水量	11.498	7.113	5.369	4.464	28.444
	总需水量	14.341	7.510	5.369	4.463	31.683
	缺水率/%	2.845	0.397	0.000	0.000	3.242

对四种非劣方案下的不同用水部门水资源供需关系进行对比如图 5-7 所示。按系统动力学仿真预测，在枯水年 $(P = 90\%)$ 条件下，天津市总需求水量为 $31.683 \times 10^8 m^3$，其中生产、生活用水为 $27.22 \times 10^8 m^3$。综合经济、社会和水环境等多目标优化之后的供水量为 $(28.44 \sim 29.15) \times 10^8 m^3$，其中生产、生活总供水量为 $(23.98 \sim 24.65) \times 10^8 m^3$，总缺水量为 $(2.53 \sim 3.25) \times 10^8 m^3$，缺水率为 $7.98\% \sim 10.22\%$，供需基本平衡。缺水主要发生在第一产业和第二产业，其中第一产业缺水情况相对更加严重，四种非劣方案得到的缺水率在 $13.21\% \sim 19.83\%$ 之间。

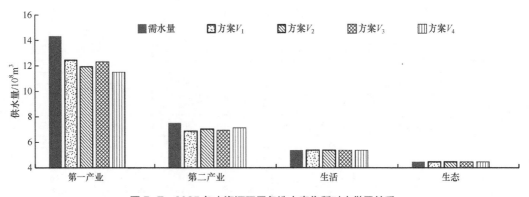

图 5-7 2025 年水资源配置备选方案集所对应供需关系

从 2025 年到 2035 年以每五年为规划水平年，对比 3 个规划水平年水资源多目标规划结果如图 5-8 所示。从中可以看到在保障生活需水和生态环境需水的条件下，不同配置方案集中，第二产业随规划水平年呈现最为明显的增加趋势，生活供水其次，生态供水基本保持不变，而第一产业供水却在下降。这意味着天津市水资源供给在生

滨海工业带水污染
控制与生态修复顶层设计

活（包括第三产业）、第二产业和第一产业之间存在竞争，同时也说明未来的生活节水、工业节水和排污控制等必须不断加强，通过降低用水部门的需水基数在一定程度上可以缓解水资源竞争。

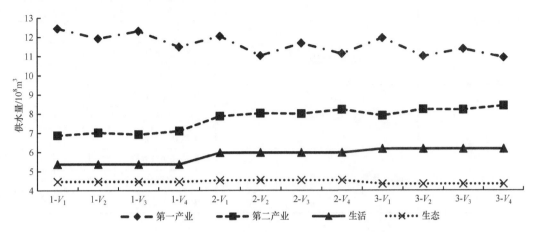

图5-8　2025-2030-2035年水资源配置备选方案集供水结构变化趋势
（1代表2025年，2代表2030年，3代表2035年）

5.1.3　基于麦肯锡矩阵的水资源-水环境双重约束下产业发展优先序分析

5.1.3.1　模型构建

麦肯锡矩阵（McKinsey matrix）又称通用电气公司法、九盒矩阵法、行业吸引力矩阵，是美国通用电气公司于20世纪70年代开发的新的投资组合分析方法，用来根据事业单位在市场上的实例和所在市场的吸引力对事业单位进行评估，进而以此为基础进行战略规划。课题组采用麦肯锡矩阵方法，综合考虑产业发展潜力和水资源环境约束，对天津市各工业行业的发展优先序进行分析。

首先确定评价因素，主要考虑两大方面因素，即产业竞争力和对资源环境的影响。产业竞争力主要包括市场份额、产业政策等方面，市场份额越大的、规划中提出重点发展的产业竞争力越强，其得分也越高。资源环境影响主要包括水耗比例、水资源效率、污染物排放强度等方面，资源消耗越小的、污染物排放量越低的，对资源环境的影响也就越小，其得分也就越高。各项指标分别以-1、0、1分进行打分。麦肯锡矩阵影响因素评价指标及分值标准见表5-3。

依据上述分类确定麦肯锡矩阵的横坐标为绿色发展，等级为高（高于1分）、中（-1～1分）、低（低于-1分），纵坐标为产业竞争力，等级为高（高于1分）、中（-1～1分）、弱（低于-1分）。麦肯锡矩阵示意见图5-9（书后另见彩图）。

表 5-3   麦肯锡矩阵影响因素评价指标及分值标准

影响因素	序号	指标	评分标准	分值	权重
产业竞争力	1	市场份额（工业产值占总产值的比重）	$X \geqslant 5\%$	1	1
			$1\% \leqslant X < 5\%$	0	1
			$X < 1\%$	−1	1
	2	产业政策（属于八大优势支柱产业或战略性新兴产业）	两者均是	1	1
			属于其中之一	0	1
			两者均不是	−1	1
绿色发展	3	单位产值水耗	天津低水耗水平	1	0.5
			天津中等水耗水平	0	0.5
			天津高水耗水平	−1	0.5
	4	污染物排放强度（按照 COD 排放量计算）	天津低排放强度	1	0.5
			天津中排放强度	0	0.5
			天津高排放强度	−1	0.5

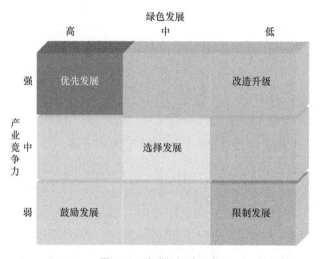

图 5-9   麦肯锡矩阵示意

5.1.3.2   评价结果

对每个行业分布进行打分评价，并用每个行业的序号代表该行业，依据打分情况映射到麦肯锡矩阵图上，如表 5-4 和图 5-10 所示（书后另见彩图）。

表 5-4   基于麦肯锡矩阵的工业行业评价结果

行业代码	行业名称	产业竞争力	绿色节水潜力
6	煤炭开采和洗选业	−2	1

行业代码	行业名称	产业竞争力	绿色节水潜力
45	燃气生产和供应业	−2	1
7	石油和天然气开采业	−1	2
16	烟草制品业	−2	2
18	纺织服装、服饰业	−1	1
43	金属制品、机械和设备修理业	−2	2
40	仪器仪表制造业	0	0
41	其他制造业	−2	0
32	有色金属冶炼和压延加工业	−1	2
34	通用设备制造业	−1	1
36	汽车制造业	1	2
24	文教、工美体育和娱乐用品制造业	−2	2
39	计算机、通信和其他电子设备制造业	2	0
11	开采辅助活动	−2	0
38	电气机械和器材制造业	0	1
35	专用设备制造业	0	0
19	皮革、毛皮、羽毛及其制品和制鞋业	−2	−1
37	铁路、船舶、航空航天和其他运输设备制造业	1	0
33	金属制品业	−1	0
13	农副食品加工业	−1	0
23	印刷和记录媒介复制业	−2	0
29	橡胶和塑料制品业	−1	−1
31	黑色金属冶炼和压延加工	0	1
20	木材加工和木、竹、藤、棕、草制品业	−2	1
42	废弃资源综合利用业	−1	1
28	化学纤维制造业	−2	−2
27	医药制造业	1	−1
21	家具制造业	−2	0
17	纺织业	−2	−2
30	非金属矿物制品业	−1	−1
25	石油、煤炭及其他燃料加工业	−1	0
26	化学原料和化学制品制造业	1	−2
15	酒、饮料和精制茶制造业	−2	−2
22	造纸和纸制品业	−1	−2
10	非金属矿采选业	−2	−2
44	电力、热力生产和供应业	−1	−2
46	水的生产和供应业	−2	−1

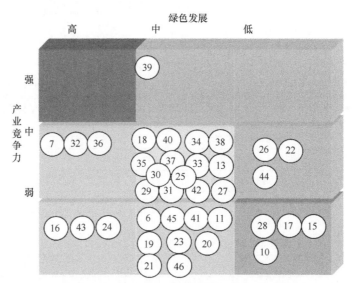

图 5-10　基于麦肯锡矩阵的工业行业评价结果

综上，优先发展行业包括交通运输设备制造业、通用设备制造业、专用设备制造业、医药制造业、通信设备计算机及其他电子设备制造业和电气机械及器材制造业。

优化发展行业包括黑色金属冶炼及压延加工业、化学原料及化学制品制造业、石油加工炼焦及核燃料加工业和有色金属冶炼及压延加工业。

鼓励发展行业包括金属制品业、非金属矿物制品业、电力热力的生产和供应业、纺织业、农副食品加工业、橡胶制品业、塑料制品业、食品制造业和造纸及纸制品业。

5.1.4　水资源-水环境双重约束下水资源优化配置对策及路径建议

根据上述模型分析可知，在水资源-水环境双重约束下，必须要在产业结构进一步优化的基础上，优化水资源配置，实现水污染防治和生态环境改善的源头控制。具体对策及路径建议如下。

5.1.4.1　水资源优化配置对策及路径

（1）强化引滦引江等外调水源的保护

对于引滦水，首先，要深化区域水源地保护协作，充分利用京津冀水污染防治协作联动机制，配合河北省做好引滦水源上游潘大水库水质治理，加大引滦沿线水污染防治，协调推动河北省清除沙河下游段网箱养鱼，清除沿河村庄、河滩地和沿岸垃圾，确保引滦水水源质量。其次，加大于桥水库周边和保护区内污染防治力度。加强对新建沟内湿地和前置库湿地的管理，保障湿地可以稳定运行，持续发挥作用；通过合理选取湿地基质和流速，提高湿地对磷的去除率。继续开展对于桥水库上游入库河道的清淤治理工程，特别是淋河、黎河和沙河，减少入库河道中底泥对于桥水库水质影响。

最后，结合农业农村污染防治，加强于桥水库保护区周边面源污染防治。通过隔离，采取物理隔离、生物隔离等措施，拦截随降水、径流进入库区的各种面源污染物，切实改善水源地生态环境。实现暗渠周边村庄和工业园内污水集中收集处理，村庄生活垃圾分类集中收集，全部运至保护区外处理，降低农村面源污染暗渠水质。

对于南水北调水，首先，积极争取南水北调对天津市的供水配额指标，力争南水北调中线供水配额保持 $(8\sim10)\times10^8m^3/a$，南水北调东线供水配额达到 $9\times10^8m^3/a$。其次，加强南水北调水源保护，对南水北调中线水，严格按照国家相关规定实施监管，加强对水质的监测评估，严格控制输水沿线两侧水源保护区的建设项目及其他活动，避免生产生活活动对南水北调总干渠水质构成风险、造成不利影响。对南水北调东线水，合理优化引江东线调水路径，推进多线输水、多库蓄水，优化区域用水功能，加强调水沿线河流污染防治，构建绿色生态廊道，保障输水河流水质安全。

（2）加强本地水源保护

对于地下水源，全力落实华北地区地下水超采综合治理行动方案，严格控制开采深层地下水。加强地下水动态监测，划定地下水禁采区、限采区和地面沉降控制区，并依据相关规定实施分区管理。严格落实天津市地下水压采方案和地下水水源转换实施方案，开展地下水超采区综合治理，禁止超采区内工农业生产及服务业新增取用地下水，严格控制开采深层承压水，矿泉水开发严格实行取水许可和采矿许可。开发利用地下水应进行水资源论证及地质灾害危险性评估。

对于农村水源，重点加强农村饮用水水源保护区规范化建设。加快推进第二轮农村饮水提质增效工程。对水质不达标的水源，要采取水源更换、集中供水、污染治理等措施，确保农村饮水安全。加快推进第二轮农村饮水提质增效工程。健全净水设施管理制度，建立净水设施定期巡查及巡查记录制度。

对于其他水源，依据《集中式饮用水水源地规范化建设环境保护技术要求》，开展全市千人以上农村集中式饮用水水源保护区界碑、交通警示牌、宣传牌和保护区内道路警示标志排查及设置工作。完善全市千人以上农村集中式饮用水水源保护区隔离防护设施。开展千人以上农村集中式饮用水水源地保护区专项整治工作。查清保护区内违法建设项目，根据排查结果形成整改方案并治理。

（3）加大非常规水源利用

对于再生水回用，在非常规水源利用中，潜力最大的是再生水利用。目前，天津市污水处理厂基本已经完成提标改造任务，为充分利用污水厂出水开展再生利用提供了良好的基础。加强再生水回用，首先，要完善再生水管网系统和利用设施，着力实施断点连接工程，优先满足适用再生水的工业用户需求，特别是热电厂循环冷却水和其他工业的低质用水两部分，根据兄弟省市经验，再生水占工业总需水量的比例可达到5%～10%。其次，扩大并稳定再生水利用渠道，把提标后的再生水用足用好，工业生产、城市绿化、道路清扫、车辆冲洗、建筑施工以及生态景观等用水优先使用再生水，力争到 2025 年全市再生水回用率达到 50%以上。第三，逐步建立多源分质供水和梯级循环利用体系。考虑重点发展区域，结合市政管线建设，新建高品质再生水管线，因地制宜建设公共建筑、住宅小区中水利用设施，大幅提升高品质再生水的生产和利用。鼓励工业园区实行统一供水、废水集中处理和水资源梯级利用。到 2035 年，再生水回用率达到 70%以上，非常规水源利用率达到 30%以上。

对于海水淡化水，首先，加快消化海水现状产能，天津市海水淡化产业在国内发展较早，现有北疆电厂、泰达新水源、新泉和大港电厂海水淡化厂共 4 座，总设计规模为 31.6 万吨/日，占全国海水淡化工程规模的 26.3%。但近年来，天津市海水淡化产业发展正在被逐步超越。从规模上看，海水淡化工程规模已从全国第一下滑至第三，落后于浙江省和山东省，以曹妃甸海水淡化工程项目为代表的河北省也有后来居上的趋势。从利用上看，产能利用严重不足，北疆电厂海水淡化工程产能利用率总体不足 40%，新泉海水淡化厂富余产能 40%。产能利用不足导致规模效益难以充分发挥，从而限制水价下降、缺乏用户吸引力，限制产能发展，最终形成恶性循环。因此，要重点发展淡化海水"点对点"供水模式，用足现有产能规模，在淡化水端拓宽利用途径，将淡化水纳入水资源统筹配置系统，形成保障供水安全、改善供水水质、增加生态用水、壮大海洋经济的多重效益，海水淡化工程产能利用率达到 90%。其次，要充分发挥现有产业基础优势，大力发展海水淡化产业，在北疆电厂循环经济模式的基础上，借鉴河北曹妃甸首钢集团、山东海水淡化产业发展规划等经验，两端发力，进一步延长产业链条，在浓海水端深化综合利用工艺，真正做到"吃干榨净"。

（4）扎实推进节水工作

加快推进农业节水进程。实施节水压采战略，在涉农区推广规模化高效节水灌溉，完善灌溉用水计量设施。推广节水、节料等清洁养殖工艺和干清粪、微生物发酵等实用技术。到 2025 年，农田灌溉水有效利用系数达到 0.72 以上。调减玉米等低效粮食作物和蔬菜等高耗水耗肥作物，发展高效和生态效益突出的作物，围绕重点区域，大力推广耕地轮作休耕制度，推进种植结构优化。制定实行节水型产品名录和市场准入制度。鼓励居民家庭选用节水器具，公共建筑节水器具普及率达到 100%。推进城镇节水，加快实施供水管网改造建设，降低管网漏损不超过 10%。

5.1.4.2 产业结构调整对策及实施路径

（1）严格水资源和环境准入

① 严控高耗水产业发展。强化水资源承载能力刚性约束，优化调整产业布局结构，严控高耗水高排水产业发展。从严制定实施产业准入负面清单。

② 严格环境准入。严格执行"三线一单"关于工业集聚区产业空间布局、污染排放控制等要求。实施固定源氮磷总量控制，新改扩建涉水项目实施氮磷总量减量替代。严把涉水项目准入关，履行涉水项目审批。严格落实国家高耗水工艺、技术和装备淘

汰目录要求，实现按期淘汰。

③ 调整农业生产结构。推进适水种植和量水生产，统筹发展绿色农业。在确保生态环境安全负荷下，大力发展林下经济、稻田经济，探索建立基于土地/水体消纳能力的生态种养结合发展模式，协同解决畜禽/水产养殖粪污/废水生态化、资源化利用和过度施肥造成的土壤、水体环境污染等问题。"以地定养"控制畜禽养殖规模和布局。严格执行畜禽养殖区域和污染物排放总量"双控制"制度。以排污许可证为抓手，按照"种养结合、以地定畜"的要求，核算农田养分承载力，科学规划布局畜禽养殖，合理确定养殖区域、总量、畜种和规模，以充足的消纳土地将处理后的畜禽废弃物就近还田利用，引导生猪生产向粮食主产区和环境容量大的地区转移，推进畜禽养殖标准化示范创建升级，积极推行种养一体化循环利用模式，实现提高畜禽养殖效益和改善生态环境的良性循环。

（2）推进涉水产业空间集约化发展

依托循环经济模式推进重工业布局调整。推进钢铁产业向南港工业区搬迁，形成钢铁-化工循环产业体系。能源、冶金、石化等行业仍然是全市经济发展的主要支柱行业，这些行业的传统发展模式资源能源消耗高、污染排放量大，简单通过技术强化开展节水减排潜力较小。因此利用循环经济模式，在区域层面探索研发能源、石化、冶金等行业集群式发展关键链接技术，推动区域行业实现趋零排放展开尝试。例如，一是在能源行业探索将发电系统、海水淡化系统和盐田生产系统3个系统整合设计，优化链接各系统技术环节，形成以能源企业循环经济发展模式企业为核心的水-电-热-盐-化工-土地-渔一体化系统，实现水资源再生回用、分质利用和梯级利用，能源梯级利用以及固体废物循环利用，形成一种在沿海地区以能源企业为核心的、零取新鲜淡水并生产海淡水的能源、盐化工集约式规模化的循环经济发展模式。二是利用冶金行业需水量大但对水质要求不高的特点，以分质供水、梯级利用为基础，通过企业污水处理设施共享和工艺水深度处理技术研究，解决水资源匮乏造成的冶金行业规模化发展局限，形成以冶金企业为核心的区域协同发展循环经济模式。

全面推行工业集聚区企业废水和水污染物纳管总量"双控"制度，强化监督管理，确保稳定达标排放；不符合环保要求的限期整改；逾期未完成整改的，暂停审批和核准新增水污染物排放总量的建设项目，相关部门依照有关规定撤销其园区资格。

5.2
统筹三源共治的水污染防治对策及实施路径

从上一章中的水生态环境影响因素分析中可知，污染控制是水生态环境质量改善最根本的途径。结合污染源调查分析结果，水污染防治的重点在于三源治理，即工业源治理、农业源治理和城镇源治理。

5.2.1 持续推进工业污染治理

重点行业企业工业废水实行"分类收集、分质处理、一企一管"。严格重污染行业重金属和高浓度难降解废水预处理和分质处理，强化企业污染治理设施运行维护管理及稳定达标排放。加强对纳管企业盐分、重金属和其他有毒有害污染物的管控。新建冶金、电镀、化工、印染、原料药制造等工业企业（有工业废水处理资质且出水达到国家标准的原料药制造企业除外）排放的含重金属或难以生化降解废水以及有关工业企业排放的高盐废水，不得接入城市生活污水处理设施。因地制宜推动化工、电镀、制药等行业企业废水输送管道架空或明管化，杜绝废水传送过程污染。

强化工业聚集区污水集中处理。开展工业园区、科技园区、经济技术开发区、出口加工区等各类工业集聚区污水收集治理基础设施排查，对工业集聚区老旧污水管网开展更新改造。严格工业集聚区规划环评审查，新建、升级工业集聚区同步规划和建设污水集中处理设施。所有工业集聚区污水全部实现规范化整治，稳定达标排放，并满足受纳水功能区标准要求。新建、改建、扩建废水直排工业企业须通过接入污水处理厂、迁入工业园区、升级改造现有污水处理设施等措施，实现工业废水集中处理或排放达到受纳水域的功能区水质要求。组织评估现有接入城市生活污水处理设施的工业废水对设施出水的影响，导致出水不能稳定达标的要限期退出。集聚区内工业废水原则上须经预处理达到集中处理要求，方可进入污水集中处理设施；鼓励依照《污水综合排放标准》（DB 12/356）开展排污单位与工业园区污水处理厂开展协商排放。

推进工业企业绿色转型。推进实施园区循环化改造，引导园区优化产业结构，逐步提高全市循环化改造园区覆盖率。依法推进企业进行清洁生产强制性审核。鼓励化学原料和化学制品制造业、金属制品业等排放量大，纺织业、造纸和纸制品业、纺织服装排污强度高的重点行业开展自愿清洁生产审核和清洁化改造。

5.2.2 深入推进农业农村污染治理

① 补齐农村环境基础设施短板。近期以区为单位，实行农村生活污水处理统一规划、统一建设、统一管理，饮用水水源、南水北调沿线输水沿线、水质需改善的控制单元范围内的村庄应优先开展农村生活污水收集处理设施建设，实现全市各建制村应基本实现污水应收尽收、应纳尽纳；规划保留村应重点实现农户厕所废水、洗浴废水、洗衣废水、厨房废水（"四水"）和村内中小学校、村级活动场所、养老院等公共场所产生的污水全部纳入收集处理系统，非规划保留村应因地制宜开展临时污水收集处理设施建设。综合运用污染治理、生态修复等多重手段，加快建成区以外黑臭水体集中

整治专项行动，并稳定保持水质，确保全市基本消除黑臭水体。中远期落实天津市农村生活污水处理排放标准，结合区域排水方式、排放去向筛选农村生活污水治理实用技术、设施设备和管理模式，保证农村污水处理设施稳定运行。

② 加强畜禽水产养殖污染治理。近期严格落实禁养区政策，加强畜禽粪污染治理。以规模化养殖场（小区）为重点，开展粪污收集及资源化技术再提升，确保治理设施配备和运行全到位。推广节水、节料等清洁养殖工艺和干清粪、微生物发酵等实用技术，实现源头减量，各涉农区实现有机肥（农家堆肥）处理中心全覆盖，全市散养密集区实现畜禽粪污水分户收集、集中处理，实现种养一体绿色循环。重点对主要河道开展排查，研究制定专项方案，加强执法监管，依法对非法养殖、无证养殖等行为进行处置，强化对主要河道周边养殖管理。远期推动畜禽标准化生态养殖。实施水产养殖长期发展规划，优化水产养殖空间布局，以饮用水水源、重要生态功能保护区、水质需改善的控制单元等敏感区域为重点，划定水产养殖禁养区和限养区，严格规范主要河道堤岸两侧水产养殖。推行水产健康养殖，合理确定湖库、滩涂、近岸海域等养殖规模和养殖密度。推进水产健康养殖示范项目，推广工厂化循环水养殖、池塘生态循环水养殖等技术，推进水产养殖减排减药，提高养殖废水无害化处理，养殖用水循环利用率达到85%以上。鼓励采用生态养殖技术和水产养殖病害防治技术，推广低毒、低残留药物的使用，严格养殖投入品管理，依法规范、限制使用抗生素等化学药品。发展不投饵滤食性、草食性鱼类增养殖，实现以渔控草、以渔抑藻、以渔净水。

③ 继续实施化肥农药负增长。近期落实实施有机肥代替化肥。加大商品有机肥的推广使用，推行果菜茶有机肥替代化肥行动，探索一批"果沼畜""菜沼畜""茶沼畜"等生产运营模式，推进资源循环利用。继续加强科学用药指导，推进绿色防控工作，示范、推广绿色防控技术，带动全市主要农作物病虫害绿色防控工作。采取环境友好型肥料替代传统化肥，推广示范测土配方施肥技术，实施商品有机肥补贴，到2025年全市化肥利用率达到45%，主要农作物农药利用率达到45%，主要农作物化肥农药使用量持续实现负增长，全市测土配方施肥技术推广覆盖率达到95%。总结低毒、低残留农药使用补助试点经验，推广农作物病虫统防统治，到2025年，农作物病虫害统防统治覆盖率达到45%以上。中远期制修定并严格执行化肥农药等农业投入品质量标准，严格控制高毒高风险农药使用，研发推广高效缓控释肥料、高效低毒低残留农药、生物肥料、生物农药等新型产品和先进施肥施药机械。加快培育社会化服务组织，开展统配统施、统防统治等服务。发挥种植大户、家庭农场、专业合作社等新型农业经营主体的示范作用，带动绿色高效技术更大范围应用。

5.2.3 实施城镇污染治理提质增效

全面推进城镇污水处理厂增容扩建、提质增效。加快实施咸阳路、张贵庄等一批污水处理厂增容扩建工程，到 2025 年，污水处理厂处理规模达到 700 万吨/日以上，城市污水处理率达到 80%以上（校核后）。加强污水处理设施运行管理，建立和完善污水处理设施第三方运营机制。现有污水处理厂及新建污水集中处理设施全部稳定达到《城镇污水处理厂污染物排放标准》（DB 12/599—2015）或再生利用要求。适时开展污水处理厂提升改造，城镇污水处理排水达到受纳水功能区标准，实现万吨以上规模污水处理厂排水主要指标达到地表水环境质量Ⅲ水体标准。有条件的地区可在污水处理厂末端增加人工湿地，进一步提高污水处理效果。

强化城市面源污染治理。实施污水管网空白区管网建设工程，推动全市建成区污水管网全覆盖、全收集、全处理以及老旧污水管网改造和破损修复，2025 年底前全市各区和建制镇污水处理率分别达到 95%和 100%。全面推进环城四区环外区域生活污水收集处理，科学实施沿河沿湖截污管道建设。所截生活污水尽可能纳入城市生活污水收集处理系统，统一处理达标排放；现有城市生活污水集中处理设施能力不足的，要加快新、改、扩建设施，对近期难以覆盖的地区可因地制宜建设分散处理设施。提高城镇排水基础设施管理水平。定期做好管网清掏工作，并妥善处理清理出的淤泥，减少降雨期间污染物入河。分批、分期完成生活污水收集管网权属普查和登记造册，有序开展区域内无主污水管道的调查、移交和确权工作，建立和完善城市排水管网地理信息系统。落实管网、泵站、污水处理厂等污水收集管网相关设施的运营维护管理队伍，建立以 10 年为一个排查周期的管网长效管理机制，有条件的地区，鼓励在明晰责权和费用分担机制的基础上将排水管网管理延伸到建筑小区内部。推进城市排水企业实施"厂—网—河湖"一体化运营管理机制。

深入推进初期雨水收集、处理和资源化利用，在合流制排污（水）口上游利用调蓄池等工程手段，因地制宜开展初期污水治理。全面开展全市管网错接混接串接改造，全面推进建筑小区、企事业单位内部和市政雨污水管道混错接改造，2025 年底前初步完成中心城区雨污水主干管网错接混接串接改造工程。全市城镇新区建设全部实行雨污分流，有条件的地区要积极推进雨污分流改造；暂不具备条件的地区可通过溢流口改造、截流井改造、管道截流、调蓄等措施降低溢流频次，采取快速净化措施对合流制溢流污染进行处理后排放，逐步降低雨季污染物入河量。加快解放南路地区和中新生态城海绵城市试点区建设，形成全市海绵城市建设可复制、可推广的经验。为减少城镇污染做出贡献，推进污泥处理处置，全市所有污水处理设施产生的污泥进行稳定化、无害化和资源化处理处置，禁止处理处置不达标的污泥进入耕地。非法污泥堆放点一律予以取缔。2025 年底前，城市污泥无害化处理处置率达到100%。

全面推进海绵城市建设，综合采取"渗、滞、蓄、净、用、排"等措施，最大限度地减少城市开发建设对生态环境的影响，将 70%的降雨就地消纳和利用。到 2030 年，城市建成区 80%以上的面积达到海绵城市建设目标要求。

5.3
面向人水和谐的水生态恢复对策及实施路径

从上一章中的水生态环境影响因素分析中可知，增加生态用水是现阶段水生态环境改善最直接的措施。

5.3.1 多途径恢复河湖生态基流

结合流域、水系河流水资源禀赋，对干涸河道逐步恢复有水，对水资源保障率高的海河、洪泥河等河流科学控制生态水位。逐河推进生态需水量测算工作，建立河湖生态需水清单，提出满足目标要求、符合天津市实际的重要河湖水量分配方案。近期，优化配置外调水、再生水等各类生态水资源，不断完善河湖湿地生态用水保障方案，合理调配生态水，最大程度发挥水资源效益。充分利用引滦-引江外调水、污水处理厂再生水、入境雨洪水等水源，增加生态水量，在 2018 年生态补水 $10 \times 10^8 m^3$ 的基础上，逐年增加湿地及入海河流生态用水量。（如 2017 年，北京市人工生态环境补水量是天津市的 2.4 倍。）到 2025 年，生态用水占用水总量的比例达到 30% 以上。落实北大港湿地、团泊洼湿地、七里海湿地、大黄堡湿地等重要湿地生态补水方案。中远期逐步建立健全外调水、再生水、海水淡化等生态用水多水源保障体系。随着水系连通和河道生态建设，逐步减少河道生态补水量，到 2030 年生态用水占用水总量的比例达到 20%，2035 年达到 10%。探索开展淡化海水用于生态用水可行性研究。以北疆电厂为案例，将满负荷生产条件下除正常供水外的剩余淡化海水用于生态补水。海水淡化水几乎不含有机污染物和营养盐类，作为生态补水，1t 海水淡化水相当于至少 3t 引滦水。统计数据显示，目前天津市滨海新区河道、景观水体全部为劣 V 类水质。生态补水严重不足是重要原因。2017 年，滨海新区总用水量为 $5.2 \times 10^8 m^3$，其中生态环境补水量仅为 $0.85 \times 10^8 m^3$。北疆电厂满负荷运转情况下，年淡化水产能近 $1.5 \times 10^8 m^3$，若将 $1 \times 10^8 m^3$ 淡化水作为生态用水，则相当于滨海新区增加生态用水 2.5 倍，能够对滨海新区景观水体的总体水质具有明显的改善作用。

5.3.2 持续优化水系连通

加快实施水系连通规划，打造南北相连、东西共济的连通体系。构筑南北两大"河道-湿地"水体交换净化循环连通系统。其中南部为"海河-独流减河湿地水循环系统"，将中心城区海河以西的津河、卫津河、复兴河等二级河道水体经外环河、津港运河导入独流减河，经独流减河尾闾宽河槽湿地净化后再由洪泥河回补海河；北部为"海河-西七里海湿地水循环系统"，将中心城区海河以东月牙河、月西河、护仓河等二级河道水体经新开-金钟河、津唐运河导入宁河区西七里海湿地，经湿地净化后再由青排渠、北丰产河回补海河。

建设北水南调、南部四河水系连通等工程。北水南调主要是海河以北的水调往海河以南，包括北部地区水质较好且水量充足的引滦水、蓟运河、永定新河等水源调入南部地区主要河段。南部四条国考河流（青境黄排水河、北排水河、子牙新河、沧浪渠），目前仍为劣 V 类水质，除了受到周边农业农村污染影响外，缺少生态用水、缺少流动问题突出，亟须实施水系连通工程。

加快建设辖区内水系连通循环体系，加强动态水循环调度。对重点河道特别是入海河流实施底泥清淤，如津滨河、八排干、付庄排干、东排明渠清淤治理工程。减少底泥对河道污染，提供河道水系流动性。

5.3.3 加强河湖湿地建设与保护

因地制宜加大人工湿地建设。人工湿地主要包括盐田湿地、鱼塘湿地、库湖湿地、水稻田湿地等类型。目前天津市人工湿地占陆域湿地面积近 80%。建议在农田退水区域建设生态截留沟及湿地，在水产养殖坑塘周边及水产退养区建设生态湿地；对主要河道两侧非法养殖清退后建设人工湿地等；对污水处理厂出水口下游因地制宜建设人工湿地，进一步削减入河污染负荷。

加大天然湿地保护力度。天然湿地生态价值高，具有保持水源、净化水质、调节气候和维护生物多样性等重要功能。天津市天然湿地主要分布于七里海、大黄堡、独流减河中间河滩地及蓄滞洪区、北大港水库内，以及天津市 19 条一级和 109 条二级河道的河堤内侧。因此应加大保护力度，严格落实《天津市湿地自然保护区规划（2017—2025 年)》。此外，建立湿地生态保护补偿机制。出台对天津市各级湿地类型的自然保护区核心区以及缓冲区实施退渔还湿、退耕还湿、生态移民和对湿地自然保护区实施生态补水方面的补偿政策。将天津湿地类型的自然保护区、国家湿地公园等纳入湿地生态补偿范围，建立湿地生态补偿的长效机制。

建立湿地生态补水机制。由属地区政府、水务部门和有关湿地管理部门对湿地生态用水情况进行调查摸底，根据不同湿地的需求，统筹协调区域或流域内的水资源平衡，保障本地区湿地生态恢复的补水需求，维护湿地的自我净化能力，同时明确湿地属地区政府和有关部门在湿地生态补水中的责任和义务。

5.3.4 推进重点河湖水生生物完整性恢复

鱼类资源和物种多样性对水体生态系统结构和功能及生态系统稳定的维持十分重要，面对目前鱼类资源和多样性普遍下降的严峻局面，恢复鱼类资源和多样性称为水体生态系统修复的重要环节。

开展水生生态状况调查与评价。参考国家《湖泊生态安全调查与评估技术指南（试行）》等文件，开展水生生态状况调查与评价，摸清水生态状况底数，研究适合天津区域的岸边带、水域生态健康指标，开展水生态健康评估。重点开展土著鱼类追踪调查，对土著鱼类现存种类组成、分布和丰度开展实地调查分析，结合历史资料，对现存的土著鱼类生存和资源状况进行评估，对土著鱼类的消失种类及其成因进行分析，评估恢复的可能性，为土著鱼类恢复对象的比选和确定提供科学依据。

开展鱼类恢复方案及技术研究。对现存的以及历史上曾经存在的土著鱼类的"三场一通（产卵场、索饵场和越冬场，以及洄游通道）"分布及其生态条件需求进行调查和分析，为修复鱼类生境、恢复土著鱼类多样性和资源提供科学依据。在充分调查分析土著鱼类生境条件的基础上，开展鱼类生境恢复对策和技术措施研究，特别是满足土著鱼类产卵生态需求（水文和产卵基质）、保障鱼类洄游通道畅通方面的技术措施等，如水利生态调度和人工鱼巢构建等技术研究。人工繁育和增殖放流作为土著鱼类恢复的途径和手段之一，要取得良好的效果，则建设土著鱼类种质资源库，特别是活体种质资源库，是提高人工增殖放流效果成为必要而急迫要解决的关键问题。建设能长期维持该物种遗传多样性的高质量的土著鱼类种质资源库，才能实现土著鱼类人工繁育和人工放流，客观评价人工增殖放流效果、提高人工放流技术。

加大水生生物的保护与恢复。在水生生物多样性条件较好的区域，开展水生生物恢复试点，持续开展增殖放流，实现州河鲤、潮白河鲫鱼等土著鱼多样性指标不降低、其他鱼类种类及生物量不断增加，逐步提升水生态系统功能，努力做到有水有鱼。

5.4
基于风险评估的水生态环境风险管控对策及实施路径研究

5.4.1 基于水体脆弱性评价的水环境风险网格化评估

5.4.1.1 评估模型构建

目前天津市钢铁、化工等重化工行业占比大，且大部分钢铁、火电、化工等高耗水高污染行业沿海沿河分布，尤其是天津市滨海新区，大型石化、化工等产业集聚度高，化学原材料仓储多，风险源的聚集造成环境风险隐患突出。同时，渤海是一个三面被陆地包围的半封闭海域，独特的自然条件使得渤海的海水交换能力差、生态环境极其脆弱，一旦发生突发事故，污染物进入大气和海域后会对周边地区造成重大影响。

为全面了解天津市环境风险隐患，课题组以区域内主要河流、湖泊、水库作为风险受体，从环境风险源的危害性、风险受体的脆弱性两方面，构建基于水体脆弱性评价的水环境风险网格化评估模型，对天津市水环境风险进行评估，获得天津市突发水环境风险地图，为研究制定突发水环境风险防范分区管控措施提供决策依据。风险评估指标主要从环境风险源的危害性、风险受体的脆弱性两方面确定指标体系，并采用层次分析法确定各个二级指标的权重，如表 5-5 所列。

表 5-5　水环境事件风险评估方法

一级指标	二级指标		权重	分值	
风险源的危害性（S_x）	水库、河段周边 1km 范围内园区和风险企业个数（i）	工业园区个数（n）	0.8	100	先进行求和，然后进行百分化标准处理
		重大风险源个数（m）		70	
		较大风险源个数（w）		40	
	水库、河段周边 3km 范围内园区和风险企业个数（j）	工业园区个数（n）	0.2	100	先进行求和，然后进行百分化标准处理
		重大风险源个数（m）		70	
		较大风险源个数（w）		40	
风险受体脆弱性（V_x）	水库、河段周边 1km 范围内污水处理厂个数（i）		0.8	100	先进行求和，然后进行百分化标准处理
	水库、河段周边 3km 范围内污水处理厂个数（j）		0.2	100	

水环境风险值计算公式：

$$R_x = \sqrt{S_x V_x}$$

式中　R_x——要素 x 水环境风险值；

　　　S_x——要素 x 风险源危害性；

　　　V_x——要素 x 风险受体脆弱性。

风险源危害性 S_x 计算公式：

周边 1km 风险值

$$S_i = 100n_i + 70m_i + 40w_i$$

式中　S_i——评价要素 x 周边 1km 风险值。

周边 1km 风险值百分化处理

$$S_{1i} = \frac{S_i - S_{\min}}{S_{\max} - S_{\min}} \times 100$$

式中 S_{1i}——评价要素 x 指标百分化处理后的参与计算值；

S_i——该河段中指标的实际数值；

$S_{\max}$——该指标在所有河段实际数值中的最大值；

$S_{\min}$——该指标在所有河段实际数值中的最小值。

周边 3km 风险值

$$S_j = 100n_j + 70m_j + 40w_j$$

式中 S_j——评价要素 x 周边 3km 危害性风险值。

周边 3km 风险值百分化处理

$$S_{3j} = \frac{S_j - S_{\min}}{S_{\max} - S_{\min}} \times 100$$

式中 S_{3j}——评价要素 x 指标百分化处理后的参与计算值；

S_j——该河段中指标的实际数值；

$S_{\max}$——该指标在所有河段实际数值中的最大值；

$S_{\min}$——该指标在所有河段实际数值中的最小值。

风险源的危害性

$$S = 0.8 \times S_{1i} + 0.2 \times S_{3j}$$

式中 S——评价要素 x 指标危害性。

风险受体脆弱性 V_x 计算公式同风险源的危害性 S_x 计算模型。

5.4.1.2　风险评估结果

以天津市的主要河流、湖泊、水库作为水环境风险受体，首先对风险受体进行空间信息处理，即将每条河道分割成 3km 河段，以每条河段为评价的基本单元；每个水库作为一个基本单元。利用 ArcGIS 10.6 软件 Generate Points Along Lines 和 Split Line at Point 功能将每条河道分割成 3km 长的河段，并对河段进行编号。

按照网格化环境风险评估方法，分别计算各水库、河段的风险值，并根据风险等级的划分，将全市水库、河段划分为三个环境风险等级，分别赋予不同的颜色，并将过于分散的小区域合并到相邻区域中，根据区域的具体特点，对突发水环境风险河段量化表征图进行适当的合并与调整，得到完整、连续的天津市突发水环境风险分布图（见图 5-11，书后另见彩图）。从图 5-11 中可以看出，高-中风险区域主要分布在工业园区周边，以滨海新区和环城四区为主。面积较大的高-中风险区多分布在工业园区集中而且存在重大或较大风险源的地区。

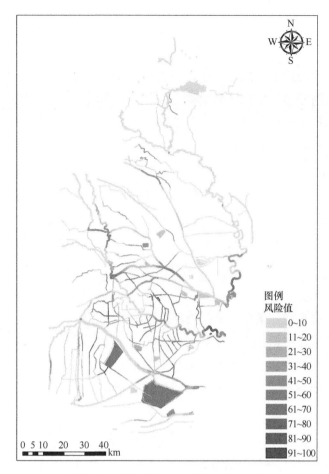

图例
风险值

	0~10
	11~20
	21~30
	31~40
	41~50
	51~60
	61~70
	71~80
	81~90
	91~100

0 5 10 20   30   40
━━━━━━━━━━━━━ km

图 5-11　突发水环境风险网格化评估结果

5.4.2　水生态环境风险防范措施研究

　　根据对天津市环境风险源的调查和基于水体脆弱性评价的水环境风险评估结果，天津市水生态环境风险防范应从以下 3 个方面开展。

5.4.2.1　建立环境风险日常监管体系

　　强化日常环境风险监管。定期开展环境安全风险源排查工作，定期评估全市范围内沿河、沿湖、沿水库工业企业与工业集聚区的环境和健康风险。结合地理信息技术，建立环境风险源数据库及分布图，分类、分级建立环境风险源档案，实现风险源动态管理。

　　建立风险源预案体系。应急预案是环境风险应急处置的行动步骤和纲领，环境风险预案库的建立是整个应急系统的基础，当环境安全事故发生时可以按照风险预案为领导提供决策依据进行应对。建立环境风险"一源、一景、一案"制度，对于每个源的每一种情景的预案进行汇总，建立环境安全风险预案库。推进预案数字化建设，强化各类预案的动态管理与衔接，不断增强预案的科学性、针对性和可操作性。按照行业和规模对其风险程度进行定位，根据定位的级别，对重大风险源应加强日常监管和监督、提高监测频次。

加强环境安全应急科普宣传教育。充分发挥政府、社会、新闻媒体、网络等各种力量，广泛宣传和普及环境安全知识、应急管理知识、紧急自救知识。组织开展环境安全管理科普进社区、进乡村、进学校、进企业活动。通过发放突发环境事件应急救援手册、积极推动公众参与突发环境事件应急预案的学习和演练等方式，不断增强公众的避险、自救和互救意识，提高应对能力。

5.4.2.2 完善突发水环境事件应急处置机制

完善突发环境事件预警信息发布机制，理顺和拓宽预警信息发布渠道，形成覆盖全市范围的统一预警信息综合发布系统，充分利用网络、短信平台、电子显示屏、广播、电视、报纸、警报器等手段，主动、及时、准确地发布各类预警信息。

建立和完善区域环境安全应急信息和指挥系统，建立环境安全综合中心，高风险重点工业区建设环境安全中心和环境安全应急站，实现应急处置与应急常态化管理的有机结合。

建设环境安全综合中心，建设集监测监控、预测预警、信息报告、综合研判、辅助决策、指挥调度、应急救援等功能于一体的环境安全综合中心，实现环境安全监管预警应急指挥决策自动化，提高防范和应对突发环境事件的综合能力。综合中心以环境安全预警与应急指挥信息系统平台为基础，纵向上与重点工业区环境安全中心和各功能区环境安全应急站相联结，横向上与气象、消防、执法、交通、水务等几个重要系统连通，实现上下贯通、互联互通的信息传输与共享。当突发环境事故发生时，对环境事故的风险状况及变化趋势做出分析判断，发布相应级别预警，辅助环境风险应急方案选择和决策，调动距事发地最近的环境应急人员奔赴现场，完成突发环境事件的决策、指挥和应急处置工作。

5.4.2.3 加强环境风险应急能力建设

建设环境风险预警监测网络，在高风险区域企业周边、园区周边和环境敏感目标增设监控点位，提升对突发环境事件的监测预警能力。其中，针对环境敏感目标，重点开展日常环境安全实时监控工作，防范环境风险。针对重点工业区和企业风险源，需根据行业和污染物特点，安装特征污染物监测设施，建设污染源自动监控系统，预警视频监控点，实现工业区和重点企业厂区全覆盖。

完善环境应急预案管理平台。加强政府、环保部门、其他相关部门、工业园区、企业之间的信息共享，最大限度减少突发环境事故造成的影响。在区域层面，建立科学的可视化区域环境应急模型。由各级政府负责协调，将气象、水文等环境数据联结进入开发的模型，完成区域环境应急联控、应急指挥、应急预案选择与事故影响预测等功能。

加强应急队伍建设。突发环境事件的诱因多样，覆盖面广，情况复杂，涉及行业众多，并造成对水、大气、土壤和海洋的污染，对人员队伍要求较高。组建市、区两级环境应急监测救援队伍，完善与公安、消防等专业应急救援队伍联动机制；加大应急管理队伍培训演练；定期开展环境应急管理和技能培训。每年至少组织一次环境安全应急联合演练，强化应急救援人员处理环境突发事件的能力、提高技术人员的环境应急专业技能，加强实战能力。加大对各级领导干部和环境应急管理干部的培训，提高应急管理能力和决策水平。

强化应急物资储备，为科学、高效和专业化处置各类突发事件提供有力保障。加强园区、企业环境应急物资储备，建立天津市环境应急物资管理信息系统，实现应急物资的统筹管理、统一调配、动态更新。在滨海新区风险源密集区建立环境应急物资储备库。

5.5
基于空间管控的重点河流生态廊道差异化改善对策研究

5.5.1 蓟运河生态廊道

蓟运河生态廊道主要入海河流为蓟运河，发源于燕山南麓河北省兴隆县，上游的沟河与州河在九王庄汇合后始称蓟运河。蓟运河全长 189km，为天津市一级河道，是海河流域北系的主要河流之一。蓟运河流经蓟州、宝坻、宁河、滨海新区的 42 个街镇，在北塘口入渤海。蓟运河入境水量不大，主要汇水来自境内，左岸依次有兰泉河、双城河、还乡新河、小新河、津唐运河、煤河等入境河流汇入，右岸依次有箭杆河、窝头河、鲍丘河等河流汇入，并有关西引河、卫星河和曾口河三条引河将其与潮白新河连通。蓟运河入海口建有防潮闸，除汛期提闸泄洪外，闸门经常关闭。

5.5.1.1 问题识别及成因分析

蓟运河入海片区水质总体水质较好，2019 年国考断面年均值均能达到地表水 V 类及以上标准。但汇水区域水质存在波动和超标现象。部分国考断面存在个别月份超标，如2019年7月芦台大桥断面出现劣Ⅴ类，同时局部支流，如付庄排干水质较差为劣Ⅴ类。入海片区内个别河流存在干涸现象，如2018年沟河部分河段干涸天数达到5个月以上。部分河段生态空间受损，部分区域存在河滩地农田种植现象。七里海湿地自然保护区缓冲区内大多为村庄、农田及养殖水面，难以起到生态缓冲作用。

造成上述问题的原因主要为：局部城镇污水处理设施不完善。蓟州上仓等污水处理厂超负荷运行，建成区雨污合流普遍存在，汛期污水通过雨水管道排入河道。农村污水处理设施及管理不健全，仍有部分村未建设污水处理设施，生活污水直排。部分已建农村生活污水处理设施运维得不到保障，管理不规范，不能保证稳定运行。部分入境河流污染较重，2019年鲍邱武河（罗屯闸）、煤河（煤河闸）入境水质为劣Ⅴ类，分别对蓟运河水系江洼口、芦台大桥考核断面稳定达标造成较大压力。局部区域水资源紧张，如农业用水量和湿地补水量大，导致蓟运河宁河区段蓄水工程与七里海湿地用水存在矛盾。

5.5.1.2 对策措施及实施时序

按照本研究对天津市水生态环境根本好转顶层目标的预测分析，蓟运河生态廊道水环境质量要在"十四五"期间实现全面稳定达标，力争到2035年实现土著鱼类恢复。

结合现状调查分析和"四水联动"的水生态环境改善宏观路径，蓟运河生态廊道可采取以下改善策略。

（1）污染控制策略

上游各涉农区实现农村污水处理设施全覆盖，加强稳定运行管理，确保达标排放；进一步调整优化畜禽养殖、水产养殖布局，依托流域水污染联防联控机制，重点控制跨境农业面源污染；下游滨海新区重点控制建成区城镇生活污染及工业园区（集聚区）污染排放，确保污水应收尽收，污水集中处理设施稳定达标排放。

（2）生态修复策略

沿线因地制宜加大生态修复，选取条件适宜的地块（干支流汇合处、污水处理厂出口、沿河坑塘等）开展人工湿地建设，逐步清退河滩地种植，进一步削减入海污染排放。依托湿地公园建设，开展重点河流河滨带建设，在满足防洪要求的前提下，探索自然岸线恢复试点。定期开展增殖放流，探索以州河鲤为代表的地方土著鱼类恢复。优化流域水资源供给结构，充分利用非常规供水源，适时利用引滦水源补给蓟运河干流、七里海湿地生态用水，保障重点河流、湿地的最低生态水位需求。

根据上述改善策略，具体实施路径如下。

① 污水收集处理提质增效：补齐污水处理设施短板。利用工业集聚区撤并或提升改造、并入集中式污水处理厂等手段，完善沿线6个工业集聚区污水集中处理设施。

扩建蓟州区上仓工业园、宝坻区第一污水处理厂、宁河区污水处理厂三期等一批污水处理厂，新增污水处理能力 10 万吨/日以上。对宁河区污水处理厂、蓟源污水处理厂、营城污水处理厂 3 个污水处理厂制定"一厂一策"，提高进水污染物浓度。提升间歇运行、未运行的建制镇污水处理站、农村污水处理设施上游管网收水效率。详细排查已建污水管网，解决管网混接、错接问题。加快沿线城镇地区雨污管网分流改造。

② 农业面源污染强化治理：因地制宜开展农村污水设施提标改造，进一步调整优化畜禽养殖布局，建设蓟州区粪污畜禽处理中心 3 座，推进畜禽养殖粪便资源化利用，继续加大水产养殖治理力度。强化稻渔综合种养尾水污染控制，深入利用和发展京津冀水生态环境保护联防联控机制，以蓟运河干流宝坻段、煤河、还乡河等河段为典型区域，开展左右岸农业面源污染综合协同治理，开展测土配方和科学种植，进一步控制农业面源污染入河。

③ 水系生态修复：实施州河国家湿地公园、下营环秀湖国家湿地公园、中新生态城等湿地工程，逐步恢复被挤占的河湖缓冲带生态空间。在于桥水库及州河沿线开展州河鲤增殖放流，恢复地方土著鱼类。优化流域水资源供给结构，适时利用引滦水源补给蓟运河干流、七里海湿地生态用水，保障重点河流、湿地的最低生态水位需求。

5.5.2　永定新河生态廊道

永定新河主要入海河流为永定新河，是天津市北部的重要防洪屏障，是海河流域永定河水系和"北三河"（北运河、潮白新河、蓟运河）水系的共同入海河道。永定新河全长 66km，起自天津市北辰区屈家店闸，流经北辰区、宁河区、东丽区和滨海新区 4 个区，于北塘注入渤海。

永定新河汇水区包括 8 个区：武清区全境、宝坻区西部、北辰区东部、东丽区北部、宁河区西部、滨海新区西北部，以及河北区、河东部分区域，总面积约 4000km²。汇水区涉及河流约 30 条，其中入境河流 15 条，境内河流 15 条，主要包括潮白新河、青龙湾河故道、北运河、北京排水河、永定河、新开-金钟河、北塘排水河等。汇水区可分为北京排水河-永定新河水汇水区，新开、金钟河-北塘排水河汇水区，青龙湾河-潮白新河汇水区。

5.5.2.1　问题识别及成因分析

永定新河入海片区水质总体水质较好，2019 年国考断面年均值均能达到地表水 V 类及以上标准。但部分支流水质较差。永定新河汇水区内北塘排水河、中泓故道、机场排水河、新开-金钟河等主要支流局部段存在劣 V 水质。此外，部分国考断面存在个别月份超标现象，如 2019 年 6 月新老米店闸断面出现劣 V 类，部分跨境河流干涸。全市入境水量主要分布在永定新河汇水区。但"十三五"期间永定河、青龙湾河等存在干涸现象，特别是永定河常年无水。此外，北京排水河（东堤头断面）、北运河（新老米店闸）局部段存在生态水量不足现象。局部河流生态空间侵占严重。北京排水河、北运河沿线缓冲带区域多为耕地，部分坐落于河滩地内；永定河和中泓故道部分河堤存在农田种植现象，入境河流污染较重。2019年天津入境劣V类断面集中在河北省廊坊市安次区与武清区交界处，窝头河、绣针河、龙北新河、龙河、安武排渠等入境水质较差，均为劣V类，入境污染负荷较大。

造成上述问题的原因主要为：城镇污水及排水设施存在短板。市区河东区、河北区及环城四区存在部分区域管网雨污合流。仍有百余个村未建设污水处理设施导致农村生活污水直排，同时农村污水处理设施运维不到位，部分已建农村生活污水处理设施运维得不到保障、管理不规范，不能保证稳定运行。畜禽养殖污染仍是重要污染来源。畜禽养殖粪污资源化利用不足，部分畜禽养殖场（小区）治理设施及管网损坏，治理设施不能正常运行。水产养殖污染不容忽视。宝坻区等远郊区大量水产养殖场，水产养殖密度高，产生过量的饵料、粪便等污染物，通过定期排水对水环境产生影响。此外，区域内北京排水河等部分河道滩地存在种植作物，汛期对河道直接产生污染。部分河流上游来水不足、局部区域河流连通性差。永定河和青龙湾河均为跨境河流，上游下泄水量少导致河道部分月份无水。此外区域内部分二级河道水系连通性差、自净能力低。

5.5.2.2 对策措施及实施时序

按照本研究对天津市水生态环境根本好转顶层目标的预测分析，永定新河生态廊道水环境质量要在"十四五"期间基本达标，到2030年实现全面稳定达标，力争到2030年实现土著鱼类恢复。

结合现状调查分析和"四水联动"的水生态环境改善宏观路径，永定新河生态廊道可采取以下改善策略。

① 污染控制策略：北京排污河沿线主要完善污水处理设施运营，确保稳定达标排放，保障生态用水。潮白新河沿线主要控制农业农村污染，农村污水处理设施实现稳定运行和达标排放；严格控制畜禽养殖、水产养殖、农田种植污染物排放，提高污染控制和资源化利用水平。北塘排水河、永定新河沿线主要加强工业园区（集聚区）和城镇生活排放监管，确保稳定达标排放。

② 生态修复策略：沿线因地制宜加大生态修复，选取条件适宜的地块（干支流汇合处、污水处理厂出口、沿河坑塘等）开展人工湿地建设，逐步清退河滩地种植，进一步削减入海污染排放。因地制宜开展水生态健康评价和水生态修复试点。定期开展增殖放流，探索以潮白河鲫鱼为代表的地方土著鱼类恢复。

根据上述改善策略，具体实施路径如下。

① 污水收集处理提质增效：利用工业集聚区撤并或提升改造、并入集中式污水处理厂等手段，完善武清区 3 个工业集聚区污水集中处理设施。加强污水处理设施建设，建设北部新区、张贵庄污水处理厂扩建、东丽湖等一批污水处理厂，新增污水处理能力约 40 万吨/日。加强武清区、北辰区、东丽区等建成区排水管网建设，推进合流制改造、强化管网混接点改造，针对水生态廊道范围内武清区第二、三、四、五、七污水处理厂制定"一厂一策"，提高进水污染物浓度。提升间歇运行、未运行的建制镇污水处理站、农村污水处理设施上游管网收水效率。

② 农业面源污染强化治理：因地制宜开展农村污水设施提标改造，进一步调整优化畜禽养殖布局，推进畜禽养殖粪便资源化利用。继续加大水产养殖治理力度。推进宝坻区等地区稻渔综合种养发展，建立各具特色的稻渔综合种养基地，强化稻渔综合种养尾水污染控制。推动武清、宝坻等已建成农村生活污水处理设施稳定运行，确定农村生活污水处理设施运行维护单位，规范农村生活污水处理设施建设和运行维护。

③ 水系生态修复：积极协调上游区域下泄合理基流，保障永定河全线有水。推进七里海等湿地保护区生态补水，保持湿地生态系统稳定性。实施北运河、永定河等河流综合治理工程，实施清淤、缓冲带绿化及湿地建设，建设潮白新河、金钟河等河岸人工湿地建设工程，开展机场排水河等相关支流综合治理，建设河湖生态缓冲带不少于 10km，建设人工湿地面积不少于 2km²。持续开展潮白新河、北运河、永定新河等鱼类、浮游生物等调查，评估生物多样性状况。开展水生生物完整性恢复试点，逐步提升水生态系统功能。

5.5.3 海河干流生态廊道

主要入海河流为海河干流，起自子北汇流口（子牙河与北运河汇流处），东流经市区、近郊及滨海地区，北岸东丽区，南岸津南区，贯穿滨海新区塘沽于大沽口入渤海，全长 73.45km，流域面积 2066km²。海河干流原是海河流域南运河、子牙河、大清河、永定河、北运河 5 条河的入海尾闾河道之一。

自海河三岔口起，海河干流于北岸与新开河、月牙河、西河、黑潴河等 10 条河流连通，于南岸与南运河、四化河、外环河、洪泥河、马厂减河等 15 条河流连通。在海河三岔口以下 33.5km 位置，建有海河二道闸，位于津南区东泥沽村，平时蓄水，汛期泄洪。海河干流入海口建有海河闸。

5.5.3.1 问题识别及成因分析

海河干流汇水区水质总体水质良好，2019 年市区国考断面水质总体达到Ⅲ类标准，其他国考断面年均值能达到地表水V类及以上标准，但汛期超标现象突出。部分国考断面如生产圈闸、海河大闸等 2019 年 8 月均呈现劣V类。同时，2019 年主要支流马厂减河（二级段）、大沽排水河-赤龙河、月牙河、卫河、陈台子排水河（环内段）存在劣V类水体，四化河、津河、卫津河等景观河道受汛期瞬时冲击影响较大。此外，部分河道受汛期污水影响底泥淤积严重。如咸阳路污水处理厂汛期时部分污水未处理排入河道，长期累积造成陈台子河底泥淤积，影响区域水环境质量。河湖自净能力降低，部分水体呈现富营养化。海河市区段主要为景观河道、依靠人工补水。闸坝连接较多、河湖水系不连通，且河岸人工护砌，水体功能脆弱。例如，南开四化河与外环河河水不连通；南运河西青段与南开段的水被密云桥附近土坝拦截；南运河与海河的水被橡胶坝截断不连通。此外，部分河道水草生长严重，如春季海河河面会生长大量水草，不及时打捞在夏季高温期容易导致溶解氧降低。

5.5.3.2　对策措施及实施时序

按照本研究对天津市水生态环境根本好转顶层目标的预测分析，海河干流生态廊道水环境质量要在"十四五"期间实现全面稳定达标，力争到 2030 年实现土著鱼类恢复。

结合现状调查分析和"四水联动"的水生态环境改善宏观路径，海河干流生态廊道可采取以下改善策略。

① 污染控制策略建议：海河干流及其支流重点加强区域配套管网建设、开展管网串接混接和合流制改造，大力整治初期雨水，充分利用海绵城市等手段，重点解决市区、东丽区、津南区等区域汛期借雨排污造成河道水质冲击。海河干流沿岸严格控制石油加工、化学原料和化学制品制造等项目，防范水环境风险。

② 生态修复策略建议：实施海河南部、北部水系循环工程，加强水系循环，协调保障生态用水，确保水质不退化。采用多水源联合保障措施，综合运用外调水和污水处理厂再生水，保障海河干流生态流量。

根据上述改善策略，具体实施路径如下。

① 污水收集处理提质增效：完善城镇污水收集处理设施。开展津沽污水处理厂扩建等污水处理设施建设。全面推进排水管网建设，实施中心城区、滨海新区等区域配套管网建设。完成现状 1200 余处混接点改造，对 81 处合流制小区进行改造。对南排河污水处理厂、塘沽西部新城中水处理厂、大港港东新城污水处理厂 3 座运行负荷率较低的污水处理厂及大寺污水处理厂、塘沽新河污水处理厂 2 座进水污染物浓度较低的污水处理厂分别制定"一厂一策"，提高处理负荷率和进水污染物浓度。

② 水系生态修复：实施海河南部、北部水系循环工程。综合运用引滦、引江、津沽污水处理厂再生水等水源对海河干流实施生态补水，保障生态流量。建设马厂减河

等河湖生态缓冲带 40km；在卫南洼生态片区处构建污水强化处理设施和生态湿地治理系统，建设人工湿地面积 130hm²，消除农田沥水、鱼塘退水和地表径流等面源污染。

③ 海绵城市建设：沿线各区进一步加强建成区海绵城市建设，建设"滞、渗、蓄、用、排"相结合的雨水收集利用设施，增加城市地区可渗透面积。在陈塘庄等地新建初期雨水调蓄池和泵站，收集治理初期雨水。开展区域再生水循环利用，实施津南区再生水利用项目。将污水处理厂排水引入周边湿地净化，作为区域生态用水。

5.5.4 大清河-独流减河生态廊道

独流减河位于天津市区南侧，属大清河水系，始于天津市西青区第六埠进洪闸下，止于滨海新区大港滩涂入海，全长 67km。独流减河汇水区总面积约 2031km²，包括静海区全部、西青区大部分及滨海新区大港部分区域。独流减河沿线共有 38 条汇入支流（口门），包括陈台子排水河、南运河、十米河、八米河、马厂减河、宽河、赤龙河、迎丰渠等。独流减河是天津市一条重要入海行洪河道和南部防洪重要防线，也是亚洲东部候鸟南北迁徙重要一站——北大港湿地主要补给水源。

入海河流青静黄排水渠自河北省青县，流经天津市静海区、滨海新区，沿子牙新河左堤北侧于马棚口处入渤海湾，全长 47.54km。其中天津市境内河道全长 44.8km，包括静海区中旺镇，滨海新区海滨街、小王庄镇、太平镇、古林街、中塘街等。

5.5.4.1 问题识别及成因分析

2019 年独流减河万家码头和北大港水库出库断面为劣 V 类，其余水质年均值达到 V 类及以上标准。流域生态用水严重不足。汇水区内南运河、马厂减河、大清河、子牙河等河流（河段）经常存在干涸现象；北大港水库生态蓄水短缺，2015～2018 年 10 月库内干涸。独流减河和北大港水库水质较差、2019 年为劣 V 类。境内主要支流马厂减河（一级段）、荒地河、外环河局部段等水质也较差，2019 年也为劣 V 类水质。大清河、南运河、子牙河缓冲带区域分布耕地，存在水土流失情况。此外，大清河、子牙河部分河道岸线存在被村庄侵占情况。青静黄排水渠入海区域周边裸露地面较多。

5.5.4.2 对策措施及实施时序

按照本研究对天津市水生态环境根本好转顶层目标的预测分析，大清河-独流减河生态廊道水环境质量要"十四五"期间显著好转，到 2030 年实现基本达标，2035 年实现全面稳定达标，力争到 2035 年实现土著鱼类恢复。

结合现状调查分析和"四水联动"的水生态环境改善宏观路径，独流减河生态廊道可采取以下改善策略。

① 污染控制策略建议：独流减河左岸（西青区）重点保障污水处理设施稳定达标排放，拟保留的水产养殖做到稳定达标排放；右岸（静海区）进一步提升工业园区（集聚区）和农业农村污染源污染治理水平，严格防范污水通过各排水渠汇入独流减河，重点针对马厂减河（一级段）等水质较差的汇水支流开展综合治理。

② 生态修复策略建议：上游实施统筹调度流域水量等措施，充分利用雨洪水、污水处理厂达标再生水，维持基本生态用水需求；深入推动"退渔还湿"工程，控制农业面源污染。下游充分利用湿地资源，开展水生态修复。

根据上述改善策略，具体实施路径如下。

① 污水收集处理提质增效：补齐城镇污染治理短板。利用工业集聚区撤并或提升改造、并入集中式污水处理厂等手段，完善静海区中旺镇、陈官屯镇、沿庄镇3个工业集聚区污水集中处理设施。开展咸阳路污水处理厂、大港蓝天污水厂等建设工程，新增污水处理能力为18万吨/日以上。制定静海区大邱庄、唐官屯2座污水处理厂"一厂一策"，提高污水厂运行负荷率。加强汛期咸阳路污水处理厂的运行调度，避免长期超负荷运行。加强西青区、静海区及滨海新区排水管网建设改造；加快推进雨污分流改造；排查治理排水管网混接、错接问题。

② 农业面源污染强化治理：推进农村污水处理设施规范化运行和达标排放。加强静海区、西青区等水产养殖尾水治理，确保尾水达标排放。因地制宜对独流减河沿线部分区域开展退渔还湿。

③ 水系生态修复：推进上游地区下泄合理跨省河流生态基流，力争"十四五"期间子牙河恢复有水。开展大清河、子牙河、南运河等生态补水工作。科学调度水量，充分利用咸阳路污水处理厂出水等再生水对独流减河进行生态补水，水量不低于 $4 \times 10^8 m^3$，保障河流生态流量。开展大沽排水河、丰产河等河道综合治理工程，实施清淤和生态护岸。开展独流减河、大沽排水河等沿岸生态修复工程和东淀湿地建设等工程，建设河湖生态缓冲带不低于4km、人工湿地面积不低于9.1km²。

5.5.5 子牙新河/北排水河/沧浪渠生态廊道

子牙新河隶属子牙河水系，海河流域南系重要的防洪通道。子牙新河始于献县枢纽，至天津市滨海新区大港马棚口入海，全长143.35km，天津市内河道长度为31km，分静海、大港两段，其中静海段约3km，大港段由闫辛庄至防潮闸约28km。子牙新河主河槽设计流量600m³/s。

北排水河属于黑龙港诸河水系，始于河北省献县杨庄村，由天津滨海新区翟庄子村西入境，至马棚口村入渤海，排水区域在滏阳新河以东，子牙新河以南，南排水河以北。流经滨海新区太平镇、海滨街和古林街三个街镇，主要承担南部区域防洪和沥水外排及部分农田灌溉任务。全长28.1km，控制面积24.16km²，全为农田及生态绿地面积。北排水河过流能力为500m³/s。

沧浪渠是滨海新区管二级河道，始自翟庄子西，止于新马棚口防潮闸，河道长度27km，河道下口宽30～80m，设计流量81m³/s，流经滨海新区太平镇、海滨街、古林街。

5.5.5.1 问题识别及成因分析

子牙新河、北排水河、沧浪渠2019年年均水质为地表水Ⅴ类标准。生态用水严重不足。子牙新河、北排水河、沧浪渠总体上生态流量不足，子牙新河等河段存在干涸现象。

子牙新河、北排水河、沧浪渠水质容易出现波动、不能稳定达标。沧浪渠断面2019年8月、11月水质均呈现劣Ⅴ类，子牙新河马棚口防潮闸11月水质也为劣Ⅴ类、水质较差。2020年一季度北排水河等南部河流水质出现超标现象。

河道生态空间侵占严重。沧浪渠等地等局部段缓冲带区域内存在耕地占压现象，子牙新河、北排水河入海区域周边裸露地面较多。

区域水资源严重短缺。入境水量严重不足，南部河流在天津市境内长度较短，河道内水量受上游影响严重。但区域水系未实现连通，北部河流水源无法调配至南部河流。农村污水治理设施及管网建设存在短板。汇水区内农村污水管网建设覆盖不全，部分村未建设污水处理设施。已建农村生活污水处理站设施运维得不规范。养殖污染仍是重要污染来源。汇水内有较多水产养殖场，通过排水对水环境产生影响。畜禽养殖粪污还田等资源化利用不足，部分规模化养殖场无粪污治理设施、部分粪污治理设施不能正常运行。此外，农田种植在汇水区内面积占比较高，容易造成汛期面源污染。

5.5.5.2 对策措施及实施时序

按照本研究对天津市水生态环境根本好转顶层目标的预测分析，子牙新河、北排水河、沧浪渠生态廊道水环境质量要在"十四五"期间全面消劣，到2030年实现全面稳定达标，力争到2035年实现土著鱼类恢复。

结合现状调查分析和"四水联动"的水生态环境改善宏观路径，子牙新河、北排水河、沧浪渠生态廊道可采取以下改善策略。

① 污染控制策略建议：农村污水处理设施实现稳定运行和达标排放；严格控制畜禽养殖、水产养殖、农田种植污染物排放，提升养殖废水处理水平，确保养殖尾水达标排放。

② 水量保障策略建议：强化与上游河北省沧州市地区污染联防联治，4条入海河流综合采用统筹调度区域水量，科学配置水资源，充分利用污水处理厂达标再生水作为生态补水，保障入海河流水质不劣于入境水质。

根据上述改善策略，具体实施路径如下。

① 生态水量保障：推动上游地区加大合理下泄生态流量。保障子牙新河生态基流。实施南部河流水系连通工程，建设养护公社河，将独流减河、北大港水库水源引入子牙新河、北排水河、沧浪渠，实现南部河流水系连通循环。

② 农业面源污染强化治理：加强畜禽养殖粪污资源化利用，建设种养循环示范场，提高粪污资源化利用率。治理水产养殖尾水，拟保留的水产养殖确保尾水达标排放；推动农村污水处理设施稳定运行；加强农田种植管理，提高节水灌溉水平、减少化肥施用量。

③ 水生态修复：结合退渔还湿，逐步开展子牙新河、北排水河、沧浪渠河道周边水生态修复，实施河岸缓冲带修复，防治农田径流污染。结合区域退渔还湿工作，开展河岸两侧人工湿地建设，提升水系环境质量。

四水联动任务措施时序表和重要河流生态廊道差异化改善路径表详见表 5-6 和表 5-7。

表 5-6　四水联动任务措施时序表

主要方面		2020～2025 年	2026～2030 年	2031～2035 年
强化三源共治　削减入河污染	工业污染	深化工业聚集区污水集中处理规范化整治	污水处理达到受纳水体功能区水质要求	
		鼓励协商排放	工业废水推行"分类收集、分质处理、一企一管"	
		工业废水和污染物在线监控全覆盖	工业废水和污染物纳管总量双控	
			重点行业废水输送管道架空或明管化	
			加强盐分、重金属和其他有毒有害污染物管控	
	农业农村污染	建成区以外黑臭水体集中整治		
		农村污水处理设施全覆盖	农村污水处理设施稳定运行	
		强化畜禽粪污治理监管	推广畜禽标准化生态养殖	实现种养平衡
		入海河流周边水产养殖清退	优化水产养殖空间布局	
		水产养殖达标排放治理	推广水产生态化健康养殖	
		继续实施化肥农药负增长	推广绿色高效种植技术	
	城镇生活污染	城镇污水处理厂增容扩建、提质增效	全市管网错接混接串接改造	城镇污水全收集全处理
		中心城区合流制初期雨水治理		
		城市面源、商户点源治理，沿河沿湖截污管道建设		
		全面推进海绵城市建设		
		城市污泥无害化处理处置率达到 100%		
加强生态修复　建设美丽河湖	保障生态水位	积极向水利部申请推动上游地区下泄流量		
	增加生态用水	完善生态用水机制	建立健全外调水、再生水、海水淡化等生态用水多水源保障体系	
			探索开展淡化海水用于生态用水可行性	

主要方面		2020~2025 年	2026~2030 年	2031~2035 年
加强生态修复建设美丽河湖	水系连通循环	建设南北两大"河道-湿地"水体交换净化循环连通系统	加强动态水循环调度	智慧河道
		建设北水南调、南部四河水系连通等工程	形成一、二级河道为纽带的水系连通流动体系	
	河湖湿地净化	建立天然湿地生态补水机制	加大天然湿地水生生物的保护与恢复	
		因地制宜加大人工湿地建设	河湖周边岸缓冲带全面覆盖	
		重点河道清淤、生态护坡	推进重点河湖生态修复	
	生物多样性恢复	开展水生生态状况调查与评价		
		开展水生生物恢复试点	持续实施水生生物的保护与恢复	
优化资源利用推进绿色发展	结构布局优化	制定实施三线一单，严控高耗水、高污染产业发展	推动生产方式绿色化	
		加快破解"园区围城"	依托循环经济模式推进工业布局调整	
	资源优化配置	争取南水北调供水配额指标		
		严禁开采深层地下水，水源稳定转换	探索地下水补充回灌	
		大幅提高再生水、海水淡化水供给利用	建立多源分质供水和梯级循环利用体系	
	资源高效利用	持续深化节水城市建设		
水风险防范与应急	饮用水安全	加大于桥水库周边和保护区内污染防治	深化区域饮用水水源地保护协作	
		推进农村集中式饮用水水源保护区规范化建设	推进农村分散式饮用水水源保护区规范化建设	
		推进第二轮农村饮水提质增效工程		
	环境风险应急	工业企业与工业集聚区的环境和健康风险定期评估	高风险企业调整搬迁	
		强化日常环境风险监管、完善环境风险预案管理		
		强化事故应急处置物质及应急能力建设		建立环境风险预警应急长效机制

表 5-7 重要河流生态廊道差异化施策表

生态廊道			2020~2025 年	2026~2030 年	2031~2035 年
蓟运河	改善目标		水环境质量全面稳定达标		
					以州河鲤为代表的土著鱼类恢复
	实施路径	治污	城镇及工业污水集中处理稳定达标		
			农村污水处理设施全覆盖稳定运行	控制跨境农业面源污染	
		增容	清退河滩地种植、人工湿地建设	重点河流湖滨带建设	建设蓟运河等一批美丽河湖
		恢复	生物多样性调查评估	增殖放流	探索自然岸线恢复试点

生态廊道			2020~2025 年	2026~2030 年	2031~2035 年
永定新河	改善目标		水环境质量达标	水环境质量全面稳定达标	
			以潮白河鲫鱼为代表的土著鱼类恢复		
	实施路径	治污	建成区和工业聚集区雨污合流混流治理	污水处理设施稳定达标	
			水产养殖污染尾水、稻田沥水治理		
		增容	协调上游区域下泄合理基流	建设人工湿地	建成潮白新、北运河等一批美丽河湖
		恢复	生物多样性调查评估	增殖放流	
海河干流	改善目标		水环境质量全面稳定达标		
			以中华鲟鲅、翘嘴红鲌为代表的土著鱼类恢复		
	实施路径	治污	加强市内六区合流制和串接、混接改造	开展沿街底商专项整治	
			建立调蓄池等措施加强初期雨水治理	超标排水口门查测溯治	
		增容	适度补充引滦、引江水源，保障河流水量水质	深入推进海绵城市建设	
		恢复	生物多样性调查评估	增殖放流	
大清河-独流减河	改善目标		水环境质量显著好转	水环境质量达标	水环境质量全面稳定达标
					以黄桑为代表的土著鱼类恢复
	实施路径	治污	扩建污水处理厂和完善排水管网	农田种植沥水、水产养殖尾水治理	
			农村污水处理设施提升运行效能		
		增容	开展支流口、独流减河沿岸等人工湿地建设	建设东淀湿地	
			协调上游沧州地区下泄优质水量	加强北水南调和再生水用于生态补水	南水北调东线补充南运河和北大港水库
		恢复	生物多样性调查评估	增殖放流	
子牙新河/北排水河/沧浪渠	改善目标		水环境质量全面消劣	水环境质量稳定达标	
					河口地区土著鱼类恢复
	实施路径	治污	管网改造，提升污水处理设施水平	建立上下游水污染治理联防联控机制	
			畜禽粪污、农田沥水、水产养殖尾水治理	优化种植、养殖结构	
		增容	协调上游沧州地区下泄优质水量	建设沿河人工净化湿地	独流减河、北大港水库对南部河流补水
		恢复	生物多样性调查评估	增殖放流	

第6章

基于协同理论的水生态环境管控制度体系研究

科学合理地制度安排和设计是水环境与水生态顶层设计方案和路线图能够得到切实落实的保障。本章首先面向水生态环境根本改善的顶层目标，运用协同理论，分别从行为主体、行为手段和行为方式三个方面开展水生态环境管控制度体系框架设计研究，明确水生态环境管控的行为主体是政府、企业、社会组织和公众，行为依据是政策法规，行为方式包括监管、市场、信用等，其中信用、监管是市场机制发挥作用的重要保证。其次，在系统梳理当前我国和天津市水生态环境保护相关制度政策的基础上，以"源头严防-过程严管-后果严惩"的全过程管控为主线，绘制了水生态环境管控制度体系框图。最后，结合天津市实际情况和未来工作需求，遵循问题导向、完善提升、协同增效的原则，提出水生态环境管控制度体系构建重点措施及路线图，为提高制度的协调性、高效性、长效性，实现精细化管控提供决策支撑。

6.1
基于协同理论的水生态环境管控制度体系框架研究

6.1.1 研究思路及理论基础

党的十九大报告明确提出，建设生态文明必须实行最严格的生态环境保护制度。习近平总书记在 2018 年全国生态环境保护大会上强调指出：保护生态环境必须依靠制度、依靠法制。只有实行最严格的制度、最严密的法治，才能为生态文明建设提供可靠保障。党的十九届四中全会提出，坚持和完善生态文明制度体系，促进人与自然和谐共生。要实行最严格的生态环境保护制度，全面建立资源高效利用制度，健全生态保护和修复制度，严明生态环境保护责任制度。科学合理的制度安排和设计，是水环境与水生态顶层设计方案和路线图能够得到切实落实的保障。

6.1.1.1 协同理论

"协同"（synergy）一词最早来源于古希腊，意为"协调合作"。原意中的"syn"表示"together"，即在一起引起的协调与合作，"ergy"表示"working"，即组织结构和功能。从人类社会的发展历程来看，人类社会是一个群体社会，人类在社会中是相互影响、分工合作的。随着人类社会发展的进步，人类活动活动分工细化程度也不断提高，对协同工作的依赖性越大。因此，人类社会是以协同工作为基本特征的社会，人类社会工作具有协同性的本质。随着社会分工的日益细化，人类社会已经成为一个相互依存的紧密群体。特别在当今信息化社会中，人们的生活方式和劳动方式的群体性、交互性、分布性和协作性的特点表现得更为明显。为了完成一项共同的工作，人们必须进行协作，而且协同工作能够取得惊人的工作效率，以及完成一些单独不能完成的工作。

20 世纪 70 年代，德国理论物理学家 Hake 从自然科学的角度提出了系统协同学思想，认为自然界和人类社会的各种事物普遍存在有序、无序的现象，一定的条件下，有序和无序之间会相互转化，无序就是混沌，有序就是协同，这是一个普遍规律。在一个系统内，若各种子系统（要素）不能很好协同，甚至互相拆台，这样的系统必然呈现无序状态，发挥不了整体性功能而终至瓦解。相反，若系统中各子系统（要素）能很好配合、协同，多种力量就能集聚成一个总力量，形成大大超越原各自功能总和的新功能。因此，从管理学的角度看，所谓协同，就是指协调系统内两个或者两个以上的子系统，协同一致地完成某一目标的过程或能力。

根据协同理论，系统能否发挥协同效应是由系统内部各子系统或组分的协同作用决定的，协同得好，系统的整体性功能就好。如果一个管理系统内部，人、组织、环境等各子系统内部以及他们之间相互协调配合，共同围绕目标齐心协力地运作，就能产生 1+1>2 的协同效应。反之，如果一个管理系统内部相互掣肘、离散、冲突或摩擦，就会造成整个管理系统内耗增加，系统内各子系统难以发挥其应有的功能，致使整个系统陷于一种混乱无序的状态。将协同理论引入水生态环境管控工作中，使各行为主体之间保持协同、合作，使区域水生态环境系统各个环节的运行活动相互促进、形成良性循环，有利于实现区域水生态环境保护工作的效益最大化，实现多重"共赢"的目的。

6.1.1.2　水生态环境管控制度要素分析

中共中央办公厅、国务院办公厅 2020 年 3 月印发《关于构建现代环境治理体系的指导意见》（以下简称《意见》），为我国构建党委领导、政府主导、企业主体、社会组织和公众共同参与的现代环境治理体系勾画蓝图。《意见》中明确提出健全领导责任体系、企业责任体系、全民行动体系、监管体系、市场体系、信用体系、法律法规政策体系"七大体系"，覆盖了行为主体、行为依据、行为方式等方面，是现代环境治理体系的解构或任务分解。行为主体是政府、企业、社会组织和公众，政府主体又包括中央和地方政府，以及政府各相关部门；行为依据是政策法规，行为方式包括监管、市场、信用等，其中信用、监管是市场机制发挥作用的重要保证。

要实现制度体系的协同演进，应从以下 3 个方面来考虑。

（1）促进各方行为主体协同合作

生态环境资源的公共属性决定了基于生态环境质量改善的环境保护工作属于公共事务的范畴，因此环境保护工作属于公共管理的范畴。公共管理是以政府为核心的公共部门整合社会的各种力量，广泛运用政治的、经济的、管理的、法律的方法，强化政府的治理能力，提升政府绩效和公共服务品质，从而实现公共的福利与公共利益。

因此，要建立和完善水生态环境制度体系，首先要理清水生态环境保护中各方主体的职责定位。这对于提升政策合力也是非常重要的。根据《中华人民共和国环境保护法》，地方各级人民政府应当对本行政区域的环境质量负责。因此，地方水生态环境保护的主体首先应包括地方各级人民政府。政府既是制度的制定者，也是政策的执行者和监督者。企业作为环境治理行为的责任主体，是制度的实施方和自我管理方。公众包括市民、学者、媒体和环境社会组织等，如非政府组织（NGO），是社会监督者和自我参与者。详见图6-1。

图6-1　水生态环境管控制度行为主体职责

制度体系的建立和完善，既要能够充分发挥系统内各行为主体的作用，规范各主体的行为活动，提高政府在决策、行政过程中的规范化、科学化与民主化，促进企业遵规守矩、落实治污责任，也要有效激发各主体改善和保护水环境的积极性，提升各主体的行为能力，使各主体之间保持协同、合作，实现水环境保护工作的效益最大化，实现多重"共赢"的目的。

（2）强化水污染全过程管控制度建设

我国水环境保护工作自20世纪70年代以来，历经了以点源治理为主的末端治理时代、以总量控制为主的大规模治理时代，现已逐步跨入以质量改善为核心的全过程管控时代。因此，水生态环境管控制度体系的设计要坚持"源头严防—过程严管—后果严惩"的全过程管控思路。"十三五"期间，我国水生态环境保护制度体系得到了较大的提升。随着各项环保法律法规的完善，对行政措施的约束也越来越大。

天津市水环境保护法制建设建立早期探索主要以政府规章形式为主，随着国家和地方法制建设不断发展完善，地方立法工作逐渐以地方性法规形式出现，立法对象也由单一河流或水源地逐渐向全市整体水环境转变。天津市已颁布水环境保护相关地方性法规和政府规章合计13部，其中地方性法规5部，政府规章8部。其中9部已废止，现行《天津市环境保护条例》《天津市清洁生产促进条例》《天津市水污染防治条例》3部为地方性法规，各项地方性法规和政府规章的制定实施对改善区域整体水环境质量都发挥了突出作用。在地方环境标准体系构建方面，经历了从无到有，从探索到成熟，并根据天津市的水环境现状，因地制宜地研究制定了相关地方标准，推动了天津市水污染防治进程。2008年，天津市第一部地方水污染物排放标准《污水综合排放标准》（DB 12/356—2018）颁布实施，将污水处理厂达标排放摆在突出位置，对未接入污水处理设施的直排源大幅加严排放限值，突出了污水处理设施在大力削减水污染排放中的重要作用。2015年和2018年，天津市分别颁布地方性排放标准《城镇污水处理厂污染物排放标准》（DB 12/599—2015）和《污水综合排放标准》（DB 12/356—2018），标志着天津市地方排放标准基本向地表水Ⅳ类标准对标。与国标相比，天津地表对控制项目基本上均进行了加严，充分体现了天津市结合自身水环境状况对地方排放标准的探索。

随着生态文明建设的逐步推进，依法行政、依法治污的理念在生态环境保护工作中的要求越来越突出，因此，在水生态环境管控制度体系构建过程中要进一步完善地方法律法规标准体系的构建，针对"源头严防-过程严管-后果严惩"的全过程行为，为各行为主体的活动提供行为依据，这也是提升生态环境领域治理体系和能力现代化的重要保障。

（3）注重行为方式的协同增效

生态环境保护制度从最早确立的8大制度至今已经走过40余年的历程。随着社会经济和污染防治工作的发展，污染防治的制度方式和手段也在逐步完善、丰富。制度的创新，不仅是单一制度的创造更新，更是对现有制度的排列组合变化、新老制度的衔接整合以及其他领域制度的借鉴引入。因此，本次天津市水生态环境保护制度体系框架的设计，也更加注重对现有制度的完善提升、串联融合，促进制度措施之间的协同增效。

6.1.2 水生态环境管控制度体系框架设计

根据上述分析，本研究按照中共中央办公厅、国务院办公厅印发的《关于构建现代环境治理体系的指导意见》要求，对当前我国水环境保护相关制度政策进行了系统的梳理，并以"源头严防—过程严管—后果严惩"的全过程管控为主线，分别针对政府、企业、公众三种行为主体，梳理绘制了水生态环境管控制度体系框图，详见图6-2。

从图6-2中可以看出，目前现行的水环境保护制度中，"源头严防"和"过程严管"的制度数量相对较多，"后果严惩"的制度最少，这也是造成我国生态环境保护工作守法成本高、违法成本低的重要原因之一。从这一点来看，完善制度体系要将增加"后果严惩"的制度供给作为重要内容之一。尤其是在"源头严控"制度中，"三线一单"制度是落实国土空间规划和用途统筹协调管控、主体功能区和资源总量管理和全民节约三项制度的有机整合，也是目前生态环境部正在力推的源头管控制度。排污许可制度作为固定源监管制度体系的核心，已经成为生态环境部门兼顾源头严控和过程严管的一项核心的行政许可制度。目前排污许可制度正处于改革完善期，尤其是排污许可制度与污染物总量控制、排污权有偿使用和交易等制度的有机衔接，是目前制度体系建设的重要内容。

从各行为主体的责任体系构建情况来看，政府的目标责任制度，具体在水环境保护过程方面最主要的就是落实地方治污责任的"河/湖/湾制"，强化责任落实的"环保督察制度"和"损害责任追究制度"，这几项制度发展的相对时间较短，发挥重要作用的同时也存在一些问题，下一步的重点应关注在如何进一步完善。

从行为方式的角度来看，强制性的监管制度仍是最主要的制度手段。近年来依靠市场激励的经济政策发展迅速，但由于时间实践较短，这些政策在实施过程中仍存在一些问题，实践效果也有待更长时间的检验。因此，在制度体系的建设过程中还应注重激励性制度与引导性制度的协同增效，提高企业、公众的自觉性和参与性，充分发挥社会共治的作用。

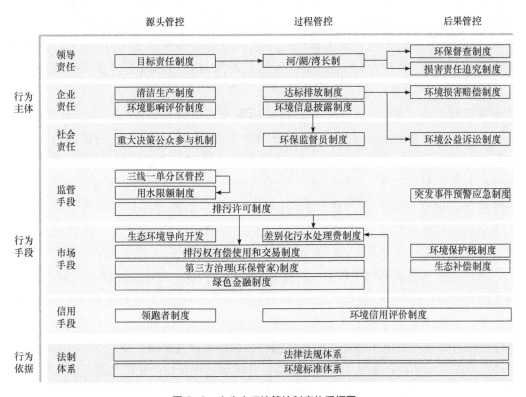

图 6-2　水生态环境管控制度体系框图

6.2
水生态环境管控制度构建对策措施及路线图研究

课题组遵循问题导向、完善提升、协同增效的原则，围绕综合统筹性的重点制度进行系统设计，完善现有制度的空白、缺失等问题，提高制度的协调性、高效性、长效性，实现精细化管控。

6.2.1 完善领导-企业-公众多元共治责任体系

6.2.1.1 建立以河长制为核心的党政领导体系

水环境治理是一项复杂的系统工程，涉及上下游、左右岸、不同的部门、行业和行政区域。"河长制"是目前在全国范围内推广的集领导督办制、环保问责制于一体的流域治理制度，即各级党政主要负责人担任"河长"，负责辖区内河流的污染治理。作为域治理的一种创新措施，不仅有效促进了河流生态及沿岸经济的可持续发展，而且也有利于实现政府间合作治理、转变政府职能、明确流域治理的责任归属。

"河长制"由江苏省无锡市首创，是无锡市委、市政府在 2007 年 8 月太湖蓝藻暴发后，针对无锡市水污染严重、河道长时间没有清淤整治、企业违法排污、农业面源污染严重等现象，落实的各项治污措施的重要举措。实施仅半年后，全面覆盖无锡行政区划的 79 个考核断面达标率从实施之初的 53.2%上升至 2008 年 3 月的 71.1%。2008 年，江苏省政府开始在太湖流域借鉴和推广无锡首创的"河长制"。目前，江苏全省 15 条主要入湖河流已全面实行"双河长制"。由省、市两级领导共同担任"河长""双河长"分工合作，协调解决太湖和河道治理的重任，一些地方还设立了市、县、镇、村的四级"河长"管理体系，这些自上而下、大大小小的"河长"实现了对区域内河流的"无缝覆盖"，强化了对入湖河道水质达标的责任。

"河长制"有效地落实了地方政府对环境质量负责这一基本法律制度，为区域和流域水环境治理开辟了一条新路。2009 年 6 月 25 日，环保部周生贤部长在无锡视察时评价说，"河长制"是新形势下治水、治河、治污、治湖的新鲜经验，是确保让江河湖海休养生息最重要的组织保证，要在全国的江河湖海治理中推广这一经验。随后，在松花江、海河、淮河、滇池、巢湖流域等重点污染治理流域，都以"河长制"为蓝本，建立了相应的水污染防治责任制，为促进区域生态环境修复与流域水环境治理探索了新模式、新制度。2014 年 3 月 21 日，国务院新闻发布会上水利部准备将河长制这一套完整的创新做法向全国进行推广。2016 年 12 月 11 日，中共中央办公厅、国务院办公厅印发了《关于全面推行河长制的意见》，自此河长制成为一种全国范围内普遍实施的治水机制。

天津市政府办公厅于 2013 年 1 月 15 日转发市水务局《关于实行河道水生态环境管理地方行政领导负责制意见的通知》，开始在全市范围内推行河长制，成立了市、区两级河长制领导小组和河长制办公室，河道所在区、街、村主要领导担任河长，对所属河段水生态环境负总责。2017 年 5 月 11 日，天津市委办公厅、市政府办公厅印发

《天津市关于全面推行河长制的实施意见》，标志着天津市河湖管理保护工作得到进一步加强。2017年9月5日，天津市、区级总河长名单、海河干流等水系（含引滦、市管水库）河道、河长名录公布。截至目前，全市所有河道、沟渠、坑塘、水库、湿地、景观湖全部纳入河湖长制管理，全市分级分段设立河湖长共5884名，河长职责、管理范围、监督电话全部向社会公开。每月对各区进行考核排名，对突出问题实施挂牌督办，对排名落后的河长进行约谈问责。2018年以来，市河长办深入开展河长制暗查暗访，共出动检查人员1674人次，发现问题137处，已全部完成问题整改。在"清四乱"专项行动中，全面摸清和整治河湖管理范围内"四乱"突出问题，天津市一批次问题共2441处。

河长制的初衷是解决部门协同问题，但实施中仍面临着诸多问题，包括：对行政权威的高度依赖，部分河（湖）长对河（湖）长制工作重视程度还不够，理解认识不到位，统筹发挥政治优势和行政资源履行河（湖）长职责的能力不足，有的工作流于形式，巡河次数多、解决问题少。工作机制和分级责任落实不到位，市、区两级河（湖）长办对各级河（湖）长履职的监督考核还不够严格，考核结果运用不充分，未纳入各级党政领导绩效考评内容；暗查暗访效果不佳，倒逼河（湖）长履职作用发挥不明显；督办问责力度不够，各区对履职不力的基层河（湖）长约谈问责多，运用其他形态问责少。部门协同责任困境，上下游联动不足。河长制仍为行政区内管理体系，跨行政区的河流河长上下游联动不够，尤其是跨省级行政区域的河长，基本上无协商互通。还有监督机制不健全、公众参与不足等问题。

针对上述问题，应进一步完善河长制。一是完善河长制考核评价机制和奖惩问责机制。二是探索将生态服务视角引入河长制，从跨界管理、产业整治、生态补偿、生态流量等方面建立以河长制为核心的水生态环境精细化管控体系。三是依托河长制，建立入海排口分段管控、入河排口分区管控机制，可采用试点实践-全面推广的策略，选取典型河流，建立分区管控体系，依河道水质、用途确定管控方式，划定"禁止排污区""严格限制区"和"一般限制区"，对于严重超标的河道（段），限期清退现有入河排污口，禁止新增入河排污口；对现状不达标的河道（段）精确分析特征污染物，对应调整沿岸产业布局，实施精准减污；对现状达标的河道（段）严控新增入河排口，确保河道水质不下降，同时从"查、测、溯、治、罚"五个方面强化入河排口监督管控。四是加强河长制信息管理平台建设，整合水务、环境、住建等部门信息资源，完善河长办成员单位协同机制，实现河长治水的静态展现、动态管理、常态追踪，推动河长制湖长制工作从全面建立向全面见效。五是推动建立京津冀跨界河流省级河长联席会议制度，定期互通水质状况、污染防治工作进展等信息，针对流域河流上下游污染治理和生态修复工程建立联合决策机制等。

6.2.1.2　完善全过程严格管控的企业责任体系

（1）完善企业环境信息披露机制

环境信息披露又称环境信息公开，是环境管理手段之一。以公众的环境知情权和批评权为依据，通过公布相关信息，借助公众舆论和公众监督，对环境污染和生态破坏的制造者施加压力。企业环境信息披露主要是指企业以招股说明书、上市公告书以及定期报告和临时报告等形式，把企业及与企业相关的信息，向投资者和社会公众公开披露的行为。

企业环境信息披露制度实施状况直接关系到企业环境保护与环境治理决策。我国自 20 世纪 80 年代开始积极探讨企业环境信息披露问题。2003 年国家环境保护总局发布了 156 号文件，要求列入"超标准排放污染物或者超过污染物排放总量规定限额的污染严重企业名单"的企业公开相关环境信息，其他企业自愿执行该文件。2007 年，国家环保总局颁布了《环境信息公开办法（试行）》（环总局〔2007〕35 号），以法规的形式明确要求超标排放列入环保部门公布名单的企业公开环境信息，并鼓励企业自愿公开资源消耗和污染排放等环境信息。随后发布的《上海证券交易所上市公司环境信息披露指引》，对沪市上市公司环境信息披露给予指导。2017 年 6 月 12 日，环境保护部与中国证监会签署《关于共同开展上市公司环境信息披露工作的合作协议》，以上市公司为起点，督促上市公司切实履行信息披露义务，引导上市公司在落实环境保护责任中发挥示范引领作用，"逐步建立和完善上市公司和发债企业强制性环境信息披露制度"，将成为对绿色金融资金运用引入社会监督和第三方评估的突破口。

但从实际执行清理来看，目前，我国企业环境信息披露制度尚算起步阶段，大部分企业环境信息披露不足，自发进行环境信息披露的企业数量较少，披露内容也过于简单。尤其是不足以对绿色金融政策给予支撑，绿色金融依然面临信息不足、信息不对称的难题。金融机构需要通过项目和企业的环境信息来确定金融风险和收益。目前我国不能满足金融机构开展绿色金融的需求，也无法促进污染性项目的绿色转型意愿。通过强化信息披露来持续地提升绿色金融市场透明度，提高社会公众获得环境信息的便利性，增强社会监督力度和第三方认证的权威性，才能加速环境问题外部性内生化的进程，降低绿色产业的绿色融资成本，从而让"绿水青山就是金山银山"从理念成为社会现实。

因此，完善企业责任体系，应在进一步强化企业污染治理主体责任，推进生产方式绿色化的基础上，尽快完善企业环境信息披露制度，排污企业应通过企业网站等途径依法公开主要污染物名称、排放方式、执行标准以及污染防治设施建设和运行情况，并对信息真实性负责。全面落实上市公司、发债企业环境信息强制性披露制度。

（2）完善环境损害赔偿制度

十九届中央委员会第四次全体会议通过的《中共中央关于坚持和完善中国特色社

会主义制度 推进国家治理体系和治理能力现代化若干重大问题的决定》中将生态环境损害赔偿制度纳入生态文明制度体系的重要组成部分，其以追究损害责任为导向，强化违法主体责任，提高违法成本，目的在于及时制止环境违法侵害，修复遭到破坏的生态环境，弥补生态损失，切实保障公众生态环境权益，增进人民福祉。

党的十八届三中全会首次提出"对造成生态环境损害的责任者严格实行赔偿制度"，2017年中办、国办印发《生态环境损害赔偿制度改革方案》（以下简称《方案》），之后地方陆续出台改革实施方案，在生态环境损害赔偿的适用范围、赔偿责任、赔偿范围、赔偿当事人的权利和义务以及赔偿工作程序等方面进行了行之有效的探索。2019年6月，最高人民法院出台了《最高人民法院关于审理生态环境损害赔偿案件的若干规定》，从司法解释层面为生态环境损害赔偿制度的落地实施提供了法律依据。2021年实施的民法典明确规定了生态环境损害赔偿责任，将生态环境损害赔偿制度上升为国家基本法律。公开资料显示，截至2021年11月，全国共办理7600余件生态环境损害赔偿案件，涉及赔偿金额超过90亿元，严厉打击了生态环境损害和污染犯罪行为，有力地支撑了污染防治攻坚战和生态文明建设。

《方案》将生态环境损害赔偿问题分为"赔偿磋商"和"赔偿诉讼"两个程序。《方案》明确了"磋商前置"的程序，即生态环境损害赔偿磋商是诉讼的前置条件。在这一机制中，赔偿权利人通过赔偿追责可以免除自身"政府买单"式的兜底性义务，赔偿义务人则可通过磋商争取有利于自己的赔偿方案，免于后续诉讼程序中的司法制裁。赔偿权利人及其指定的部门或机构就符合规定的相关情形，因与赔偿义务人磋商未达成一致或者无法进行磋商的，可以作为原告提起生态环境损害赔偿诉讼。《方案》设置的"磋商"和"诉讼"程序在充分发挥行政机关在环境公共事务上的主导性作用，促进生态环境损害问题迅速有效解决的过程中发挥了积极重要作用。但是在司法实践的过程中，仍然存在改进空间。

因此，为完善全过程的企业环境责任体系，近期应强化磋商阶段的环检法部门协作，由检察机关和人民法院为赔偿权利人和赔偿义务人在赔偿、整改、生态环境修复等方面达成的磋商协议提供司法协助和保障，进一步提高磋商效率和效果。

6.2.1.3 完善以环保监督员为核心的全民共治体系

（1）建立水污染防治环保网格员制度

环保监督员作为群众力量，是公众参与的重要创新机制之一。目前，天津市在大气污染防治方面已经有了成熟的经验，即环保网格员制度。自2015年3月天津启动实施大气污染防治网格化管理工作以来取得了显著成效。环保专职网格员主要参与辖区污染源情况的调查摸底、现场巡查、及时报告并协调处置环境污染问题、反馈环境污染问题整改情况、协助开展环境执法工作、参与重污染天气和水污染事故应急工作、做好环保宣传工作等，对于提高天津环保的整理治理水平起到了很大的促进作用。未来，可将环保网格员的工作范围进一步拓展到水生态环境污染防治工作方面，负责水生态环境环境保护政策、法律、法规的宣传，监督环境保护管理工作和环境保护执法人员的行政执法活动，检举污染环境和破坏生态的行为，对环境保护工作提出意见和建议，收集和反映群众对环保工作的意见、建议和要求等等。

（2）完善环保公益诉讼制度

环境公益诉讼即有关环境保护方面的公益性诉讼，是指由于自然人、法人或其他组织的违法行为或不作为，使环境公共利益遭受侵害时，法律允许其他的法人、自然人或社会团体为维护公共利益而向人民法院提起的诉讼。发挥各类社会团体作用，制定实施社会组织参与环境治理工作方案，工会、共青团、妇联等群体组织要发挥带头作用，积极动员广大职工、青少年、妇女参与环境治理，行业协会、商会要发挥桥梁纽带作用，规范约束行业污染排放、污染治理，加强行业自律。加强对社会组织的管理和指导，支持具备资格的环保组织依法开展生态环境公益诉讼等活动，充分发挥环保志愿者的作用。

（3）完善生态环境保护重大行政决策公众参与机制

公众参与是环境管理工作的一个重要制度，几乎所有的环境法规中均包括公众参与的相关规定，所有联邦法规都要经过公众审核、由公众提出意见。公众包括非政府组织在环境立法和执法中的地位得到明确和尊重，并发挥了不可或缺的作用。强化社会监督公众参与。首先完善公众监督、督促办理、举报反馈机制，持续畅通"8890""12369"监督举报渠道，完善实施环境污染违法行为有奖举报制度。加强新闻舆论监督，鼓励新闻媒体公开曝光生态破坏问题、环境污染事件、环境违法行为，坚持实行环境违法典型案例曝光制度。

提高公民生态环保意识。把生态环境保护作为素质教育的重要内容，纳入国民教育体系和党政领导干部培训体系，广泛普及生态环境保护法律法规、科学知识，推进生态环境保护宣传教育进学校、进家庭、进社区、进工厂、进机关。组织好世界地球日、环境日、森林日、海洋日等主题宣传活动，加大环境公益广告宣传力度，加大生态文化作品、环境教育基地创作创建，满足广大人民群众生态文化需求。

6.2.2 完善源头严控-过程严管-后果严惩的全过程行政管控体系

6.2.2.1 建立以"三线一单"为核心的分区管控制度

"三线一单"（生态保护红线、环境质量底线、资源利用上线和生态环境准入清单）是地方人民政府以改善生态环境质量、维护生态环境功能为核心，在一张图上明确生态环境保护、污染排放控制、环境风险防控、资源开发利用等管控要求的一项基础性工作，是生态环境部门以生态环境空间分区推动生态环境突出问题，引导构建绿色发展格局，推动高质量发展的重要平台。

当前，天津市城市发展面临诸多机遇与挑战，处于京津冀协同发展的国家战略实施推动期、城市发展空间战略性重塑的重大变革期、产业结构调整与经济转型加快推进的关键期、城市绿色高质量发展的深入推动期与生态环境质量改善的攻坚期。"十三五"时期是落实中央对天津定位，推动美丽天津建设，全面建成高质量小康社会决胜阶段和关键时期，天津市要有大作为，机遇与挑战共存。开展区域空间生态环境评价工作，系统编制"三线一单"，梳理好生态环境的"规矩观"，促进经济产业布局与生态环境格局相一致，对于推动天津市科学发展、高质量发展具有重大意义。

从水生态环境方面来说，天津市地处海河下游的地理区位、河网密集的水系特征、水资源严重匮乏的资源禀赋、地表水体严重污染的环境现状与全国先进制造研发基地、北方国际航运核心区等城市定位严重不符，亟须通过"三线一单"构建生态环境分区管控体系，打通环境管理目标与环境管理手段之间的空间连通性，整合、集成、系统化生态环境保护要求，并将其转化为针对具体空间的产业发展、城镇建设、资源开发等的要求，推动天津市生态环境管理任务的具体落地，提高生态环境保护系统化、精细化水平。2020年年底，天津市"三线一单"已经市政府审议通过并发布实施。

近期，应在全市"三线一单"生态环境分区管控制度的基础上，以区为单位将管控要求进一步细化到街镇和工业园区，打通环境管理目标与环境管理手段之间的空间连通性，整合、集成、系统化生态环境保护要求，并将其转化为针对具体空间的产业发展、城镇建设、资源开发等的要求，推动天津市生态环境管理任务的具体落地，提高生态环境保护系统化、精细化水平。加快"三线一单"数据应用管理系统的研发应用，把"三线一单"管控要求和环境管控单元进行落图和固化，实现信息共享和动态更新，为生态环境综合管理提供有力的技术支撑。

中远期，结合社会经济发展和生态环境管控发展，完善"三线一单"动态更新机制。结合环境管理需要，积极探索应用场景，开发"产业布局分析""行业准入分析""项目准入分析"等模块，为规划及项目环评联动提供应用基础。探索将"三线一单"管理要求深度嵌入城市总体规划、土地利用规划、行业发展规划等各项规划中，充分发挥"三线一单"宏观调控和战略引导作用。

6.2.2.2 完善基于水质达标的排污许可制度

自1988年原国家环境保护局下达关于以总量控制为核心的《水污染物排放许可证管理暂行办法》和开展排放许可证试点工作的通知起，我国排污许可制度实施至今已有30年。排污许可制度是生态环境部门一项重要的行政许可制度，为强化环境监管、规范企业排污行为、严控污染物排放总量、改善生态环境质量等方面提供了重要的管理支撑。排污许可证是排污许可制度的实现形式，企事业单位和其他生产经营者依法申请，经相关主管部门依法审查，载明允许其排污的种类、浓度、数量等要求，进而实现排污单位持证排污，生态环境部门依证监管。

从"十三五"开始，我国无论是在法律层面还是政策层面均全力推动排污许可制度改革。从法律层面看，我国 2017 年修订的《水污染防治法》、2015 年修订的《环境保护法》、2014 年修订的《大气污染防治法》等均进一步明确提出实行排污许可管理制度，并较原法有了更为具体的规定和更为严厉的处罚。从政策层面看，党的十八大和十八届三中、四中、五中全会均提出要求完善污染物排放许可制。其中《中共中央关于全面深化改革若干重大问题的决定》要求，完善污染物排放许可制，实行企事业单位污染物排放总量控制制度；《中共中央 国务院关于加快推进生态文明建设的意见》要求，完善污染物排放许可证制度，禁止无证排污和超标准、超总量排污；《生态文明体制改革总体方案》要求，完善污染物排放许可制，尽快在全国范围建立统一公平、覆盖所有固定污染源的企事业排放许可制，依法核发排污许可证，排污者必须持证排污，禁止无证排污或不按许可证规定排污；《中共中央关于制定国民经济和社会发展第十三个五年规划的建议》要求，改革环境治理基础制度，建立覆盖所有固定污染源的企事业单位排放许可制。2016 年 11 月，国务院办公厅印发《控制污染物排放许可制实施方案》的通知（国办发〔2016〕81 号），对完善控制污染物排放许可制度、实施企事业单位排污许可证管理作出总体部署和系统安排，我国的排污许可制度改革正式启动。

为贯彻落实国办发〔2016〕81 号文，规范排污许可证申请、审核、发放、管理等程序，环境保护部制定实施了《排污许可证管理暂行规定》。这是全国排污许可管理的首个规范性文件，从国家层面统一了排污许可管理的相关规定，对固定污染源的污染排放实施综合许可、一证式管理。之后，为进一步夯实排污许可制度的法律基础，在《暂行规定》的基础上，认真总结了火电、造纸行业先行先试的成功经验，于 2018 年 1 月 10 日，发布了《排污许可管理办法（试行）》（部令第 48 号）。《排污许可管理办法（试行）》在之前的《排污许可证管理暂行规定》的基础上做了进一步细化和强化，对排污许可证申请、核发、执行、监管全过程的相关规定进行完善，并进一步提高可操作性。同时，依法规定了排污许可的管理对象，明确和细化了排污单位应持证排污和生态环境部门应依证监管的法律要求，对排污单位承诺制、信息公开、自行监测、台账记录和执行报告等要求做出了具体规定。

天津市也在按照国家要求积极推进重点行业排污许可证的申请与发放工作。但在实践过程中发现，现行的国家重点行业排污许可申请与发放、技术规范与水环境质量目标衔接性不强，已批复的排污许可限值相对较大，与受纳水体的水环境承载力匹配度不高。因此，应逐步研究推行基于水质达标的排污许可制度，有利于促使工业企业特别是直排企业，开展进一步的控污减排，推动企业转型升级和区域结构调整。

6.2.2.3　建立"一源、一景、一案"的突发环境事件风险防范制度

突发环境事故的特点决定了风险防范工作的复杂性和针对性。每一个风险源、每一类风险点、每一种突发事故，都对应着不用的防范预警和应急方案。因此，需要对环境风险建立"一源、一景、一案"的防范制度，即：现有的每一个重点环境安全风险源（称"一源"），针对每一种可能发生的事故背景（无论是人为活动还是自然灾害造成的）（称"一景"），分别提出对应的处理预案（称"一案"）。对于每个源按照行业和规模对其风险程度进行定位，根据定位的级别，对重大风险源应加强日常监管和监督、提高监测频次，可在风险源敏感点或面安装污染物自动监测装置，而每个源所对应的景就决定了要监测的具体项目。

同时，建立风险源预案库与信息平台。对于每个源的每一种情景的预案进行汇总，建立环境安全风险预案库。政府有关部门制定政策与规章，要求所有已完成的、在建的、规划中的潜在风险源都要提供科学、可行的环境风险预案，并且限期完成。环境风险预案库的建立是整个应急系统的基础，当环境安全事故发生时可以按照风险预案为领导提供决策依据进行应对。在区域层面，建立科学的可视化区域环境应急模型。由各级政府负责协调，将气象、水文等环境数据联结进入开发的模型，完成区域环境应急联控、应急指挥、应急预案选择与事故影响预测等功能。同时，建立公共信息平台，方便各级政府部门、企事业单位以及各相关利益者了解区域环境安全状况、明确自身责任、了解相关法律、法规以及政策、规程。

完善流域跨界突发环境事件协同应急机制。水环境问题往往存在跨界影响的情况。京津冀三地生态环境部门联合签署了《水污染突发事件联防联控机制合作协议》，同时，还提出了每年轮值制定《京津冀水污染突发事件联防联控工作方案》，以及定期开展京津冀联合环境隐患排查和执法检查工作。为保证水生态环境安全，应落实京津冀水污染防治联动协作机制，加强跨界断面水质监测，及时掌握入境水质状况。同时，联合京、冀两地生态环境部门开展突发水污染事件应急联合演练，完善应急联动机制。

6.2.3　完善基于环境资源价值的市场经济政策体系

6.2.3.1　完善排污权有偿使用和交易制度

排污权有偿使用指在一定区域内"总量控制"前提下，政府将排污权有偿出让给排污者，并允许排污权在二级市场上进行交易。排污权交易（pollution rights trading）以环境有偿使用为前提，在一定区域内，在污染物排放总量不超过允许排放量的前提下，内部各污染源之间通过货币交换的方式相互调剂排污量，从而达到减少排污量、保护环境的目的。它的主要思想就是建立合法的污染物排放权利即排污权（这种权利

通常以排污许可证的形式表现），并允许这种权利像商品那样被买入和卖出，以此来进行污染物的排放控制。

2014 年 8 月，国务院办公厅印发了《关于进一步推进排污权有偿使用和交易试点工作的指导意见》（国办发〔2014〕38 号），对排污权有偿使用和交易试点工作进行了总体部署，但因为相关的法律法规技术支撑体系尚不完善，并未从国家层面建立起统一的、完善的交易制度顶层设计。尽管各试点和非试点地区都开展了积极的探索和创新，但不完善、不统一的顶层设计，使得全国各地的实践间存在较大差异，总体情况并不尽如人意。

2008 年 9 月 25 日，国家财政部和环境保护部通过《关于同意天津市开展排放权交易综合试点的复函》，天津市被确定为国家排污权有偿使用和交易试点。同日，天津排放权交易所（TCX）正式挂牌成立，承担污染物排放权二级市场建设的职责。同年 10 月，天津市环保局设立排污权交易办公室，负责天津市排污权交易有关政策法规的制定及运行管理。为指导天津市排污权交易工作的具体实施，天津市成立了金融专项工作小组开展排放权交易相关技术及政策的研究，形成了《天津市 SO₂ 排污权交易产品设计方案（讨论稿）》《天津滨海新区开展排放权交易综合试点方案》《天津排放权交易综合试点总体方案》等成果，拟定《天津市排污权交易综合试点暂行办法》和《天津市主要污染物初始排放权指标有偿使用实施细则（初稿）》等政策建议。但由于与之配套的初始排污权分配技术、排污量监测核算技术以及排污许可、总量控制等制度的不完善，天津市排污权交易的制度文件迟迟未能出台。为推进排污权有偿使用和交易试点的工作，目前，天津市鼓励企业和各区按照自愿原则探索开展排污指标交易（有偿调剂）。

从实际实践来看，目前排污权交易主要集中在大气污染物方面，在水主要污染物排放权交易方面，近期应本着积极探索且切实可行的原则，以国家政策为蓝本、突出地方特色，结合天津市产业、经济、环境质量、污染特征等特点，以排污许可中确定的污染物类别为依据，筛选 1～2 个水污染物排放重点流域，开展排污权交易试点制度研究，进一步促进企业排污权优化配置，为全市排污权交易制度完善和全市范围实施做好基础工作。中远期全面推开排污权交易制度，推进排污权交易制度与总量控制、排污许可、第三方治理等相关制度的衔接和融合。建立排污权储备制度，回购排污单位"富余排污权"，适时投放市场，重点支持战略性新兴产业、重大科技示范等项目建设。探索排污权抵押融资，鼓励社会资本参与污染物减排和排污权交易。推进建立京津冀区域排污权交易制度。

6.2.3.2　建立覆盖全成本的差别化污水处理费制度

20 世纪 90 年代，我国在城市开始征收污水处理费，先是在重点流域试点，之后迅速在全国推广。通过 20 年的实践，我国已建立起了较为成熟的污水处理费征收制度，有力推动和保障了污水处理事业的快速发展。2018 年，国家发展改革委印发了《关于创新和完善促进绿色发展价格机制的意见》，对完善污水处理收费政策做了全面部署，提出要加快构建覆盖污水处理和污泥处置成本并合理盈利的价格机制，推进污水处理服务费形成市场化，逐步实现城镇污水处理费基本覆盖服务费用。

本研究在实地调研过程中了解到，目前污水处理费不足以支付污水处理设施的正常运营成本。一方面，现行污水处理费收费价格偏低。污水处理厂排放标准提标后，污水处理厂需在原有处理工艺后增加深度处理，增加大量投资能耗，污水处理成本随之而大幅增加。与此同时，组成成本的各要素价格逐年上涨，也使污水厂运营成本也呈逐年上涨的态势。另一方面，污水处理费的收取力度不足，部分地区为鼓励招商，按自来水用量减半征收，使得本已不足的污水处理费更少，政府补贴力不从心。

因此，近期，应按照"污染付费、公平负担"原则和"补偿成本、合理盈利"原则，依据现有经济技术条件，按照行业污染治理的平均成本和运营企业的合理利润水平，探索将管网运营费、污泥处置费纳入城镇污水处理费，合理确定污水处理费收费标准。探索推行区、乡镇（街道）财政和村集体补贴、农户付费的农村污水处理收费制度。中远期随着企业污染排放强度监测评估制度和环境信用体系建设等制度的逐步完善，可依据企业排放污水的主要污染物排放强度和企业环境信用评价等级，对企业排放污水实施差别化收费政策。

6.2.3.3　完善区域协调的环境保护税收制度

排污费和环境保护税都是环境保护工作中的重要经济调控手段，也是迄今为止国际上为解决环境问题，使用最普遍、最有效、可持续的一种环境经济政策。我国自 1982 年建立排污收费制度以来，经历了从无到有、从有到优的发展阶段。2003 年，经过 20 年的探索实践，我国现行排污收费制度正式确立，基本形成了控制污染、激励减排的政策导向。排污收费制度实施近 40 年以来，对天津市环境污染防治、改善环境质量起到了极大的促进作用，也有效带动了环境保护技术装备和产品、环境服务等环保产业的发展。

2018 年 1 月 1 日，开征环境保护税，是贯彻绿色发展理念，减少污染物排放，推进生态环境保护和生态文明建设的具体实践。其有利于解决排污费制度存在的执法刚性不足、地方政府干预等问题；有利于提高纳税人环保意识和遵从度，强化企业治污减排的责任；有利于构建促进经济结构调整、发展方式转变的绿色税制体系，强化税收调控作用，形成有效的约束激励机制，提高全社会环境保护意识，推进生态文明建设和绿色发展；有利于规范政府分配秩序，优化财政收入结构，强化预算约束。

截至 2022 年底，环境保护税已经执收 5 年，有效促进了企业减排污染物。但从区域层面来看，北京市、天津市应税污染物税额标准位于全国前列，河北省环北京、环雄安新区等区域税额标准与京津相近，但河北省其他区域污染物排放量大（占比超过 80%）、税额标准低（不足京津地区的 50%）。标准差异造成一些污染企业"出省不出圈"，区域治理水平参差不齐，直接影响着区域协同治污的效果。建议积极呼吁国家部委牵头、京津冀三地环保部门参与，逐步推进区域环境税额标准统一，坚决杜绝重污染企业跨界转移，提高区域污染协同治理水平。

6.2.3.4　完善以环保管家为主的第三方治理制度

环境污染治理是一项专业性、技术性很强的工作。随着环境保护工作的逐步深入，环境污染第三方治理（简称第三方治理）模式应运而生，并逐步发展起来。尤其是自 2013 年党中央提出全面深化改革以来，从国家到地方层面，密集出台推进环境污染第三方治理的政策文件。2013 年 11 月 12 日在中国共产党第十八届中央委员会第三次全体会议通过的《中共中央关于全面深化改革若干重大问题的决定》中提出："建立吸引社会资本投入生态环境保护的市场化机制，推行环境污染第三方治理。"这是最早在我国国家政策层面出现"环境污染第三方治理"的概念和理念。2014 年 4 月 24 日，第十二届全国人民代表大会常务委员会第八次会议审议通过的新《环境保护法》中，虽然没有提出环境污染第三方治理这一概念，但其所确立的政府监管、企业自律、公众参与和社会协同的环境污染社会共治体系，为环境污染第三方治理创造了良好的制度保障和市场需求，为环境污染治理体制转型和环境污染治理模式改革奠定了基础，指明了方向。2014 年 12 月 27 日国务院办公厅发布了《关于推行环境污染第三方治理的意见》（国办发〔2014〕69 号，简称"国办 69 号文"），标志着十八届三中全会中提出的"推行环境污染第三方治理"在环境政策层面正式落实。

从天津地方层面来看，2014 年 1 月，天津市委出台《中共天津市委关于贯彻落实〈中共中央关于全面深化改革若干重大问题的决定〉的意见》，其中明确提出"推行环境污染第三方治理"，这也是天津市最早明确要贯彻落实国家总体部署，推行环境污染第三方治理的政策要求。《天津市"十三五"生态环境保护规划》中也提出，"借助实施大气、水、土壤污染防治等重点工程，推进环境污染第三方治理、环境监测和咨询等环保产业发展。"《天津市打好污染防治攻坚战八个作战计划》的蓝天、碧水、净土保卫战三年行动计划中均提出，要推行第三方环境治理。

环境污染第三方治理的核心特征是让专业的人做专业的事，是一种融合政府引导、企业自律、社会资本参与和市场机制于一体的多中心现代环境治理新机制，也是推进环境治理专业化、产业化的重要动力和促进环保产业发展的有效激励手段。尤其是工业园区，因其污染物排放强度大、种类复杂、难治理等特点，已成为各地环保工作的难点和重点，其污染治理成效直接影响着区域环境质量改善情况。环境污染第三方治理以其市场化、专业化、产业化优势，为工业园区污染治理和环境管理水平提升带来了新的解决方案。

在水污染治理方面，目前，天津市城镇和工业园区污水处理厂多采用 BOT、BOO、BOOT 等特许经营模式，由创业环保、华博水务、泰达新水源、以色列凯丹、新加坡凯发、威立雅等专业环保公司运营，国控废水企业和重金属国控企业的污水处理设施全部由企业自行运营管理。其中，天津经济开发区早在 2007 年就以合资的方式引入法国威立雅集团，对其早期建设的污水处理厂进行委托运营、升级改造。通过对工艺的优化，相比实施第三方治理之前，污水处理厂在提高污水处理水平的同时能耗下降了1/3。位于临港经济区的渤化永利化工公司，也以第三方治理的方式，与威立雅共同成立了天津威立雅渤化永利水务公司。第三方治理机构为厂方设计的水循环管理方案，与原方案相比，能够节省 24%的自来水以及 34%预处理海水用量，而且污水排放总量仅为原来的 31%。

全方位推进环境污染第三方治理发展，必须从观念、制度、项目、创新、服务、管理等多个方面入手。当政府承担监管者的角色时，首先，应建立完善的环境污染防治法规标准体系，加大生态环境执法监管力度，为第三方治理创造市场空间；其次，在环境污染第三方治理目前所处的起步阶段，加大扶持力度，创新监管思路，从完善服务工作入手，如在税收优惠、融资渠道、市场调节、保险兜底、信用担保等方面给予支持，让排污企业和第三方治理机构无后顾之忧，心甘情愿地开展第三方治理。近期：创新环境污染治理模式，研究制定加快推进环境污染第三方治理的政策措施，开展工业园区环境污染第三方治理示范。同时，要完善第三方治理市场监管体系，通过加强第三方治理机构跟踪评估、规范管理、建立负面清单制度等措施，规范第三方治理市场，营造公平公正的市场环境。

"环保管家"是环境污染第三方治理的一种综合模式，是一项综合性环保技术服务工作，针对服务对象特征，可提供专项定制的咨询及工程技术服务，是指环保服务企业为政府、工业园区、企业等提供合同式环境综合服务，可以提供服务范围是全周期环保服务工作。一般是环保咨询、技术单位具备核心技术团队，在长期环保服务工作中切身感受到需求方的实际需求，从环保政策解读、环保问题咨询、环保决策指导、环境风险管控、污染物达标排放等方面系统地、全面地、专业地为政府、园区或工业企业提供"一站式"环保制定式服务。

2016 年 4 月 15 日，环境保护部下发的《关于积极发挥环境保护作用促进供给侧结构性改革的指导意见》指出：推进环境咨询服务业发展，鼓励有条件的工业园区聘请第三方专业环保服务公司作为"环保管家"，向园区、企业提供监测、监理、环保设施建设运营、污染治理等一体化环保服务和解决方案。由此，在环境保护领域正式提出了"环保管家"概念。

相对于目前大多数工业园区及企业已广泛采用的环保设施第三方运营等单一的服

务方式而言，环保管家是一项更综合、更全面的环保技术服务工作，强调第三方作用，协助环保部门推进区域环境综合治理，规范入区企业环境管理，减少环境违法行为，提升区域环境形象及污染治理成效。环保管家可协助园区从环保角度完成园区产业定位、政策符合分析、区域产业布局、构建循环产业链，环保咨询（环评、后评价、监理、监测、验收、环境审计、节能评估、清洁生产、碳交易、排污许可、隐患排查、运营、修复、治理、认证、环境信息公开、资金申请、绿色债券等等）、环保决策指导、污染治理、环保设施运营、环境风险隐患排查等工作，完善园区环保管理体系建设、园区环保规划工作方案制定、污染物排放合规性服务、环保程序合法性服务、污染物治理专项服务，最终实现园区持续、稳定、健康发展。

环保管家对园区企业来说，可以作为解决企业环保问题的新途径，弥补了管理上的短板，解除了管理者的后顾之忧，实现了"专业的人干专业的事"。对企业的环保管家服务包括项目环评、后评价、跟踪评价、环保工程设计与施工、环境监理、环境监测、环保竣工验收、环境审计、节能评估、清洁生产、碳交易、排污权交易、排污许可证、环境风险管理、环保设施运营、土壤修复、环境治理等一系列业务，针对企业具体的环保问题，给予合理的解决方法并予以人员培训，在一定程度上促进了企业整体环保管理和治理水平的提高，促进企业环保管理体系、人员和治理的提升；并帮助企业降低环境风险和成本，提升企业环境意识和管理水平，塑造企业绿色形象，提高污染治理成效，降低污染治理成本。

环保管家在天津市已有较多实践。武清区、北辰区等均已建立了一套区、镇、企业三级"环保管家"系统，通过第三方环保服务公司对环境问题进行"诊断"并提出合理化解决建议，解决环保监管人员、能力不足问题，逐步提高环保监管的精细化、系统化、科学化水平。但在实践过程中，在生态环境类服务机构快速发展的同时，各类环境污染治理和服务机构往往存在良莠不齐的状况，不仅难以保证污染治理和环境服务的效果，行业的整体竞争力也难以得到有效提升，如何形成良好的市场环境显得越发重要。根据《关于构建现代环境治理体系的指导意见》（津党办发〔2020〕10号），结合天津市环保管家服务工作现状情况及实际需求，为不断提高环保管家服务质量，维护环保管家服务双方权益，促进环保管家市场公平、公正、规范、有序发展，需对从事环保管家的服务机构及单位提出引导和规范的政策建议以促进环保管家服务市场健康发展。

近期，积极推行多级环保管家服务，开展典型工业园区环保管家服务示范。深化"放管服"改革，优化营商环境，引导各类资本参与环境治理投资、建设、运行。规范环境治理市场秩序，减少恶性竞争，防止恶意低价中标，建立对环境污染治理等企业的监管评估制度。中远期全面推开环保管家服务探索推行"保险＋服务"模式，通过"一站式"环保定制式服务提高企业污染治理水平。

6.2.3.5　建立以绿色债券和信贷为主的绿色金融体系

2016 年 8 月 31 日，中国人民银行、财政部等七部委联合印发了《关于构建绿色金融体系的指导意见》，国务院先后两次批准浙江（湖州市、衢州市）、江西赣江新区、广东广州市、贵州贵安新区和新疆（哈密市、昌吉、克拉玛依）五省（区）八地（市）和甘肃省兰州新区建设绿色金融试验区，将大生态、大环保理念充分融入绿色金融体系中，出台财政激励政策、设立绿色金融产品、建立企业绿色信用和绿色项目评估机制，拉动社会资本与银行金融资本投入到污染防治、绿色产业、生态修复等领域，推动产业结构转型和绿色发展。江苏也在全省范围内开展了"环保贷"，施行"绿色金融奖补"政策。

数据显示，2018 年年底全国 21 家主要银行机构完成绿色信贷规模 8.23 万亿元，同比增长 16%。全年新增 1.13 万亿元，占同期企业和其他单位贷款增量的 14.2%。2018 年我国绿色债券贴标总发行量 2826 亿元，占全球发行量的 18%，投向污染防治领域约 250 亿元，占国内发行量比例约 9%。2017 年全社会环境污染治理投资完成 9539 亿元。

对于生态环境保护责任艰巨，且经济发展处在紧要关头的城市，应在发展绿色债券的基础上，同步大力推进绿色信贷，助力绿色项目实施，服务中小企业增加新动能，优化营商环境，加快推进天津市绿色高质量发展。

6.2.3.6　探索"生态环境导向的开发模式"

生态环境导向的开发模式（EOD 模式）是以生态文明思想为引领，以可持续发展为目标，以生态保护和环境治理为基础，以特色产业运营为支撑，以区域综合开发为载体，采取产业链延伸、联合经营、组合开发等方式，推动公益性较强、收益性差的生态环境治理项目与收益较好的关联产业有效融合，统筹推进，一体化实施，将生态环境治理带来的经济价值内部化，是一种创新性的项目组织实施方式。

EOD 模式坚持生态环境优先，践行绿色发展理念，围绕生态环境治理需求，着力推进生态环境领域重大工程建设，释放环保产业有效需求，推动生态环境治理市场化与产业化。同时，因地制宜，发展生态环境关联度高、经济发展带动力强的产业项目，探索建立产业收益补贴生态环境治理投入的良性机制，实现生态环境治理与产业经济发展的充分融合，构建生态产业化、产业生态化的生态经济体系，将生态环境优势转化为发展优势。EOD 模式可以充分发挥市场配置资源的决定性作用，调动市场主体的能动性，鼓励拓展产业链，提高开发效率，保障生态环境持续改善。EOD 模式还可以探索政府债券、政府投资基金、政府与社会资本合作（PPP）、组建投资运营公司、开发性金融、环保贷等多种投融资模式推进试点项目实施，推动建立多元化生态环境治理投融资机制，解决生态环境治理缺乏资金来源渠道、总体投入不足、环境效益难以转化为经济收益等瓶颈问题，推动实现生态环境资源化、产业经济绿色化，提升环保产业可持续发展能力，促进生态环境高水平保护和区域经济高质量发展。

在水生态环境保护方面，EOD模式具有最有力的优势。2019年5月6日，天津市蓟州区人民政府发布《关于印发蓟运河（蓟州段）全域水系治理、生态修复、环境提升及产业综合开发 EOD 项目总体方案和市场化实施方案的通知》，对蓟运河（蓟州段）EOD 项目进行总体部署。该项目也是国内首次将 EOD 模式应用到整个流域生态环境治理的项目。2019年6月26日天津市蓟州区水务局以公开招标的方式，选取本项目的投资建设人，其在采招网发布《蓟运河（蓟州段）全域水系治理、生态修复、环境提升及产业综合开发 EOD 招标公告》。2019年8月2日采招网对蓟运河（蓟州段）全域水系治理、生态修复、环境提升及产业综合开发 EOD 项目的中标候选人进行公示，中交天津航道局有限公司、中交疏浚（集团）股份有限公司、中交生态环保投资有限公司、中交第四航务工程勘察设计院有限公司与中交（天津）生态环保设计研究院有限公司联合体为本项目的第一中标候选人，项目工期为20年，中标额约为65亿元。该项目目前已顺利确定了社会资本方，已进入项目执行阶段。

6.2.3.7　探索建立市场化、多元化生态补偿机制

生态补偿是一种调节生态保护利益相关者之间利益关系的公共制度。生态补偿是在区域经济发展不均衡的情况下共同改善区域环境问题的一种重要环境经济政策。天津市在生态补偿方面也进行了一系列探索实践，不仅建立了辖区内部的横向生态补偿机制，还在国家相关部委的指导下与河北省建立了跨省横向生态补偿机制。

在市内水环境质量生态补偿方面，2017年年底，天津市环境保护局制定出台《天津市各区地表水环境质量月排名办法》和《天津市水环境区域补偿办法》，建立实施"排名通报"和"区域补偿"机制，每月对各区地表水环境质量进行排名通报和奖优罚劣，实行"靠后区"补偿"排前区"，倒逼上下游、左右岸共同护河治河，2018年各区地表水环境质量平均改善率达到30%，有力地促进了全市水环境质量的改善。下一步，应继续落实《天津市水环境区域补偿办法》，依据各区地表水环境质量状况及改善情况，对各区地表水环境质量实行"奖优罚劣"，保护水环境保护工作先进区的积极性，倒逼落后区不断加强污染治理工作，进而促进全市环境质量的整体提升。

在区域间生态补偿机制方面，2016年5月，天津市与河北省就建立引滦入津上下游横向生态补偿机制达成一致，2017年6月，两省市正式签署了《关于引滦入津上下游横向生态补偿的协议》（以下简称《协议》）。截至2018年年底，引滦入津上下游横向生态补偿协议执行到期，引滦入津水质状况稳步改善。在生态环境部的统一部署和指导下，两省市正在积极沟通，推进第二期协议续签工作。

河北作为首都生态屏障、京津水源地，为了保护京津地区生态环境，尤其为了保

障京津供水，做出了较大贡献和牺牲，共计 28 个县区被列入国家级重点生态功能区，占其国土面积的 43%，相关产业发展长期受到限制，面临贫困与生态保护问题双重挑战。但目前京津冀区域生态补偿长效机制尚未形成。一方面现在的生态补偿政策都是通过双边一对一谈判的方式达成，缺乏利益协调长效机制，且部分补偿内容是京冀、津冀之间共同面临的，不适宜分割开来实施，只有通盘考虑才能真正解决存在的问题。另一方面，生态补偿形式单一，仍以政府财政资金投入为主，未形成多元化、市场化的生态补偿机制，原生态、高品质的生态产品与区域生态经济发展未能形成良性互动，绿水青山难以转变为金山银山。

因此，建立市场化、多元化生态补偿制度，近期应重点完善水环境质量排名奖惩机制。完善各级财政对生态环保补偿资金投入机制，发挥政府在市场多元化生态补偿中的引领作用。完善引滦入津上游横向生态补偿机制，建立生态补偿标准动态调整长效机制，适时提高补偿标准，使得补偿标准与经济、社会发展状况相适应，形成健全有利于全流域环境同治、产业共谋、责权明确的共建共享长效机制。中远期，探索建立基于生态服务功能的横向生态补偿机制，在市区两级一般财政转移支付办法中，将生态服务功能作为转移支付测算的重要因素。同时，将生态环境保护与精准扶贫相结合，因地制宜开展市场化、多元化生态补偿长效机制，把绿水青山变为贫困群众的金山银山。

其中，将生态环境保护与精准扶贫相结合，因地制宜探索绿色扶贫发展模式，把绿水青山变为贫困群众的金山银山，形成市场化、多元化的生态补偿长效机制。在这一过程中，政府要做到统筹规划、科学引导，培育"绿色供给-绿色供应链-绿色消费"的生态产品绿色供需体系，在供给侧为贫困人口提供生产绿色产品的就业机会，在消费端为消费者提供有价值的绿色产品。同时建立相应的保障机制，在供给侧和消费侧之间搭建绿色供应链，将生态环境优势通过科学、可持续的产业开发转化为生态经济成果，实现脱贫、生态和发展多重效益。

6.2.4　建立以企业环境信用为核心的信用监管体系

6.2.4.1　建立基于环境信用的分级分类制度

党中央、国务院高度重视社会信用体系建设。党的十八大提出"加强政务诚信、商务诚信、社会诚信和司法公信建设"。党的十八届三中全会提出"建立健全社会征信体系，褒扬诚信，惩戒失信"。党的十八届四中全会提出"加强社会诚信建设，健全公民和组织守法信用记录，完善守法诚信褒奖机制和违法失信行为惩戒机制"。十九大报告指出"推进诚信建设和志愿服务制度化，强化社会责任意识、规则意识、奉献意识"。

环境保护领域信用建设是社会信用体系建设的重要组成部分。新修订的《环境保护法》规定，企业事业单位和其他生产经营者的环境违法信息应当记入社会诚信档案，违法者名单应当及时向社会公布。国务院印发的《社会信用体系建设规划纲要（2014—2020年）》对环保领域信用建设提出了明确要求。国务院办公厅印发的《关于加强环境监管执法的通知》要求："建立环境信用评价制度，将环境违法企业列入'黑名单'并向社会公开，将其环境违法行为纳入社会信用体系，让失信企业一次违法、处处受限"。

按照《天津市市场主体信用信息管理办法》的要求，天津市企业环境信用体系建设已经取得一定成效。对受到生态环境相关行政处罚的企业，及时开展环境信用信息公示；对符合相关要求并被生态环境局进行失信处理的市场主体，积极开展信用治理工作；实行市场主体信用风险分类和市相关部门联合惩戒，推动企业履行治污主体责任。

为建立基于环境信用的分级分类监管制度，应深入贯彻落实党中央关于推进诚信建设的要求，近期研究制定企业环境信用评价办法，建立企业环境信用评价制度，开展企业环境信用评价，评价结果按照国家有关规定纳入全国信用信息共享平台（天津），依法依规向社会公开，并基于评价结果实行分级分类监管，激励企业持续改进环境行为，规范企业生产经营。中远期，建立环境保护"守信激励、失信惩戒"机制，及时共享企业环境信用评价结果，推动企业环境信用评价结果在行政许可、资质等级评定、采购招标、评先创优、金融支持、价格支持、税收优惠、财政性资金项目支持等工作中广泛应用，实施守信联合激励和失信联合惩戒，督促企业自觉履行环境保护法的义务和社会责任。

6.2.4.2 完善企业环境保护"领跑者"制度

党的十八大以来，党中央、国务院高度重视生态文明建设，以健全生态文明制度体系为重点，大力推进绿色、循环、低碳、可持续发展，先后出台了一系列重大决策部署。在此背景下，能效、环保、水效"领跑者"制度应运而生，特别是在《中共中央国务院关于加快推进生态文明建设的意见》中，提出加快制定修订一批能耗、水耗、地耗、污染物排放、环境质量等方面的标准，实施能效和排污强度"领跑者"制度，"领跑者"制度在全国得到逐步实施和应用。在环境保护领域，《大气污染防治行动计划》要求建立企业"领跑者"制度，对能效、排污强度达到更高标准的先进企业给予鼓励；《水污染防治行动计划》要求健全节水环保"领跑者"制度。

建立环境保护企业"领跑者"制度，核心是协同推进经济社会高质量发展和生态环境高水平保护，在打好污染防治攻坚战的同时优化营商环境；在推进绿色发展、高质量发展的同时，压实企业治污主体责任。关键是推进两个转变：一是推动环境管理从"底线约束"向"底线约束"与"先进带动"并重转变；二是推动企业从"被动治污"向"主动治污"转变。环境保护企业"领跑者"是同类可比范围内生产工艺技术先进、污染治理处于全市领先水平、生态环境保护管理科学规范的企业，在提高落实治理污染主体责任的主动性、自觉性方面具有先进引领作用。

2019 年 9 月，天津市结合自身特点，制定了《天津市环境保护企业"领跑者"制度实施办法（试行）》，全面推行实施环境保护企业"领跑者"，以标杆力量鼓励和支持企业加大节能环保技术改造，推动提高落实环境主体责任的主动性、自觉性，加快天津市重点行业绿色转型和高质量发展。评定为环境保护"领跑者"的企业，政府在资金支持、限产减排、执法检查等方面给予了一定的激励政策。其中，在环境保护企业"领跑者"申报生态环境保护相关专项时，可优先入库，优先评审；对于满足生态环境部重污染天气重点行业应急减排措施要求的，在天津市重污染天气应急期间不列入停限产清单，同时还会适当降低生态环境保护执法检查频次。

下一步，应进一步完善企业环境保护"领跑者"制度，开展企业绿色发展评级，通过实施环保"领跑者"制度，引导企业实施高水平的节能减排和资源环境效率目标，以及实施绿色供应链、绿色产品认证，在行业内树立绿色低碳和节能减排对标标杆，引领行业高质量绿色发展。

6.2.5　完善水生态环境改善法规标准体系

6.2.5.1　完善水生态环境保护地方性法规体系

加强与国家法律法规衔接，适时开展水污染防治条例、海洋环境保护条例、节约用水条例等地方性法规的修订工作，研究制定饮用水源保护地方立法，形成完备的水生态环境保护地方性法规体系。

6.2.5.2　推动京津冀区域水污染防治立法

2019 年，《长江保护法》正式迈入全国人大立法程序，真正实现了区域立法的突破，将区域协同治理机制及相关细则以法律的形式固化，明确各地方政府的主体责任，统一执法尺度和方法，真正实现联控联防、无缝衔接，实现"1＋1＞2"的飞跃。因此，应积极推动京津冀区域联合制定《渤海环境保护法》。早在 2015 年，第十二届全国人大天津代表团就曾提出《关于制定<中华人民共和国渤海环境保护法>的议案》。美国旧金山湾与切萨皮克湾的生态环境保护立法以及日本濑户内海的环境保护立法也为区域联合立法提供了典型样本。

推动海河流域参考《长江保护法》的区域立法经验，研究制定海河流域/渤海环境保护法等，将水环境区域协同治理机制及相关细则以法律的形式固化，明确各地方政府的主体责任，统一执法尺度和方法，统一标准和规划，打破管理隔阂，真正实现联控联防联治、无缝衔接。

6.2.5.3　完善水生态环境地方标准体系

当前，天津市地方环境标准仍存在一些问题。污水综合排放标准制定起步阶段，主要是控制第一类污染物对人体健康的危害，其他指标数量较少，污染防治措施薄弱，部分造成了陈旧性的污染过程（例如重金属底泥淤积、污水灌溉等）。将大沽排水河、北塘排水河等河道视为市政排污河道，从而放宽其入河排放标准[《海河流域天津市水功能区划》中水功能区水质目标也按《城镇污水处理厂污染物排放标准》(DB 12/599—2015）中 C 类要求，COD 限值 50mg/L、氨氮限值 5mg/L]，虽然局部提升了市区水环境质量，但对近岸海域的污染贡献较大，减缓了上述河流水环境质量的改善，天津滨海工业带的近岸海域环境保护承接作用不明显。

国家和天津市对排放标准的探索阶段也是社会经济高速发展的阶段，工业企业蓬勃发展、城镇人口大幅增长、污水处理规模大幅增加，排放标准的修订提升具有一定的滞后性，难以快速适应社会经济和水环境变化。排放标准的提升难以完全抵消由于污水处理排放量的增加而造成的外排污染物总量明显增长。以 COD 排放限值为例，城镇污水处理厂出水限值由 1984 年的 120mg/L 降低至 2018 年的 30mg/L，总体降低了 75%，但全市污水处理厂处理能力由 1984 年的 26.8 万吨/日增加至 2017 年的 330.47 万吨/日，增加了 11.33 倍。

大型污水集中处理设施提标改造难度大。污水处理设施，特别是城镇大型污水处理设施是天津市水污染控制极其重要的环节之一。对接地表水Ⅳ类的排放标准，对污水处理设施提标改造提出了新的挑战，改造后的稳定运行也面临严峻的经济技术难题。

完善地方环境标准体系，一是根据国家要求或天津市实际需求，适时开展污水综合排放标准、城镇污水处理厂排放标准、农村生活污水排放标准等地方标准的修订研究，尤其是针对本地特征污染问题，增加总溶解固体等污水盐度排放限值标准，加强工业高盐废水的处理处置，减少含盐废水排放，以更好地引领水污染物减排与水环境改善工作。二是结合天津市实际，研究制定独流减河流域污染物排放标准，参照北京市、河北省水污染物综合排放相关标准，对标排放限值，与国家、市相关政策、法规、规划等相衔接。

水生态环境管控制度体系构建路径表详见表 6-1。

表 6-1　水生态环境管控制度体系构建路径表

制度框架		2020～2025 年	2026～2030 年	2031～2035 年
行为主体	政府责任	建立河长制考核评价机制和奖惩问责机制	建立以河长制为核心的精细化管控制度	
		推动建立京津冀跨界河流省级河长联席会议制度		
	企业责任	完善环境损害赔偿制度		
		完善企业环境信息披露制度		

制度框架		2020～2025 年	2026～2030 年	2031～2035 年
行为主体	公众责任	建立水污染防治环保网格员制度		
		完善环保公益诉讼制度		
		完善生态环境保护重大行政决策公众参与机制		
行为手段	监管手段	完善"三线一单"分区管控制度		
		开展基于水质达标的排污许可制度试点	建立基于水质达标的排污许可制度	
		建立"一源、一景、一案"的突发环境事件风险防范制度		
	市场手段	开展重点流域水污染物排污权交易试点	全面推开排污权交易制度	推进区域排污权交易
		完善覆盖全成本的污水处理费制度	建立基于排放强度的差别化污水处理费制度	
		开展工业园区环境污染第三方治理示范	全面推开环境污染第三方治理	
		开展典型工业园区环保管家服务示范	全面推开环保管家服务	
		完善地表水环境质量"奖优罚劣"机制	建立基于生态服务功能的横向生态补偿机制	
		开展生态环境导向的开发（EOD）模式试点		全面推广生态环境导向的开发（EOD）模式
		完善环境污染强制责任保险制度		
		鼓励企业、金融机构发行绿色债券	建立绿色信贷激励支持政策	
	信用体系	完善企业环境保护"领跑者"制度		
		建立企业环境信用评价制度	完善基于信用评价的分级分类监管和联合奖惩制度	
行业依据	法律体系		完善水生态环境保护地方性法规体系	
			推动京津冀区域水污染防治立法	
	标准体系		适时研究修订污水综合排放和城镇污水处理厂标准	
		研究制定独流减河流域污染物排放标准	研究制定其他主要流域污染物排放标准	

第7章

滨海工业区全过程
水污染防控模式设计研究

- 天津滨海工业带全过程
  水污染防控管控模式设计

- 滨海工业区水污染防控
  全过程管控模式研究

- 典型滨海工业区全过程
  水污染防控模式构建——
  以临港经济区为例

近年来，天津市尤其是滨海新区高度重视环境安全问题，在环境安全系统建设方面已经取得了一定的成绩，但是由于起步晚、风险源多、风险大、预警能力差，滨海新区的环境安全系统仍存在着诸多问题亟待解决。环境安全监管能力也需要大幅度提升，与快速发展社会经济相协调。特别是化工行业特征污染物的实时监控、预警体系等需要得到充分重视，从日常细微工作入手，防范环境风险事故的发生。

针对天津滨海工业区产业复杂、污水处理提标难度大、污水处理厂对滨海环境影响较大，以及工业园区风险应急能力较弱的一系列问题，从宏观、中观、微观三个维度提出以"排污准入、污染减排、生态增容和风险防控"为核心的天津滨海工业区水污染防控全过程管控模式。在基于区域总量的园区排污准入模式方面，引入环境准入概念，明确区域总量与园区总量之间的关系，提出园区总量准入的规定；在基于废水趋零排放的园区污染减排模式方面，提出基于源头高风险废水趋零排放的工业源污染控制模式和基于污水高标准处理的污水厂污染控制模式，保障园区污染减排；在基于人工湿地水生态修复的增容模式方面，提出基于末端尾水深度净化的滨海人工湿地水生态修复模式和相关支撑技术，提升水生态修复效果；在基于"查-控-处"一体化的水环境风险应急及管理模式方面，提出技术核心和实施措施。

以临港经济区为例，应用园区污水处理厂排污许可限值核定、园区污水处理设施提标减排、滨海人工湿地修复增容，以及园区水环境风险防控能力建设等技术，体现从宏观水质目标管理到微观污染源治理、水生态修复和园区水环境风险防范管理链式管理，实现园区水生态环境的全过程管理，保障临港经济区生态文明和可持续发展，证实以"排污准入、污染减排、生态增容和风险防控"为核心的天津滨海工业区水污染防控全过程管控模式在园区管理中的可行性。

7.1
天津滨海工业带全过程水污染防控管控模式设计

7.1.1　瓶颈问题识别与技术需求分析

海河流域下游的京津冀地区，特别是天津滨海新区，是我国经济社会发展的重要区域。与其他区域类似，工业园区的建设发展对其经济社会发展特别是工业发展发挥了重大作用，但同时也给当地的水资源、水环境和水生态造成了沉重压力，严重影响该地区经济、社会、环境和生态的健康持续发展。

天津滨海工业带是京津冀的制造业核心，本地工业企业众多，工业废水成分复杂，废水排放量大。此外，天津是海河水系众多河流的最后一站，而排入的渤海是个半封闭的内海，自净能力差，导致该区域河流水质长期处于劣Ⅴ类状态。因此，如何控制工业园区对周边水环境和水生态所造成的不利影响，减小甚至消除给所处地域水资源、水环境和水生态带来的压力，减小其污染负荷排放对人类生存环境特别是水环境的不利影响，就成为当前天津滨海工业园区建设和健康发展的焦点和必须解决的问题。一方面，人们日益取得共识，认识到该项工作的必要性和重要性，并为此做出了积极努力，取得一定成效，特别是2016年以来天津市政府和环保部签订了目标责任书，订立了一系列目标，采取了众多的措施来改善生态环境。另一方面，从工业园区外排污染负荷总量特别是对周边水环境的影响分析，其不利影响仍在继续，水污染控制仍需要理顺诸多关系，解决诸多问题。

滨海工业带的工业废水除了组分复杂，还有高浓度无机盐，并含有重金属，因此不适合直接生物处理，处理此区域工业废水的难度极大。在现有技术层面，滨海工业带工业废水的处理技术主要涉及物理（调节池、离心分离、隔油池、过滤等）、化学（中和、化学沉淀、氧化还原）、物化（混凝、气浮、吸附、离子交换、膜分离）、生物（好氧、厌氧）、复合生物（水解酸化-好氧、厌氧-好氧）技术，这些技术的主要问题在于无法有效应对部分工业废水的高盐、高毒、高有机物水质，造成处理系统稳定性的破坏，最终危害环境及生态。

天津市自2018年起开始执行《天津市污水综合排放标准》（DB 12/356—2018），地方标准的污染物排放限值较国家标准更加严格，要达到此排放标准将对污水处理厂技术工艺的去除污染物能力提出更高的要求。2015年以来，天津市着力对多数污水处理厂进行了提标改造，现有污水处理设施的净化能力已达到极限，很难再进一步提高。

天津滨海工业带的工业废水处理已经触及上限，无法进一步对日益增长的工业企业废水进行良好处理，因此本区域的环境将面临极大的污染风险。水专项在"十三五"阶段，专门为其成立课题和示范工程来探索综合的治理方案。除上述水生态环境日常污染管控体系外，结合天津滨海工业带风险污染源管广泛分布、风险受体数量多的特点，整装成套技术同步整合了滨海工业带突发应急管控体系，基于区域水生态环境风险评价，通过建立"查-控-处"一体化的水环境风险管理模式，弥补了天津滨海工业带应急反应处置能力的空白。

7.1.2 滨海工业区水污染防控全过程管控模式设计框架

滨海新区作为天津滨海工业带产业最集中、水生态环境功能最重要的区域，既有其区域发展园区集聚、产业复合的特色，又面临入海污染大通量传输、高水环境风险等挑战。为了进一步提升和改善滨海工业带水生态环境质量，促进产业发展，针对滨海工业区的特点，提出滨海工业区水污染防控全过程管控模式，从宏观、中观、微观三个维度，实现水污染控制常规管控和风险事故应急管控的有机结合实现滨海高质量发展。

滨海工业区水污染防控全过程管控模式主要包括排污准入、污染减排、修复增容、风险防控4个技术管理环节。详见图7-1。

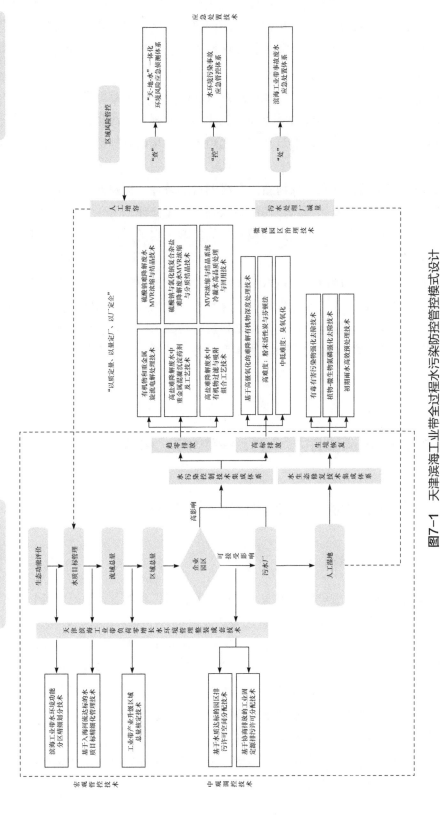

图7-1 天津滨海工业带全过程水污染防控管控模式设计

排污准入主要指在保证生态环境不受破坏和可持续发展的前提下，以合理配置资源和有效保护环境为原则，提出在一定时间段内某区域或行业的污染物排放总量受水环境容量约束，要求在此时间段内，该区域内所有拟建设企业（项目）的污染排放总和不得超过此上限。

污染减排主要是针对滨海工业区重点关注的高盐、高难降解有机污染物、有毒有害污染物，评估、优化和应用基于高级氧化的难降解有机污染物深度处理等污水处理技术和资源循环利用技术，通过技术优化组合，实现超高标准排放，达到园区污染排放提质减量的目标。

修复增容是指充分利用滨海新区沿海的自然条件，构建高盐背景下的沿海人工湿地处理技术，对工业园区污水处理厂出水进行深度处理，实现入海有机污染物及氮磷削减，同时降低冲击负荷对近岸海域水质的影响，实现入海水质提升与沿海生境恢复的双重功效。

风险防控是针对滨海新区以大型石化企业为主，沿河沿海风险源密布且与城镇生活集聚区空间分布混杂，地表水及近岸海域水环境风险较大的问题，提出"查-控-处"一体化的水环境风险管理技术，以应急处置平台和风险物资库建设为核心，应急侦测体系、应急管控体系、应急处置体系为手段的技术体系，大幅提升水环境风险防范能力。

7.2
滨海工业区水污染防控全过程管控模式研究

7.2.1　基于区域总量的园区排污准入模式设计

7.2.1.1　环境准入分类

根据环境准入应用尺度的不同，可划分为区域、行业、企业（项目）三个层次。

① 在区域层次，主要包括符合区域产业政策、符合各项发展规划、符合环境功能区划、环境容量的约束作用等方面。一定技术水平下，人类生存和自然环境或环境组成要素（如水、空气、土壤及生物等）对污染物质的最大承受量或负荷量，即区域环境容量是有限的。如若出现区域产业结构畸重、产业集聚过度等现象，极易导致所排放的污染物超过环境容量，不利于经济社会的可持续发展。受此约束，必须坚持"环境优先"的发展理念，根据区域资源环境禀赋，因地制宜、分类指导，加强对产业发展的源头控制，充分合理利用环境容量，因此区域环境容量对产业发展的约束作用是产业环境准入的核心内容。

② 在行业层次，主要包括行业技术水平、生产能力、资源能源消耗强度、污染物排放强度等方面，关键是要统筹考虑我国各行业的整体技术水平，设置合理明确的准入指标限值。如果准入门槛设置过高，不切实际，则不仅起不到倒逼产业转型升级的目的，反倒有可能将产业一棒子打死；设置过低，则容易失去预期的源头控制作用。2005 年，《中华人民共和国国民经济和社会发展第十一个五年规划纲要》明确提出要控制高耗能、高污染和资源性产品出口，即对"两高一资"行业进行了明确规定，限制或禁止此类外资项目准入。2013 年，国家发改委修订了之前颁布的《产业结构调整指导目录（2011 年本)》，该目录明确列出鼓励类、限制类和淘汰类产业。近年来，工信部联合相关部委陆续颁布了水泥、铸造、再生铅等行业的准入条件。这些文件都给工业行业提供了明确的发展导向。

③ 在企业（项目）层次，主要内容落实项目环评、企业（项目）遴选、选址等方面。落实项目环评一般为定性要求，而企业（项目）遴选及选址问题一般通过建立指标体系，采用层次分析法、模糊推理法、可拓论法等解决。具体指标包括工艺设备水平、污染物排放强度、资源能源消耗强度等。与行业层次的准入指标要求相比，企业（项目）层次一般没有明确的指标限值，大多通过层次分析法等计算综合得分，然后再综合比较得出结论。但是，行业层次的指标一般都有明确的指标，只需严格执行即可。

7.2.1.2 总量限值确定

中共中央、国务院于 2010 年 12 月 31 日通过了《关于加快水利改革发展的决定》，其中，关于实施最严格的水资源管理制度的核心内容是建立三条控制红线，即建立用水总量控制制度，确立水资源开发利用控制红线；建立用水效率控制制度，确立用水效率控制红线；建立水功能区限制纳污制度，确立水功能区限制纳污红线。本研究重点从纳污总量进行总量准入分析，从用水效率进行技术准入分析。

总量准入的核心就是在保证生态环境不受破坏和可持续发展的前提下，以合理配置资源和有效保护环境为原则，提出在一定时间段内某区域或行业的水环境容量总量，作为该区域或行业的污染物排放总量管控限值，要求在此时间段内该区域内所有拟建设企业（项目）的污染排放总和不得超过此上限。

（1）区域总量限值

区域纳污总量的衡量指标主要是区域的剩余环境容量，即计算剩余环境容量，并将其作为污染物排放总量管控限值。根据天津市水系的基本特征，科学选择水质模型，构建了主要河流水质模型。利用历史水文、水质数据，进行区域污染排放与水质响应关系研究。在此基础上，遵循区域排污量不大于现状排污量、分配排污量不低于现状排污量的 10%、流域排污效率最大的水环境承载力优化原则，应用线性规划模型，可以得到区域允许排放量，如果区域允许排放总量大于区域现状排放量，则可以制定区域总量限值。

（2）园区总量限值

针对工业园区、企业与城镇生活集聚区空间分布混杂，污染物混合排放的问题，综合考虑区域总量限值，优先分配给区域内市政污水处理厂或者生活污水处理设施；在有剩余容量的基础上制定工业园区总量，根据园区总量情况，制定园区总量限值。

7.2.1.3 园区总量准入模式

对于具有一定富余容量的区域，要求拟入驻企业（项目）在投产前必须明确各自污染物排放总量指标，且得到环保部门批复许可，如未得到环保部门批复许可，不得建设投产。对于拟入驻地区没有富余容量控制指标，原则上不再允许新增企业（项目）。但是因为客观需要而必须入驻企业（项目）时，拟入驻企业（项目）必须提出减量置换方案，且获得生态环境行政主管部门批准后，方可入驻。

如果区域内工业园区与生活污水统一处理排放，则需要根据污水处理厂处理能力进行统筹、协商，确定园区有处理能力的前提下，方可入驻园区。

在园区排放已达限值的条件下可以实施减量置换模式。减量置换就是指园区内拟入驻企业（项目）需新增的污染物排放量必须用现有污染源的削减量进行替代，削减量应达到新增量的 1 倍以上，实现增产不增污或者增产减污的目的。

7.2.2 基于废水趋零排放的园区污染减排模式设计

7.2.2.1 基于源头高风险废水趋零排放的工业源水污染控制模式

为了解决天津滨海工业带工业源污水所带来的环境问题，从污染的根源入手，不仅限于考虑处理废水，而是提出基于源头高风险废水趋零排放的工业源水污染控制模式。模式设计详见图 7-2。

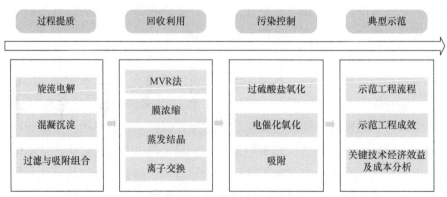

图 7-2 基于源头高风险废水趋零排放的工业源水污染控制模式设计

该模式以过程提质、回收利用、污染控制、典型示范为问题解决总体思路，以强化预处理、精细化盐回收利用、强化污染物去除多模式设计为技术思路，形成基于源头高风险废水趋零排放的工业源水污染控制模式设计。过程提质是在盐回收利用前采用旋流电解、混凝沉淀等关键技术对水中有机物及重金属有害物质进行预氧化及分离，避免影响后续盐回收设备运行；回收利用则主要利用蒸汽机械再压缩（MVR）、膜浓缩、蒸发结晶、离子交换等关键技术，高效回收优质盐组分，实现资源回收利用；污染控制则是以高盐难降解废水中污染物削减为主要任务，通过过硫酸盐氧化、电催化氧化、吸附等关键技术实现污染物去除与趋零化排放；典型示范是以采用污染物削减及盐回收技术的优秀企业作为典范，树立技术榜样与标杆，促进课题技术推广与应用。

7.2.2.2 基于污水高标准处理的污水厂污染控制模式

通过区域水环境污染因子特征分析，以入河入海污染物控制与削减为核心，紧密结合水专项滨海工业带水污染控制技术相关研究成果，构建基于居住和产业混合区污水、高风险工业区污染控制技术集成体系，从水污染控制技术集成角度，支撑构建取水和还水水质相一致的（即工业区排水水质基本达到工业用水取水所需的地表水Ⅳ类标准）集中污水高标准处理达标排放的污水厂污染控制模式。模式设计详见图7-3。

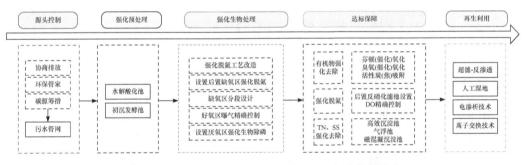

图7-3 污水高标准处理达标排放的污水厂污染控制模式

基于COD、N、P等主要污染物指标高标准稳定达标及能耗物耗控制，以天津滨海工业带典型污水处理厂进水水质水量特性分析、构成分析、出水稳定达标难点及影响因素分析基础上，以源头控制、过程提质、末端精细、综合利用为问题解决总体思路，以强化预处理、强化脱氮除磷、深度处理工艺多模式设计为技术思路，实现高标准处理达标排放的污水厂污染控制。

技术原则：a.先协商排放，后达标纳管；b.先源头控制，后强化处理；c.先优化运行，后工程改造；d.先进水碳源，后外加碳源；e.先生物强化，后物化辅助；f.先综合利用，后达标排放。

7.2.2.3 对策保障

以"十一五""十二五"研究成果为基础,以高盐难降解废水中无机盐和水资源回收利用整装成套技术为主要技术路线,围绕该整装成套技术确定主要研究内容和实施方案。通过技术和设备研发,实现99%以上无机杂盐资源回收和冷凝水的全部回收利用,达到高盐废水趋零排放,为"超净排放技术体系"的构建和"区域再生水资源"的综合利用提供有力支撑和保障。

强化源头科学管控,积极推进协商排放,提高污水处理效能。源头严格管控有毒有害污染物废水排放,加大企业废水特征污染物去除,难降解有机物、有机磷、不可氨化有机氮含量较高且直接排放会加大污水集中处理高标准稳定排放难度与成本的废水,产业聚集区内部企业间水污染物可开展协商排放与处理,严禁高盐废水直接排入管网,强化对工业企业废水的全过程管理与跟踪。

重点加快推进污水管网排查,推进污水处理提质增效。以污水处理厂为单位,针对污水厂水质、水量情况,全面而有重点地排查收水范围内的污水收集设施,建立和完善排水管网地理信息系统,健全排水管理长效机制。

加大再生水资源多目标综合利用。疏通高标准排放污水厂"高品质"出水全再生利用的通路,提高再生水利用率,体现高标准排放污水处理的经济效益和社会效益,真正发挥污水处理提质增效作用。

7.2.3 基于人工湿地水生态修复的增容模式设计

7.2.3.1 基于末端尾水深度净化的滨海人工湿地水生态修复模式

工业园区污水处理厂尾水深度处理技术和是初期雨水预处理技术是当前关注的水环境问题之一。尤其是北方沿海工业园区,其环境本底含盐量高,园区废水经污水厂处理后尾水中仍残留大量有毒有害物质,存在着较高的环境风险。此外,污水处理厂尾水常作为生态环境补水用于园区景观,但含有较高的氮磷营养盐,易导致景观水体产生富营养化的风险。人工湿地技术是将景观生态技术与生态处理污染技术相结合的一种低费用、高效率、低碳化、生态化的综合技术,在深度处理工业园区污水中具有独特的优势。

课题组开展了以污水厂尾水为进水的人工湿地构建、残留有机物与营养盐的去除、低温与高盐胁迫下的稳定运行等关键技术研究,使其"能实行、能复制、能推广",为工业园区污水处理尾水深度净化与景观水体回用、保障工业区的环境安全和生态健康,以及近岸海域海水安全提供技术支撑。模式设计详见图7-4。

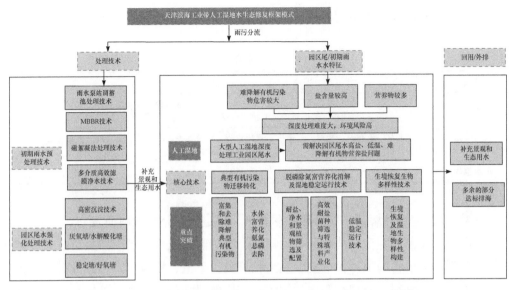

图7-4　基于末端尾水深度净化的滨海人工湿地水生态修复思路框架模式

7.2.3.2　滨海人工湿地水生态修复支撑技术和措施

(1) 利用河道滩涂和退养鱼塘构建人工湿地，增加湿地面积

利用河道周边现有的退水鱼塘、乱掘地、宽河槽以及河道周边良好的芦苇滩地，结合现有地形条件，将其分为水量调节区、沉淀区域、表流近自然湿地区和兼氧型稳定塘等，沉淀区域，沉降来水泥沙，水质均化和预增氧的作用，提高水体透明度，减少湿地淤积；表流湿地起好氧和硝化降解的作用；兼氧型稳定塘净化区位起兼氧-厌氧和反硝化作用。

(2) 控源截污及强化预处理技术

针对工业园区污水处理厂尾水深度处理难题，我国尚缺乏低成本、高效率、适应性的污水深度处理技术。首先是对生活污水进行管网全覆盖，及时收集清理生活垃圾，实现面源污染和点源污染的控源截污。其次，重点实施初期雨水的净化。初期雨水的污染程度较高，甚至超出普通城市污水的污染程度。初期雨水净化可采用磁絮凝沉淀、雨水泵站调蓄池处理、多维生态截控和植草沟等技术。对于难降解有机污染物，可采用稳定塘强化预处理技术、移动床生物膜反应器（MBBR）技术等。

(3) 人工湿地植物筛选配置

滨海地区特殊的地理位置使得该地带土壤含有大量盐分,土壤盐分以氯化物为主，含盐量常为 1%～3%，土层上下均有盐分分布，导致地上植物以盐生植被（主要是草本植物）为主。天津滨海地区常见湿地植物 90 种，可分为水生植物（挺水植物、浮水植物和沉水植物）和湿生植物（草本植物和木本植物）。通过资料收集与文献整理，以天津滨海地区浮水、挺水、沉水植物为基础，考虑植物景观特性、净水特性以及耐盐特性三个方面来选择湿地植物种类。备选植物种类详见表 7-1。

表 7-1　备选植物

类别	植物名称
陆生植物	如刺槐、国槐、油松、垂柳、银杏、二球悬铃木等大型乔木; 碱蓬、盐地碱蓬、滨藜、中亚滨藜、海蓬子、柽柳、凤尾兰
挺水植物	互花米草、千屈菜、鸢尾、三棱草、狭叶香蒲、水葱、香蒲、芦苇、美人蕉、菖蒲、黄菖蒲、梭鱼草、野慈姑
沉水植物	眼子菜、金鱼藻

(4) 高含盐难降解菌、脱氮除磷菌制剂、促进剂和特殊填料研发

将不同耐盐菌、芽孢杆菌、脱磷除氮菌、副球菌、光合菌制剂掺入复合黏土制作成菌的粉剂,然后将松散颗粒的复合黏土和炉渣、矿渣、粉煤、沸石、砾石、火山岩以及硅酸盐和胶黏剂、外加剂等原料按照一定比例混合后,混凝土外加剂用喷雾装置均匀地喷洒在混合料中,在制作填料过程中可以在混合物搅拌过程中引入大量均匀分布、稳定而封闭的微小气泡,构建成多种形状的多通道高效生物填料。利用多孔高效生物填料存在于表流中,通过多通道高效生物填料来固定高效降解菌,缩短微生物驯化筛选富集时间,减少其随水流失,提高系统中有效微生物的浓度,为微生物的代谢活动营造良好的微环境。

(5) 高盐低温双胁迫下人工湿地稳定运行技术

在外界环境中,温度与氧气成为制约低温条件下人工湿地顺利运行的两个关键因子,因此氧和温度的调控是低温条件下人工湿地强化措施研究的关键。依据文献研究,湿地冬季运行可以采取湿地保温、曝气充氧、冰下运行、降低水力负荷等多种方法。湿地由于处理水量恒定,难以采取水力负荷降低等措施,其核心工艺为水平潜流 +表流,表流湿地可采取冰下运行;潜流湿地则可以采用湿地保温、曝气充氧的方法进行冬季运行强化。

(6) 提高水体循环动力、完成生境恢复和生物多样性

通过营建大面积浅滩,创造栖息和觅食空间,在浅滩区外围深挖基底形成深水区,为鱼类、贝类、水生昆虫等提供丰富的水下微地形,构筑若干个小型岛屿,为鸟类创造隐蔽空间,为其提供繁殖、逃遁、栖息的场所,为鸟类提供适宜的生存环境;在湿地外周设计环流渠,有效减少湿地系统水体的长期停滞,增加水体循环量;根据区域气候特征、水体环境特征、底栖动物的生活史特点以及鱼类、鸟类的摄食压力,采取分种群、分区域、分季节投放的策略。通过投放鱼种可以达到短时间内鱼类群落的快速重建,实现富营养化水体的净化和修复,以达到维持水生态系统稳定、提升水体景观的效果;综合考虑景观性、耐盐性、净水性三方面的内容,选用以乡土物种为主的滨海湿地植物物种清单中的植物,不仅增加耐盐效果和净化作用,而且还具有一定的经济效益、文化价值、景观效益和综合利用价值。

7.2.4 基于"查控处"一体化的水环境风险应急及管理模式设计

7.2.4.1 基于"查控处"一体化的水环境风险应急及管理模式框架

针对天津滨海工业带环境风险源数量大分布密集、事故风险突发性强不确定性大可能情形多、应急处置影响范围广处置难度大后期恢复难等特点，涵盖环境风险实时监控预警（查）、风险源日常监督管理（控）、突发事件应急处置及指挥决策（处）三大环节，综合应用风险源识别监控技术、环境监测技术、事故预警模拟技术、事故风险管理决策支持技术、地理信息系统及计算机网络信息等技术，构建预案管理系统、监测预警系统、应急处置系统，有效提高水环境风险防范和突发事故应急处置的能力，做到响应迅速、分析准确、处置得当，最大限度保障滨海工业带环境安全和生态环境安全，同时可为沿海工业聚集区环境安全系统建设提供典型示范。模式设计详见图7-5。

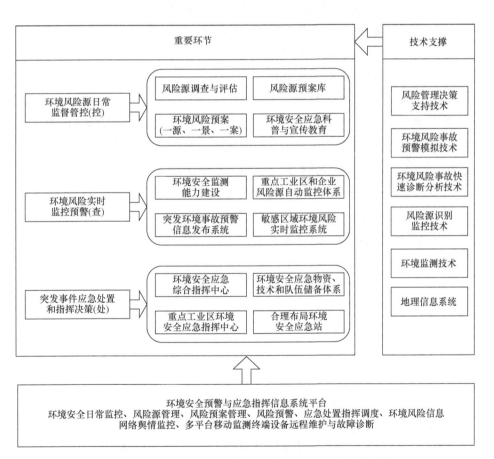

图7-5 基于"查控处"一体化的水环境风险应急及管理模式框架

7.2.4.2　基于"查控处"一体化的水环境风险应急及管理方案

（1）环境风险实时监控预警系统建设

① 敏感区域环境风险实时监控系统建设。针对滨海工业带内居民聚居区、商业区、娱乐区等敏感点位，按照科学性、针对性、可行性的原则配置实时监控采样装置，进行日常环境安全实时监控，及时发现突发事故，完成污染源解析等。

② 重点工业区和企业风险源自动监控体系建设。重点工业区和企业需根据行业和污染物特点，安装特征污染物监测设施，建设污染源自动监控系统，预警视频监控点，实现工业区和重点企业厂区全覆盖。根据环境风险源的危险级别和重要点位的敏感性确定自动监控设备安装的位置和数量，根据风险源企业的行业和布局属性确定需要安装的监测项目和监测频次。

③ 环境安全监测预警能力建设。配备能满足区域发展需求的专业预警应急监测设备和监测仪器，配备地面应急监测车辆和高空应急监测无人机。建设开放式现代化分析测试实验室，分析测试项目覆盖有机污染物、无机污染物、常规污染物、生物监测等，提高监测分析的精度和灵敏度。设置环境安全监测应急小组。

④ 建设突发环境事故预警信息综合发布系统。完善突发环境事件预警信息发布机制，理顺和拓宽预警信息发布渠道，形成覆盖新区范围的统一预警信息综合发布系统，主动、及时、准确发布各类预警信息。

（2）环境风险源日常监督管控

① 建立风险源定期调查评估机制。对区域内的环境风险源进行一轮全面调查和评估工作。结合地理信息技术，建立详细全面的滨海工业带环境风险源数据库及分布图，分类、分级建立环境风险源档案，实现风险源动态管理。

② 建立环境风险预案系统。根据区域突发事件总体应急预案要求，结合环境风险特点，依据"一源、一景、一案"原则，制定和完善区域环境风险应急预案，形成"横向到边、纵向到底"的应急预案体系。

③ 建立风险源预案库。对于每个源的每一种情景的预案进行汇总，依托信息技术，建立环境安全风险预案库，实现应急预案的数字化管理。依托风险预案库，建立科学的可视化区域环境应急模型，集成区域环境事故影响预测、应急预案选择等功能。

④ 加强环境安全应急科普宣传教育。广泛宣传和普及环境安全、应急管理、紧急自救知识。通过发放突发环境事件应急救援手册、组织公众参与突发环境事件应急预案演练等方式，增强公众避险、自救和互救意识，提高应对能力。

（3）强化应急处置系统建设

① 建设区域环境安全综合中心。建设集监测监控、预测预警、信息报告、综合研判、辅助决策、指挥调度、应急救援等功能于一体的环境安全综合中心，实现环境安全监管预警应急指挥决策自动化，提高防范和应对突发环境事件的综合能力。

② 建设高风险重点工业区环境安全中心。针对工业区的风险特征，通过建立工业区环境风险源动态监管体系，集成风险管理、事故预警和应急监测、处理处置技术，构建满足工业区特殊要求的应急管理决策支持系统与协作平台，并为风险事故的日常预防搭建应急预案和演习模拟平台。

③ 合理布局环境安全应急站。在环境安全综合中心、重点工业区环境安全中心的指导下，在各功能区建设环境安全应急站，实现与公安、消防、医疗等部门功能的对接和互补。根据功能区环境风险的特征，对不同的应急站配备一定数量的人员和相应的设备、物资。

④ 建设环境安全应急物资、技术和队伍储备体系。结合区域环境风险源的布局和区位条件，做好物资储备规划，合理确定储备品种和规模，优化应急物资储备布局，完善应急物资储备方式，加强跨部门、跨行业、跨地区的应急物资协同保障。整合区域内海事、海洋等部门的应急船舶及专业应急物资储备，建立若干个环境安全应急物质储备库，保证事故发生后第一时间运到事故现场。加强环境安全监管和应急队伍的培训和演练。

7.3
典型滨海工业区全过程水污染防控模式构建——以临港经济区为例

经开区、临港经济区、滨海高新区、空港经济区四个典型工业区是滨海工业带水污染防治工作的重中之重。课题组研究选取临港经济区作为示范，开展根据其产业特征，从园区排污准入、企业及园区减排、污水处理厂提标、人工湿地生态修复增容及风险防控各个环节，将水污染防控全过程防控模式在临港经济区进行验证。

7.3.1 临港经济区基本情况

天津临港经济区（原临港工业区）始建于 2003 年 6 月，2010 年底原临港工业区和原临港产业区整合为一个功能区，统称"临港经济区"。临港经济区是通过围海造地而形成的港口与工业一体化产业区。规划用海 205km²，总成陆面积 200km²。临港经济区的功能将定位为国家级重型装备制造基地、生态型临港工业区。

7.3.1.1 区域位置

临港经济区位于海河入海口南侧滩涂浅海区，处于滨海新区核心区，北与天津港隔大沽河航道相望，南接南港工业区和轻纺工业区，西为滨海新区中部新城，东临渤海，处于环渤海经济区的中心地带，距离滨海新区中心城区10km、距天津市区50km、距北京160km。有着优越的交通网络，与天津港隔海河相望，距中国最大的航空货运中心天津滨海国际机场仅38km。

7.3.1.2 自然环境和社会概况

（1）地形地貌

临港经济区位于京畿门户的海河入海口南侧滩涂浅海区，通过围海造地而形成，规划总面积200km²，周边现状为滩涂地貌，地形平坦，地貌类型主要为平地。

（2）气候条件

临港经济区位于中纬度欧亚大陆东岸，面对太平洋，季风环流影响显著，冬季受蒙古冷高气压控制，盛行偏北风；夏季受西太平洋副热带高气压左右，多偏南风。天津市气候属暖温带半湿润大陆季风型气候，有明显由陆到海的过渡特点：四季明显，长短不一；降水不多，分配不均；季风显著，日照较足；地处滨海，大陆性强。年平均气温12.3℃。7月最热，月平均气温可达26℃；1月最冷，月平均气温为−4℃。年平均降水量为550～680mm，夏季降水量约占全年降水量的80%。

（3）社会环境概况

临港经济区是滨海新区重要功能区之一，也是国家循环经济示范区和国家新型工业化产业示范基地，定位为建设中国北方以装备制造为主导的生态型临港经济区，致力于发展装备制造、粮油加工、口岸物流三大支柱产业。

临港经济区围绕自身发展定位，大力发展实体经济，目前已形成了装备制造、粮油食品加工、口岸物流、现代化工四大支柱产业。其中：装备制造业已形成以大机车为代表的轨道交通、以中船重工为代表的造修船、以博迈科为代表的海上工程、以华能为代表的新型能源、以太重为代表的工程机械和大型成套设备研制五大产业板块。粮油食品加工产业已引进了中粮油、中储粮、京粮油、美国ADM、印尼金光等国际国内领军企业。口岸物流产业已引进了世界500强普洛斯、孚宝、思多而特等企业，正在迅速发展壮大。现代化工产业：保留了以天碱、大沽化、LG化工、天津新龙桥为代表的现代化工板块，此产业目前已全部投产并不断增资扩产。科技型中小企业发展迅速，由2011年的17家发展到2012年的70家，其中8家被认定为"科技小巨人"。

临港经济区横跨两河、纵对大海、背靠三北、面向世界，直接经济腹地包括京津两个直辖市和华北、西北十个省区，总面积200多万平方千米、人口2亿多，同时还可辐射日本、韩国、朝鲜、蒙古等东北亚国家。

（4）园区产业布局

产业发展布局应按照节约化、集约化、集群化的发展模式，发展条件成熟地区优先发展的理念，确保产业区建设用地合理、有序利用。产业发展的基本形态是以重点产业为核心的产业集聚区。临港经济区产业布局形成"一轴、两核、三区"：一轴是现代服务业发展轴；两核是依托主、副两个中心发展的现代服务业发展核心区；三区是北、中、南三个制造业片区，根据开发进度，由北向南逐步形成。其中北区主要发展船舶海工、粮油精深加工、现代工程机械、轨道交通设备、新材料、化工等产业。

从功能区划分来看，"一轴"为规划区域西侧沿海滨大道的综合功能带，集区域交通、市政廊道、配套设施和生态绿地于一体，服务临港经济区产业发展；"双核"为临港经济区内部的南北两个综合服务区，北部综合服务区集中建设企业研发总部、行政管理、配套商业、职工公寓、医疗服务设施等项目，南部综合服务区集中建设职工公寓和配套公建等项目，共同形成综合配套服务支撑体系；"三区"为临港经济区的北区、中区和南区，是临港经济区实现功能定位的主体区域，结合用地布局对重型装备制造业、标准厂房、港口物流业等产业发展进行布局。从空间布局来看，临港经济区呈南北狭长体态，分为北区、中区和南区，且由北至南呈现产业区-综合服务区-产业区-综合服务区-产业区的多层"三明治"夹层结构；此外，由于港池的限制，临港经济区在北区与中区之间的通道宽度迅速收窄，形成局部"咽喉式"阻塞。

临港经济区的"三明治"夹层结构使得产业区与综合服务区交错布置，居住区与工业区相互叠加，由于居民生活污水和工业生产废水水质、水量以及排污标准等不尽相同，标准不一，安全要求有别，因此可考虑对这两类规划区适度分离。

7.3.1.3 水环境概况

作为填海造陆形成的工业园区，临港经济区化工园区主要存在三大水系，分别是内部环绕园区的景观河道、经由塘沽市区蜿蜒而来的大沽排污河（与景观河道通过排海泵站相连）以及北部的大沽沙航道。三大水系水文各有特点：园区景观河道为人工开凿的河道，具有断面整齐规则、水流稳定的特点；大沽排污河入海河段具有典型的河口特点，而大沽沙航道水域面积广阔，水深而流急。

7.3.1.4 工业企业废水水质评估

临港工业区共包含 23 家涉水处理企业，根据其行业分布可大致划分为石油化工类（7 家）、热电能源类（3 家）、水处理类（4 家）、机械生产制造类（4 家）、粮油食品加工类（3 家）、物流储运类（2 家）六类；其中包括天津市重点监控的企业 4 家。临港工业区涉水企业的污水排放去向主要有天津临港胜科水务有限公司、天津威立雅渤化永利水务有限责任公司和大沽排水河 3 个。

对临港工业区重点企业排水状况的调研结果显示，园区 7 家化工企业的污水均排入园区两家污水处理厂。总废水产生量 354.6509 万吨/年，企业最大排放量 232.724 万吨/年,最小 0.2469 万吨/年;总 COD 排放量 52.807t/a,企业最大的排放量 38.4t/a,最小 8.9×10^{-6} 万吨/年;氨氮 3.93t/a,企业最大排放量 3.5t/a,最小 1×10^{-7}t/a。污染因子基本为 pH、SS、BOD_5、COD、氨氮、动植物油、总磷和石油类。废水种类主要有清洗废水、喷淋废水、分离器废水、生活污水等。检修清洗废水和油气回收装置产生的含油废水作为危险废物进行管理,并及时送有资质单位进一步处理。企业大多有自建的污水处理站,通过隔油、气浮等设施先对其进行预处理,再经污水处理站进一步处理后,出水均符合《污水综合排放标准》(DB 12/356—2018)三级标准限值要求。

3 家热电能源类企业同样将污水排入两家污水处理厂。总废水产生量 28.16 万吨/年,企业最大排放量 14.85 万吨/年,最小 13.31 万吨/年;总 COD 排放量 1.901×10^{-3} 万吨/年,企业最大的排放量 1.9×10^{-3} 万吨/年,最小 9.65×10^{-7} 万吨/年;氨氮 4.717×10^{-3} 万吨/年,企业最大排放量 4.7×10^{-3} 万吨/年,最小 1.7×10^{-5} 万吨/年。污染因子基本为 pH、SS、BOD_5、COD、氨氮、动植物油、总磷和石油类。其中,天津渤化永利热电有限公司实现了工业废水零排放。

5 家机械生产制造企业,有 1 家不外排,其他 4 家企业污水均排入污水处理厂。总废水产生量 79.353 万吨/年,企业最大排放量 65.25 万吨/年,最小 1.03×10^{-2} 万吨/年;总 COD 排放量 9.098×10^{-3} 万吨/年,企业最大的排放量 5.38×10^{-3} 万吨/年,最小 1.8×10^{-5} 万吨/年;氨氮 7.888×10^{-4} 万吨/年,企业最大排放量 5.7×10^{-5} 万吨/年,最小 1.8×10^{-6} 万吨/年。常规污染因子包括 COD、BOD_5、氨氮等。废水种类主要有清洗废水、生活污水以及不同工艺产生的废水。

粮油食品加工类企业有 2 家,污水均排入园区污水处理厂。废水产生量为 31.7 万吨/年,COD 和氨氮产生量为 0.12 万吨/年和 2.4×10^{-5} 万吨/年。污染因子有 pH 值、浊度、COD、生化需氧量、氨氮、总磷、石油类、余氯等。

物流储运类企业有 2 家,污水均排放至园区污水处理厂。污染因子为 pH、BOD_5、COD_{Cr}、SS、氨氮、总磷、石油类等。

7.3.1.5 临港经济区全过程水污染防控模式构建

结合该经济区产业复杂、污水处理提标难度大,污水处理厂排水氮磷对近岸海域水质冲击影响大,以及工业园区风险应急能力较弱的一系列问题,从宏观、中观、微观三个维度,提出以"排污准入、污染减排、生态增容和风险防控"为核心的天津滨海工业区水污染防控全过程管控模式,通过"减排"和"增容"相结合、"常规管理"与"风险管理"相结合,构建下列模式,全面保障滨海工业区生态环境改善。详见图 7-6。

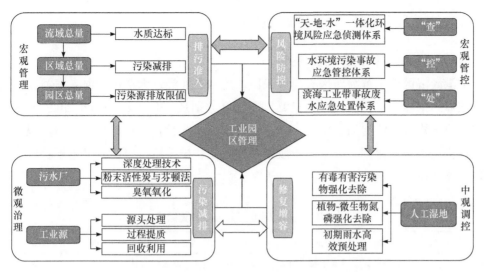

图 7-6　临港经济区全过程水污染防控模式设计思路

7.3.2　基于园区总量的排污许可限值方案

7.3.2.1　园区排污许可证发放现状

截至 2019 年底，临港经济区发排污许可证 45 家，其中污水处理及其再生利用 4家，2 家简化管理，2 家重点管理。

根据排污许可证副本信息查询，4 家污水处理企业污水直排环境，天津威立雅渤化永利水务有限责任公司直排渤海，天津临港胜科水务有限公司和天津市青沅水处理技术有限公司经城市管网排入自然环境，天津临港建设开发有限公司退水直接排入自然环境；其他的企业属于间排企业，均经污水处理厂处理后排入自然环境。在临港经济区，重点关注直排自然环境的 4 家污水处理企业。

污水处理厂排放标准遵循《城镇污水处理厂污染物排放标准》(DB 12/599—2015)。依据污水处理厂设计规模和标准限值，4 家污水处理企业 COD、氨氮、TP、TN 总量排放限值分别为 611.2t/a、36.4t/a、6.2t/a、206.5t/a，详见表 7-2。

表 7-2　污水处理企业总量限值

企业名称	排水量/ (t/d)	COD/ (t/a)	氨氮/ (t/a)	TP/ (t/a)	TN/ (t/a)
天津临港胜科水务有限公司	10000	109.50	5.48	1.10	36.50
天津威立雅渤化永利水务有限责任公司	12000	126.88	8.97	1.26	42.29
天津临港建设开发有限公司	15000	164.25	11.48	1.64	54.75
天津市青沅水处理技术有限公司	20000	210.57	10.54	2.19	73.00
合计	57000	611.20	36.47	6.19	206.54

7.3.2.2　基于园区总量的许可限值方案

（1）排污许可限值合理性分析

临港经济区位于滨海新区天津保税区，污水主要经过大沽排污河入海河，污染源现状核算结果显示保税区 COD、氨氮、TN、TP 分别是 278.4t/a、40.6t/a、50.9t/a、3.9t/a。保税区位于排入大沽河后直接入海，未核算水环境容量和允许排放量，但是根据天津市允许排放量核算原则，要求总排放量不超过现状排放量，因此，可用现状排放量来核定区域的排污总量许可限值，详见表 7-3。

表 7-3　保税区区域发证总量限值

单元	乡镇	排放去向	COD/（t/a）	氨氮/（t/a）	TN/（t/a）	TP/（t/a）
天津港保税区	大沽街道	大沽排水河	278.40	40.57	50.96	3.92

依据已发排污许可证限值，4 家污水处理企业 COD、氨氮、TN、TP 总量排放限值分别为 611.2t/a、36.4t/a、206.5t/a、6.2t/a，除氨氮小于现状排放量之外，其他指标均超现状排放量，COD、TP、TN 分别超过了 119.5%、57.8%和 305.3%，不能满足总量管控的需要，因此需要制定基于区域总量管理的排污许可限值。

（2）污水处理设施排污许可限值核定

临港经济区 4 家污水处理企业均遵循《城镇污水处理厂污染物排放标准》（DB 12/599—2015）确定排放浓度限值，根据天津临港胜科水务有限公司、天津威立雅渤化永利水务有限责任公司实际排放情况来看，实际排放浓度为限值浓度的 51.9%、10.9%、20.0%和 28.2%，即实际排放浓度低于限值浓度；实际排放总量为总量限值的 39.4%、7.4%、15.5%和 21.4%，即实际排放总量也小于总量限值。详见表 7-4、表 7-5。

表 7-4　保税区污水处理企业浓度限值与浓度实测值比较

企业名称	类型	排水量/（t/d）	COD/（mg/L）	氨氮/（mg/L）	TP/（mg/L）	TN/（mg/L）
天津临港胜科水务有限公司	限值	10000	30.00	1.50	0.30	10.00
	实际排放	7611	14.82	0.20	0.06	3.56
天津威立雅渤化永利水务有限责任公司	限值	12000	30.00	1.50	0.30	10.00
	实际排放	8677	16.32	0.13	0.06	2.08
天津临港建设开发有限公司	限值	15000	30.00	1.50	0.30	10.00
	实际排放					
天津市青沅水处理技术有限公司	限值	20000	30.00	1.50	0.30	10.00
	实际排放					
合计	限值		30.00	1.50	0.30	10.00
	实际排放		15.57	0.16	0.06	2.82

表 7-5　保税区污水处理企业总量限值与总量实测值比较

企业名称	类型	排水量/（t/d）	COD/（t/a）	氨氮/（t/a）	TP/（t/a）	TN/（t/a）
天津临港胜科水务有限公司	限值	10000	109.50	5.48	1.10	36.50
	实际排放	7611	40.92	0.54	0.17	9.78
天津威立雅渤化永利水务有限责任公司	限值	12000	126.88	8.97	1.26	42.29
	实际排放	8677	52.44	0.44	0.20	6.73
天津临港建设开发有限公司	限值	15000	164.25	11.48	1.64	54.75
	实际排放		64.63	0.85	0.26	11.69
天津市青沇水处理技术有限公司	限值	20000	210.57	10.54	2.19	73.00
	实际排放		82.86	0.78	0.34	15.59
合计	限值		611.20	36.47	6.19	206.54
	实际排放		240.85	2.61	0.97	43.79

考虑到污水处理厂的实际排放情况，结合区域的总量限值情况，需要对污水处理企业排放限值适当加严。

根据 2019 年不同平均期浓度和排放量对比可以得到，天津威立雅渤化永利水务有限责任公司 COD、氨氮、TP、TN 指标 5%日特征值浓度分别为 21.8mg/L、0.22mg/L、0.12mg/L、4.94mg/L，5%日特征值浓度与年均值浓度的比分别为 1.34、1.68、1.98 和 2.38；COD、氨氮、TP、TN 指标 5%日特征值排放量分别为 237.2kg/d、2.22kg/d、1.21kg/d、42.11kg/d，5%日特征值浓度与年均值浓度的比分别为 1.65、1.85、2.24 和 2.28。天津临港胜科水务有限公司 COD、氨氮、TP、TN 指标 5%日特征值浓度分别为 19.86mg/L、0.41mg/L、0.08mg/L、5.53mg/L，5%日特征值浓度与年均值浓度的比分别为 1.34、2.09、1.26 和 1.55；COD、氨氮、TP、TN 指标 5%日特征值排放量分别为 174.01kg/d、3.42kg/d、0.62kg/d、47.24kg/d，5%日特征值浓度与年均值浓度的比分别为 1.55、2.30、1.35 和 1.76。

按照两个已有污水处理企业参数类比天津临港建设开发有限公司、天津市青沇水处理技术有限公司比例系数，可以计算得到天津保税区 4 个主要污水处理厂的排放限值，COD、氨氮、TN、TP 指标均能满足总量管控要求（详见表 7-6、表 7-7）。

表 7-6　保税区污水处理企业浓度限值

企业名称	类型	COD/（mg/L）	氨氮/（mg/L）	TP/（mg/L）	TN/（mg/L）
天津临港胜科水务有限公司	日限值	19.86	0.41	0.08	5.53
	年限值	14.82	0.20	0.06	3.56
天津威立雅渤化永利水务有限责任公司	日限值	21.80	0.22	0.12	4.94
	年限值	16.32	0.13	0.06	2.08

企业名称	类型	COD/（mg/L）	氨氮/（mg/L）	TP/（mg/L）	TN/（mg/L）
天津临港建设开发有限公司	日限值	20.83	0.32	0.10	5.23
	年限值	15.57	0.16	0.06	2.82
天津市青沅水处理技术有限公司	日限值	20.83	0.32	0.10	5.23
	年限值	15.57	0.16	0.06	2.82
平均	日限值	20.83	0.32	0.10	5.23
	年限值	15.57	0.16	0.06	2.82

表7-7 保税区污水处理企业总量限值

企业名称	类型	COD	氨氮	TP	TN
天津临港胜科水务有限公司	日限值/（kg/d）	174.01	3.42	0.62	47.24
	年限值/（t/a）	40.92	0.54	0.17	9.78
天津威立雅渤化永利水务有限责任公司	日限值/（kg/d）	237.20	2.22	1.21	42.11
	年限值/（t/a）	52.44	0.44	0.20	6.73
天津临港建设开发有限公司	日限值/（kg/d）	283.59	4.83	1.26	64.81
	年限值/（t/a）	64.63	0.85	0.26	11.69
天津市青沅水处理技术有限公司	日限值/（kg/d）	363.57	4.44	1.68	86.41
	年限值/（t/a）	82.86	0.78	0.34	15.59
合计	日限值/（kg/d）	1058.37	14.91	4.77	240.57
	年限值/（t/a）	240.85	2.61	0.97	43.79

根据示范区研究结果可以看出，实际排放量确定的排污许可限值基本可以满足总量管理的需求，水质浓度限值相较技术标准限值可以下降30%以上，水质浓度限值相较技术标准限值甚至可以下降60%以上，排放限值确定对于污水处理厂精细化管理非常重要。

7.3.3 园区污水处理设施提标减排方案

7.3.3.1 污水处理现状

临港经济区的主要园区企业排水包括两种模式即企业预处理＋园区污水处理厂模式和协商排放模式两种。其中天津临港胜科水务有限公司和天津威立雅渤化永利水务有限责任公司承担整个园区大部分企业排水的处理工作，其采用企业预处理＋园区污水厂模式和协商排放模式相结合的排水模式。园区内大多数实行企业预处理＋园区污水处理厂排水模式的企业都只是做了简单的类似隔油、气浮之类的预处理,然后将废水排入园区污水处理厂进行后续处理,尽管企业出水水质可达到污水处理厂进水标准,但企业排水量非常大,而几个园区污水处理厂处理规模非常有限,因而仍然为污水处理厂各处理单元带来了较大的处理负荷。此外,从各个行业来看,企业本身的污水控制技术水平十分有限,处理废水回用率非常低,多数企业甚至为 0。从产业布局来看临港经济区的产业区与综合服务区交错布置,居住区与工业区相互叠加,由于民用与工业领域对市政系统需求不同,标准不一,安全要求有别,因此应考虑适度分离。

7.3.3.2 园区污水处理设施减排方案

(1)扩大园区协商排放模式实施范围

临港经济区园内涉水企业较多,总废水产生量 493.864 万吨/年,其中 COD 52.938t/a、氨氮 3.936t/a,大多数企业将处理后的污水排入天津临港经济区胜科污水处理厂或天津威立雅渤化永利水务有限公司,数家实现零排放。除去四家污水处理厂,临港产生污水最多的行业是石油化工类,达 354 万吨/年。此外,COD 和氨氮的产生量依然是石油化工类最大,分别是 52t/a 和 3.93t/a。其他行业与之相比,COD 和氨氮的产量都非常少。

园区内企业排水一类污染物产生量较少,主要通过外送处理,不会通过排水管网进入园区集中污水厂。园区各行业排水中主要污染物以 COD、BOD、氨氮、TP、悬浮物为主,部分企业涉及总氰化物、总铜、石油类等二类污染物。此外,当前园区的两大主要集中式污水处理厂天津威立雅渤化永利水务有限责任公司和天津临港胜科水务有限公司处理规模总计约为 23000t/d,其主要处理单元均以生化法为主,且已经开展了协商排放方面的尝试,积累了宝贵的经验。因此,建议临港经济区可考虑扩大协商排放模式的实施范围,从而减轻企业和污水处理厂的负担,达到国家提倡的双赢局面。具体应该从以下几个方面着手。

1)严格实施"逐厂逐企"的协商排放适应性分析

除前期调研的水质状况符合协商排放要求的条件外(严禁一类污染物,排水全为生活污水等),还应对排水企业的官网官网布置进行全面评估,确保排放的废水以密闭管道的形式向污水处理厂排放,不会有协议外的污染物进入。

2)全面核定排污单位执行的协商排放标准

现有项目拟新申请执行协商排放的,应当就协商排放的可行性组织论证,并依法履行环评变更、排污许可证变更等手续。经论证具备可行性的,排污单位应当与污水处理厂签订协商排放协议,并明确商定的排水水质、水量、污染物浓度和总量、排水方式及去向、达标责任以及其他必要事宜。涉及排污单位水污染物总量指标的,按照污水处理厂出水限值标准进行核算。涉及污水处理费用的,由排污单位与污水处理厂按照市场化方式自行商定。协商排放涉及管网敷设路由、工程等事宜的，由排污单位按照相关规定依法办理，并负责专有管网的运行管理。

3）建立园区排水在线监测平台

排污单位执行协商排放应开展自行监测，按规定手工或在线监测排污单位总排水口的排水水量和水质，并保障在线监测设备的正常运行，同时依法履行全面达标、信息公开等法定责任事项，确保日常经营合法合规。排污单位纳入国家及天津市排污许可管理范围的，应当依法办理排污许可证，有关协商排放事项应当如实载入排污许可证、作为许可事项纳入依证监管。接纳处理协商排放废水的污水处理厂，应当加强环保管理，确保设施正常稳定运行，保证污染物排放达到相关标准限值要求。

（2）环保管家全面服务

环保管家是一种"保姆式"环境服务，主要指环保服务企业为政府、园区、企业提供合"保姆式"综合环保服务，是新兴的一种治理环境污染的服务模式。环保管家可应用于城市污染治理、园区污染防治、企业污染治理中，对工业园区而言，环保管家可提供从园区设立、发展等，到项目选址、环保手续、环境监测、污染治理、设备运维等方面的服务，提供综合性、全方位的服务。

目前来看，环保管家服务工作在全国处于起步阶段，其理念正在形成，其内涵也是在逐步丰富。环保管家的服务内容主要是以"预防为主、防治结合"的原则，向政府、园区或企业提供生态环境问题的整体解决方案，做到"咨询服务＋系统预防＋科学治理"一站式环保管理服务。

环保管家在临港经济区内的环保管理工作中的应用应根据园区内环保管理中面临的困难，成立专业技术团队向园区提供"全过程、全方位、全时段"的环保管家服务。全过程：从园区招商引资、前期咨询阶段，到项目建设过程阶段，再到项目运营日常管理阶段，提供全过程的环保技术支撑服务。全方位：宏观上环保管家团队服务于园区环境管理；微观上环保管家团队深入园区企业内部，为企业的项目建设、运营期环境隐患排查、环保管理水平提升等方面提供专业指导服务。全时段：环保管家团队既为园区提供日常环保管理服务工作，还要根据需求不定期地提供专项环保服务。

1）招商项目环保预审服务

协助园区对招商引资项目进行环保预审。严格按照国家和地方产业政策、"三线一单"和园区规划环评要求对招商引资项目进行从环保角度分析项目建设的可行性，并提交招商项目环保可行性分析报告。为拟引进项目提出初步的环保管理服务建议和定制化的服务方案，为园区招商引资提供初步的环境保护决策依据。

2）项目建设期环保管理服务

针对园区入驻企业建设期间环保专业技术服务的空白，开展项目建设期环保管理服务工作。通过在建设期对企业进行环保管理服务解决以往因为前期设计不合理、施工程序不严格、施工质量欠佳造成运营期项目环保隐患突出，且难以整改的难题。项目建设期环保管理服务内容主要包括以下几点。

① 发挥环保管家团队专业技术优势，主动提前介入对企业环保工程设计方案进行指导和审查，督促企业在方案设计中严格贯彻园区环保标准化建设方案的要求，高标准、严规格地做好环保工程方案设计，确保不因设计问题造成环保隐患。

② 项目建设期定期巡查环保工程建设情况，检查企业是否严格落实环评文件及批复中提出的各项污染治理措施及风险防范措施。对因工程建设需要而引起变动的环保设施进行专业判定和指导，并指导企业完善变更环保手续。

③ 项目建成调试前督促企业开展排污许可申请，调试正常后指导企业进行竣工环境保护验收，为企业运营期环保管理工作顺利进行奠定基础。

3）入驻企业环保问题排查

协助园区生态环境局对已入驻企业开展环保问题排查、诊断，并定期提交排查报告。通过排查发现企业存在的环保问题和风险隐患，督促企业及时整改完善，提高园区企业的环保管理水平、消除了环境隐患。对排查中发现的突出环保问题及时上报园区生态环境局，并给出解决处理办法，供管理部门决策参考；对排查中发现企业普遍存在的环保问题，制定专门的标准化解决方案，向园区内的企业进行统一宣贯布置，指导企业深入了解问题根据和解决方案。入驻企业环保问题排查报告内容包括：

① 企业环保"三同时"手续履行情况调查；

② 企业生产工艺与污染治理措施基本情况调查；

③ 企业污染治理设施运行台账，排污许可执行情况调查；

④ 企业环境风险防范措施落实管理情况调查；

⑤ 企业环境管理方面存在的问题与隐患，以及整改建议和要求。

4）环保知识专题培训

根据国家和地方相关环境保护政策，结合日常环保管家服务工作中发现的问题，在园区内部开展环保知识专题。通过针对性的专题培训帮助园区环保工作者更好地理解生态环境法律法规，更准确地掌握企业日常环境管理工作的要求，有效提升园区环保工作者的专业能力水平，推动园区环保管理水平向上发展。专题培训分为 3 类：

① 要包括国家和地方环境保护相关法律法规方面的专题培训；

② 先进的环保管理理念和环保治理技术等方面的专题培训；

③ 典型的环境保护和风险防控案例等方面的专题培训。

5）重点企业帮扶

协助园区生态环境局对园区内环保问题突出、周边群众关切的企业开展重点帮扶。通过成立专门的帮扶小组深入周边社区了解群众关切的环境问题和疑惑，下沉企业生产一线排查存在的环境问题，研究探索问题解决途径，编制帮扶报告，督促企业及时落实帮扶措施，全面提升企业环保管理和污染治理水平，解决周边群众关切环境问题。帮扶报告主要内容如下。

① 帮扶目标：主要明确企业存在突出的环保问题，以及帮扶需要达到的目标。

② 帮扶内容：主要阐述帮扶工作推进的时间点和具体的帮扶工作内容。

③ 帮扶成效：通过对帮扶措施实施后的具体事项进行评估，总结出帮扶的成效。

（3）园区重点行业水污染技术集成

临港经济区废水主要来自化工（石油）和机械制造类等行业产生的废水，其污染物主要为高浓度的 COD、BOD、SS 以及部分重金属和难降解有机物。园区废水水量大、污染物种类多、浓度高、生物毒性大、腐蚀性强等特点，常规技术手段很难满足处理要求，使其在水污染控制方面存在诸多难题。因此，在此提出以节水-减排为基础的园区企业清洁生产＋预处理＋深度处理技术，以期提高中水回用率，减少下游污水处理厂运行负荷，实现对水环境的合理保护。

对装备制造业废水来说，其特征污染物包括重金属类污染物以及高盐类，而园区的主要污水厂——胜科污水处理厂并无特定的重金属类和高盐废水的处理设施，因此无论是实行企业预处理＋园区污水处理厂排水模式的企业还是协商排水模式的企业都需做好类似废水的处理，详见前述章节给出的完整的行业分类的控源＋减排的集成技术体系。装备制造业水污染控制措施详见表 7-8。

表 7-8　装备制造业水污染控制措施汇总

控制环节	方法	具体技术
源头治理	有毒原辅材料替代	无氰镀锌技术
		无氰酸性镀铜技术
		丙尔金镀金替代氰化物镀金技术
		亚硫酸盐镀金技术
		三价铬电镀技术
		纳米合金电镀替代电镀铬技术
		无镉电镀技术
	清洗废水槽边回收	逆流清洗-离子交换技术
		逆流清洗-离子交换-蒸发浓缩技术
		逆流清洗-反渗透膜分离技术
		逆流清洗-电解回收技术
		槽边化学反应技术
		镀铬废液回收利用技术（阳离子交换树脂）
		溶剂萃取-电解还原法回收废蚀刻液技术
	电镀清洗废水减量化	多级逆流清洗技术
		间歇逆流清洗技术
		喷射水洗技术
		废水的分质梯度利用技术

控制环节	方法	具体技术
含氰废水	化学法	碱性氯化法处理技术
	物化法	臭氧氧化法处理技术
		电解法处理技术
重金属废水	化学法	化学还原法处理技术（还原六价铬）
		化学沉淀法（氢氧化钠、硫化钠）
		化学法＋膜分离法处理技术
	物化法	电解法处理技术
		电解法＋膜分离法
有机废水	生物化学法处理技术	A/O（有效去除 SS）
		A²/O（有效去除 COD、氨氮）
		A/O₂（有效去除 COD、氨氮）
		好氧膜生物处理技术（有效去除 COD、氨氮，去除 TP 效果差）
		缺氧（或兼氧）膜生物处理技术（有效去除 COD、氨氮、TP）
		厌氧-缺氧（或兼氧）膜生物处理技术（有效去除 COD、氨氮、TP、TN）
含盐废水	物化法	反渗透深度处理技术

对石油化工行业废水来说，排水的主要污染物（指标）包括 pH、SS、BOD_5、COD、氨氮、动植物油、TP 和石油类，且部分废水含盐量高。废水种类主要有清洗废水、喷淋废水、分离器废水、生活污水等。一般传统的处理方法难以进行有效处理。针对化工厂废水不同的种类，研究不同的处理去毒技术在预处理技术方面，根据废水水质特点不同，进行企业内预处理和分类收集之后预处理，旨在降低废水的生物毒性，提高废水的可生化性，利于废水的后续处理。化工行业废水预处理技术详见表 7-9。

表 7-9 化工行业废水预处理技术

预处理技术	处理废水类型	技术特点	技术名称
企业预处理	含重金属废水	絮凝沉淀去砷、铜等重金属污染物	絮凝沉淀技术
	特殊污染物	采用汽提、吸附或萃取的方法进行回收、活性炭吸附，剩余残渣进行直接焚烧	汽提或萃取技术
	高氨氮废水	吹脱去氨	吹脱去氨技术
	高浓度废水	水解酸化和厌氧提高废水可生化性	水解酸化，厌氧技术
	难降解废水	氧化催化，提高可生化性	氧化催化技术
	高生物毒性废水	去除生物毒性，提高其可生化性	内电解及复合技术、光催化及复合技术、多相催化技术，微波光催化技术
	酸碱废水	投加碱、酸性物质，调节 pH 达中性	pH 调节
	TDS 浓度高且废水水量大	去盐技术	膜蒸馏、多效蒸发、MVR 等技术

预处理技术	处理废水类型	技术特点	技术名称
污水厂集中预处理	含油、悬浮及胶体状物质	去除废水中的油类、悬浮胶状物质	气浮、隔油
	难降解相对 COD 较高的废水	利用水解酸化提高废水可生化性	水解酸化

(4) 园区污水处理厂提标改造

临港经济区的主要集中式污水处理设施为胜科污水处理厂，目前胜科污水处理厂共有 2 条水解酸化＋A/O＋物化处理工艺处理线，总污水处理量 1×10^4t/d（其中一般工业废水 9800t/d，生活污水 200t/d），两条污水处理线处理规模均为 5000t/d。

尽管目前污水处理厂排水能够达标排放，但仍远低于《地表水环境质量标准》Ⅳ类水标准限值，而且随着园区污水处理量的逐渐增大，仍会对下游水环境造成较大污染负荷，本着水环境"零负荷"的原则，有必要对污水处理厂进行提标改造。

胜科污水处理厂收水范围内主要有化工企业、能源企业、海工企业、仓储罐区企业及市政污水。化工企业主要为生产 ABS 树脂、苯乙烯、EPS 树脂、SBS 树脂等化工企业，其产生的污水有较高的有机物含量，主要污染因子是 COD 及 TP，排水特性为间歇排水。能源企业主要为发电型能源企业，污水来源于其燃烧剂的清洗、循环水排污等，其污水水质情况和其原料燃烧剂的质量有关，主要污染因子为 COD、氨氮及总氮，排水特性为间歇排水。海工企业及仓储罐区企业污水，主要来源为设备清洗、初期雨水等，随着设备清洗程度的不同，污染物指标有波动，污染因子主要为 pH、COD 及悬浮物，排水特性为间歇排水。市政污水水质较为稳定，主要污染因子为 COD、BOD、氨氮、TP、悬浮物等。

胜科污水处理厂收集废水分为生活污水和一般工业废水两种，考虑到临港经济区工业排水具有间歇性的特点，而且水质变化范围较大，从而带来废水进水的冲击负荷，胜科污水处理厂设置了调节池及事故池，用于缓解进水水质对后续处理系统的冲击。调节池接纳生活污水和工业废水，利用空气搅拌装置均匀水质。本项目设有事故池，一方面是对调节池调节容量的补充，另一方面用于临时容纳因机械设备或电力设施故障而造成污水系统不能正常运行时各企业的进水。污水从调节池泵入水解酸化池，通过厌氧菌的水解酸化作用将污水总大分子物质降解为小分子物质，将难生化降解物质转化为易生化降解物质，改善废水的可生化性，同时水解酸化池可以降低 COD 的总量。水解酸化池集生物降解、物理沉降和吸附为一体，污水中的颗粒和胶体污染物得到截留和吸附，并在产酸细菌等微生物作用下得到降解，有利于后续的好氧处理。废水经水解酸化后进入生物池，采用延时曝气的 A/O 工艺，利用厌氧和好氧工艺段，使废水中的有机物、氨氮等污染物被大量降解，出水进入沉淀池。由于进水 COD 和 TP 等含量较高，为确保出水能够稳定达标，在沉淀池之后设置后物化池，投药进行混凝沉淀，进一步去除污水中所含悬浮态和部分溶解态的 COD、SS 和 TP。详见图 7-7。

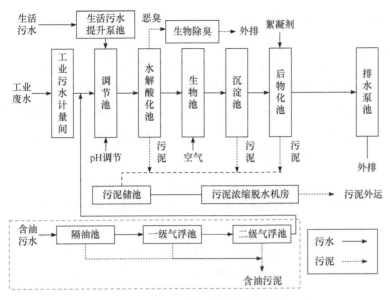

图 7-7 胜科污水厂提标改造前工艺图

根据前期调查，现有工程存在问题主要包括以下方面。

出水 TN 相对较高：受污水处理厂进水原水碳源较低以及生化反应系统 BOD_5/TN 比例失调影响，污水厂处理出水中 TN 相对较高，目前无法达到《城镇污水处理厂污染物排放标准》（DB 12/599—2015）中的 A 标准（2018 年 1 月 1 日执行）。此次污水厂扩建工程设计中，TN 是最难解决的问题。

出水 COD 不稳定：污水厂处理出水中 COD 大部分时间能达到《城镇污水处理厂污染物排放标准》（DB 12/599—2015）中的 A 标准，但是无法确保 COD 稳定达标。

根据天津胜科污水厂实际出水情况，NH_3-N 和 BOD_5 基本已达到新标准，COD_{Cr}、SS、TP 和色度接近新标准，大部分时间能达到新标准，TN 与新标准有一定差距。本次提标改造以脱除 TN 为主，同时去除 COD_{Cr}、SS、TP 和色度等指标，增加消毒设施使粪大肠菌群数达标。

1）TN 的脱除工艺方案选择

根据工艺考察，反硝化深床滤池能稳定脱除 TN，同时也去除 SS 和 TP。反硝化深床滤池采用特殊规格及形状的石英砂作为反硝化生物的挂膜介质，同时该建筑物对硝态氮及悬浮物去除有良好效果。利用适量的乙酸钠碳源，附着生长在石英砂表面的反硝化细菌把硝态氮转换成氮气完成脱氮反应过程。碳源投加系统，采用前馈＋后馈形式控制，精确投加碳源，做出水质保证。滤池能够实现基于需去除的硝态氮的负荷量来控制碳源的投加量，即系统自动获取滤池的进水流量，结合滤池的进、出水硝酸盐浓度，溶解氧（DO）浓度，通过碳源投加现场控制柜内置软件的计算，结合硝态氮出水后反馈机制，定期小比例地修正碳源投加值，发出指令控制加药泵的碳源投加量，避免碳源投加过量和不足。随着反硝化过程的进行，污水中的硝酸盐在微生物作用下，反硝化生产氮气，氮气逐渐累积在滤料层中，减小过滤后水通过滤层的空隙，造成滤池水头损失增加。针对仅由于氮气积累造成的过滤水头增加，可通过单独的水反冲释放滤层中积累的气体，减小滤池运行中的水头损失，保障滤池过滤滤速。本项目氮气释放的周期约为 4h，可以通过在线仪表监测进水流量及硝酸盐量，PLC 系统自动计算滤层需要做氮气释放的周期，也可以通过运行经验在上位机上直接设置氮气释放周期。

2) COD 去除工艺方案选择

胜科污水厂污水前端生化工艺对有机污染物的降解比较充分彻底，污水中剩余的有机污染物均为难生物降解有机物。根据污水特点有如下方案可供选择。

臭氧催化高级氧化工艺：臭氧直接氧化有两种方式，一种是由 O_3 分子或单个 O 原子直接参与反应引起；另一种是由 O_3 分解产生的·OH 作为强氧化剂参与完成的。臭氧催化高级氧化技术主要是利用·OH 来降解污水中的有机污染物，·OH 的 E^0 为 2.8eV，是自然界中仅次于 F（2.87eV）的最强氧化剂，其可以几乎无选择性地和废水中的污染物发生反应，其可将常规氧化剂、臭氧和氯不能氧化分解的有机物，彻底氧化为 CO_2 和 H_2O。和单一臭氧氧化技术相比，臭氧催化高级氧化技术特色主要体现在 2 个方面：a. 高效臭氧溶气系统，利用电磁的作用改变污水分子的微观物质形态，达到提高臭氧气体的溶解效率，并有效减少臭氧投加量；b. 高效催化系统，分为均相催化和非均相催化两种。均相催化的反应机理是：a. 金属离子促进臭氧分解，然后生成·OH，利用高活性的·OH 氧化有机物；b. 金属离子和有机物络合，最终被臭氧氧化。非均相催化的反应机理是：a. 臭氧在催化剂表面的化学吸附导致生成活性物质，该活性物质可以与非化学吸附的有机物分子发生反应；b. 有机物在催化剂表面的化学吸附及其与气相或液相臭氧的进一步反应；c. 有机物和臭氧均化学吸附在催化剂表面上，然后进行化学吸附位间的相互反应。目前臭氧催化高级氧化技术，已成功应用于国内一些大型污水处理厂的提标改造。

活性炭吸附工艺：活性炭是一种很细小的炭粒，有很大的表面积，而且炭粒中还有更细小的孔——毛细管。这种毛细管具有很强的吸附能力，由于炭粒的表面积很大，所以能与难降解的有机污染物充分接触，当这些难降解的有机污染被吸附，就会起净化作用。活性炭的吸附能力与活性炭的孔隙大小和结构有关。一般来说，颗粒越小，孔隙扩散速度越快，活性炭的吸附能力就越强。由于活性炭吸附法对水的预处理要求高，吸附剂的价格昂贵，因此在废水处理中，吸附法主要用来去除废水中的微量污染物，达到深度净化的目的。或是从高浓度的废水中吸附某些物质达到资源回收和治理目的。如：废水中少量重金属离子的去除、有害的生物难降解有机物的去除、脱色除臭等。

芬顿工艺：芬顿法也属于高级氧化技术，具有较高的去除难降解有机污染物的能力，主要是 Fe^{2+} 和过氧化氢（H_2O_2）之间的催化氧化反应，催化生成羟基自由基（·OH）

把污水中难降解的有机污染物氧化成二氧化碳和水，同时 $FeSO_4$ 可以被氧化成 Fe^{3+}，Fe^{3+} 变成氢氧化铁，因此芬顿工艺有一定的絮凝作用，从而达到处理水的目的。芬顿反应一般都在酸性条件下进行，反应的最佳 pH 值范围是 2～4。

COD 去除工艺对比表详见表 7-10。

表 7-10　COD 去除工艺对比表

COD 去除工艺	臭氧催化高级氧化	活性炭吸附	芬顿
优点	(1)降解彻底，去除效率高； (2)运行维护简单	对水量、水质、水温变化适应性强	(1)与有机污染物反应无选择性； (2)降解彻底，去除效率高
缺点	设备投资略高	(1)对有机物分子量吸附范围有要求； (2)活性炭需定期再生，运行费用较高	(1)需要调节 pH 值，药剂量大，运行费用高； (2)化学污泥产量大，需要处理； (2)双氧水储、运存在安全隐患

综合对比上述 3 个方案，推荐采用臭氧催化高级氧化工艺，虽然其投资略高，但对污水 COD 去除效果更好，而且运行维护更加简单。胜科污水厂提标改造后工艺图详见图 7-8。

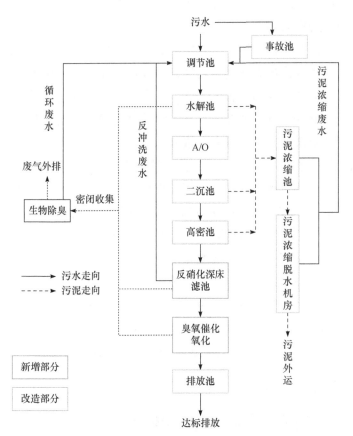

图 7-8　胜科污水厂提标改造后工艺

7.3.4 滨海人工湿地生态修复增容方案

7.3.4.1 区域生态问题现状

临港工业区所处的渤海湾天津海岸带是环渤海区域内最为典型的人工高强度开发区域，该区域拥有丰富的陆海自然资源，是我国北方经济最发达地区，同时环渤海地区也是我国北方人类活动最为密集的地区，长期以来大强度高密度的人类活动造成了渤海及其沿岸地区的生态环境呈现恶化趋势。主要表现在以下几个方面。

（1）排污受制，近岸海域污染日趋加重

渤海海域水体中的主要污染物含量迅速增加，近岸海域的污染范围在迅速扩大，近岸海域水质已远不能满足环境功能区的要求；海岸区域高污染和高耗水产业的发展，给近岸海域的水污染防治和生态环境保护带来很大压力。近年来，排污口邻近海域生态环境监测质量评价结果显示，由于工业和生活污水的大量排海，特别是部分排污口的连续超标排放，致使排污口邻近海域生态环境持续恶化。超过60%的排污口邻近海域生态环境质量处于极差状态；海水污染程度加重，80%以上的监测区域海水质量为Ⅳ类或劣Ⅳ类，43%的排污口邻近海域全部为劣Ⅳ水质。

（2）生态环境逐步恶化

海岸带特别是入海河口地区生态环境遭到严重破坏，而临港工业区恰恰位于渤海湾污染物入河量强度最大的大沽河口地区，据统计，在引起渤海湾污染的原因中，陆源污染物的排放占入海污染物总量的87%，入海河口地区成为渤海沿岸污染最重的地区，加之河流上游水资源的过度开发以及人为活动的破坏都使得海岸带特别是河口地区生态系统遭到严重破坏，已无法自我恢复。

天津滨海湿地生态环境多样，有古潟湖湿地、河口湿地、滩涂沼泽和海滩涂湿地，由于城市和滨海工业的迅速发展，一方面，大量滩涂湿地永久性丧失，已由建国初期占天津市总面积的30%降至目前的12.4%；另一方面，水生态环境呈现污染型、富营养型为标志的退化现象。大规模围填海工程使天然滨海湿地面积大幅减小，导致许多重要的经济鱼、虾、蟹和贝类等海洋生物的产卵、育苗场所消失，海洋渔业资源遭受严重损害，削弱了鸟类栖息地的功能，生物多样性迅速下降。

综上所述，临港工业区所处的天津海岸带地区由于长期开发，已经累积了相当程度的污染，加之，上游地区污染物下泄和自然环境变迁，区域环境质量呈现逐步恶化趋势，区域环境容量也不容乐观，在新的开发过程中应进一步强化环境保护与生态建设工作。

7.3.4.2 人工湿地生态修复增容方案

（1）通过增加湿地面积，完成环境容量扩增

临港经济区始建于2003年，是通过围海造地而形成的港口与工业一体化产业区，区域内人口约 10 万人。临港湿地位于天津市滨海新区临港经济区，临港一期构建于2009 年，湿地一期工程建设面积约 63hm²。

湿地系统的水源主要来自临港经济区胜科污水处理厂排水，其所排污水达到《城镇污水处理厂污染物排放标准》（GB 18918—2002）一级 B 标准。污水经过调节池、潜流湿地、表流湿地和生物栅，通过物理、化学及生化反应三重协同作用得到净化。其中，物理作用主要是过滤、沉积作用，污水在经过基质层及密集的植物茎叶和根系时，悬浮物被截留并沉积在基质中；化学反应主要指化学沉淀、吸附、离子交换、拮抗和氧化还原反应；生化反应主要指微生物在好氧、兼氧及厌氧状态下，通过开环、断键分解成简单分子、小分子等，实现对污染物的降解和去除。

临港生态湿地公园（一期人工湿地）将污水处理厂尾水通过潜流湿地、表流湿地和生物栅，通过物理、化学及生化反应三重协同作用对污染物进行削减，据估算，总计可削减 COD$_{Cr}$ 约 349t/a、NH$_3$-N 约 129t/a，BOD$_5$ 约 159t/a，TP 约 7.94t/a，能够减少大量的污染物入海，在一期湿地的基础上，2019 年临港又为了增加湿地面积，构建了湿地二期工程，二期湿地工程面积是一期湿地的 2 倍，达到 120hm²。二期湿地工程的构建，能进一步对有机污染物进行削减，大大地提高了水环境容量，对于落实渤海碧海行动计划、改善渤海水质和保护渤海海域的生态多样性具有重要意义。

（2）通过补充湿地公园景观和生态用水，扩增环境容量

在临港湿地二期工程中，通过对分散雨水设计雨水和集中雨水分别设计流量为对2000m³/d 和 3000m³/d 工艺分别为收集调节池、旋流沉砂池、高密沉淀池处理工艺及MBBR 和高密沉淀池处理工艺，对分散和集中雨水处理工艺的设计，每年可以为临港二期湿地工程引进大量雨水，补充公园湿地的景观和生态用水，从而扩增环境容量。

（3）增加景观效果，提高人文环境

天津临港经济区生态湿地公园是我国大型工业区内为数不多的以水处理为主题兼具了景观效果的湿地公园。湿地公园（湿地一期）内水体面积达到约 17×10⁴m²，项目将人工湿地与公园有效地结合，立足于乡土植物筛选与景观配置，同时充分考虑了区域水环境改善以及居民休闲需求，借助于环境科学、景观生态学、环境经济学、管理学等理论和方法，解决了工业园区污水深度处理的难题及濒海工业园区海洋生态建设问题。绿化以三季有花、一季有果、四季有景，突出层次及色彩搭配并辅以大规格苗木点缀，共栽植各类苗木 120 余个品种、18.4 万余株，园林小品有大中型景观桥 34座，景观亭 11 座，景观廊 2 处，景观台 9 处。根据不同的景观特色，还打造了"三区八景"，即月季园、主题雕塑和科普中心三个人文特色主题区和芦荡飞雪、蜻蜓蒲香、长田鹭飞、水荡沽田、柳影婆娑、棠海寻幽、烟水雾林、曲水花径八个自然景点，各处通过水系、道路、堤岸、桥梁贯穿起来，辅以亭、台、廊等特色小品点缀其间，移步易景，形成不同类型的园林空间和观赏路线，从而使湿地公园成为一个兼具现代西方与中国传统之美的生态园林。据统计，园区接待游人峰值达到约 800 人次/日。

临港经济区生态湿地公园统筹考虑人工湿地工艺中的主题性、自然性与功能性，解决了工业园区污水厂尾水高环境风险与高富营养化风险的问题，构建了"蓝脉绿网"的园区生态网络，提高城市生态景观功能，形成绿色生态工业园区，补充了园区生态用水需求，对工业园区的生态文明建设起到决定性作用。

（4）注重生物操纵技术，增加生物多样性

临港湿地二期划分为水生植物生态区块、鸟类生态区块和陆生植物生态三个功能区块。通过以下工程，为鸟类、昆虫软体动物提供适宜的生存环境，增加生物多样性。

① 通过营建大面积浅滩，创造栖息和觅食空间：浅滩生境具有一定的水深和湿度条件，能为底栖生物提供较好的生存环境，有利于鸟类的觅食，可较好地满足鸟类的生境需求。

② 挖掘深水沟渠系统，构建生态廊道：在浅滩区外围深挖基底形成深水区，深度应保证天津滨海最冷月份底层水体不结冰，并预留 0.5m 深的流动水体。深水区地形以凹形为主，形成由浅至深的过渡分布，为鱼类、贝类、水生昆虫等提供丰富的水下微地形。

③ 构筑若干个小型岛屿，创建良好的隐蔽空间：在距离岸边一定距离的开阔水面处营造适宜鸟类栖息的岛屿，岛屿具有相对独立的空间，能为鸟类创造隐蔽空间，为其提供繁殖、逃遁、栖息的场所，为鸟类提供适宜的生存环境。

④ 设计外周环流渠，提高水体循环动力：在湿地保育区外周设计环流渠，在环流渠关键节点设置闸门，引入人工湿地处理后的净化水形成环流，可有效减少湿地系统水体的长期停滞，增加水体循环量。

⑤ 根据区域气候特征、水体环境特征、底栖动物的生活史特点以及鱼类、鸟类的摄食压力，临港湿地二期工程底栖动物群落的重建采取分种群、分区域、分季节投放的策略。通过投放鱼种可以达到短时间内鱼类群落的快速重建。重建过程中也能够利用鱼类的净化作用及多种水生生物形成的食物链输出转移功能，实现富营养化水体的净化和修复，以达到维持水生态系统稳定、提升水体景观的效果。

⑥ 综合考虑景观性、耐盐性、净水性三方面的内容，选用以乡土物种为主的滨海湿地植物物种清单中的植物，不仅增加耐盐效果和净化作用，而且还具有一定的经济效益、文化价值、景观效益和综合利用价值。

7.3.5 水环境风险防控能力提升方案

7.3.5.1 风险管理现状

（1）应急监测能力有待加强

环境安全事件应急仍然依托原来各功能区监测站的监测力量和他们的车辆、人员。

应急监测项目有限。现有环境监测能力主要是以常规环境项目为主，对于化工、制药等行业产生的特征污染物缺乏监测能力；环境监测缺乏时效性，目前还无法完成一些重要的特征污染物，如恶臭、多环芳烃等的实时在线监测。

（2）风险源调查与风险预案准备不足

未建立针对环境风险源的定期普查制度。现有的风险预案制定工作滞后于整个地区的工业发展速度，且由于缺乏必要的验核技术方法和场地，预案的科学性、可行性及实施效果难以得到保证，难以满足环境安全管理要求。

缺乏环境风险源识别与评估标准研究，现有的风险预案的针对性不强。对企业有可能产生的由生产、交通运输、储存及自然灾害等形成的突发环境事件还没有制定有针对性的防范措施。对环境风险源周围的敏感目标，尚未开展系统评估，对突发环境事件影响范围、影响因子及最有可能发生的突发环境事件类型，没有进行系统的研究总结与分析。

（3）应急联动机制尚未建立

由于起步较晚，高效统一的应急机制与多部门联动机制都尚未最终形成，也未进行过有针对性的演练，一时难以形成较强大的合力。同时，针对环境突发事故的环境安全专家库尚未建立，导致各种应急预警模式的探索、预案编制的科学性的评估难以有效地开展；行之有效的消防、救护、交通、环境等部门的各支环应急队伍还处在各自为战的状态，难以在突发环境事件面前发挥最大综合作用。

7.3.5.2　水环境风险防控能力提升方案

（1）完善园区环境风险预案系统

开展园区环境风险源现状调查与评估工作，风险源调查分为两个步骤：风险源设施、工艺调查；风险源特征污染物调查。结合信息化技术，建立详细全面的滨海新区环境安全风险源分布图。全面调查之后每半年做一次全面补充，每季度做一次风险源确认，确保风险源信息的有效性，重点风险源每个月进行一次确认。针对每一个风险源的每一种情景制定环境风险预案，并进行汇总，依托信息技术，建立滨海新区环境安全风险预案库。

（2）强化园区环境风险实施监控能力

工业区环境风险实时监控系统建设。根据环境风险源的危险级别和重要点位的敏感性，重要工业区安装环境风险实时监控设施，包括环境空气监控设施、水环境监控设施、高空瞭望设施、特征污染物监控设施等，并将监控数据与工业区环境安全中心联网。

重点企业环境风险源自动监控体系建设。根据企业风险源特点，对重点企业安装特征污染物自动监控设施。监测到的污染物数值通过数据采集传输仪传输到所在工业区的应急中心或应急站，一旦传输数据超过标准或者临界值，数据采集传输仪直接发出预警信息。

（3）强化应急处置与应急常态化管理的有机结合

针对园区的风险特征，通过建立工业区环境风险源动态监管体系，抓住危险化学品运输过程风险、突发性大气污染事故和海洋污染事故等重点防范环节，集成风险管理、事故预警和应急检测、处理处置技术，构建满足工业区特殊要求的应急管理决策支持系统与协作平台。

（4）强化环境安全管理和专家团队建设

① 强化专业应急管理队伍。按照风险程度配置相应数量和专业水平的专职应急管理人员。可以根据需要向人事部门提交申请，增加人员编制，公开招聘环境应急管理专业毕业的专业技术人员或在企业多年从事环境应急管理的有实战经验的人员，作为提高队伍整体技术和能力的人才资源补充。

② 建立环境安全专家库。按照行业和污染类别建立管委会专家库，从库中挑选特定领域中造诣较深、业务精通、经验丰富的专家成立专家组，组织专家组每季度召开交流会。专家队伍在日常工作中为环境安全监管机构提供技术咨询和专业培训，并按照政府管理部门的要求对环境安全的各个环节项目开展科学研究；事件发生时赶赴突发事件现场，为应急处置决策提供技术支持。

附录

城镇污水处理厂污染物排放标准（DB 12/ 599—2015）

· （规范性附录）监测分析方法

1 适用范围

本标准规定了城镇污水处理厂出水、废气排放和污泥处置（控制）的污染物限值。

本标准适用于城镇污水处理厂出水、废气排放和污泥处置（控制）的管理。

天津市行政区域内向水环境直接排放的其他集中式污水处理厂，也按本标准执行。

2 规范性引用文件

下列文件对于本文件的应用是必不可少的。凡是注日期的引用文件，仅注日期的版本适用于本文件。凡是不注日期的引用文件，其最新版本（包括所有的修改单）适用于本文件。

GB 3095	环境空气质量标准
GB 12348	工业企业厂界环境噪声排放标准
GB 18918	城镇污水处理厂污染物排放标准
GB/T 23484	城镇污水处理厂污泥处置 分类
GB/T 23485	城镇污水处理厂污泥处置 混合填埋泥质
GB/T 23486	城镇污水处理厂污泥处置 园林绿化用泥质
GB 24188	城镇污水处理厂污泥泥质
GB/T 24600	城镇污水处理厂污泥处置 土地改良用泥质
GB/T 24602	城镇污水处理厂污泥处置 单独焚烧用泥质
GB/T 25031	城镇污水处理厂污泥处置 制砖用泥质
CJ/T 309	城镇污水处理厂污泥处置 农用泥质
CJ/T 314	城镇污水处理厂污泥处置 水泥熟料生产用泥质
HJ/T 91	地表水和污水监测技术规范
DB12/059	恶臭污染物排放标准
DB12/356	污水综合排放标准

3 术语和定义

3.1 城镇污水处理厂 municipal wastewater treatment plant

指对进入城镇污水收集系统的污水进行净化处理的污水处理厂，包括天津市中心城区、滨海新区、新城和郊区（县）城市污水处理厂和乡（镇）污水处理厂。

3.2 现有城镇污水处理厂 existing municipal wastewater treatment plant

指在本标准发布之日前，已建成投产或环境影响评价文件已通过审批的城镇污水处理厂。

3.3 新（改、扩）建城镇污水处理厂 new（rebuilding, extending）municipal wastewater treatment plant

指本标准发布之日起，环境影响评价文件通过审批的新（改、扩）建城镇污水处理厂。

3.4 恶臭污染物 odor pollutants

指一切刺激嗅觉器官引起人们不愉快及损坏生活环境的气体物质。

4 技术要求

4.1 水污染物排放标准

4.1.1 控制项目及分类

4.1.1.1 根据污染物的来源及性质，将污染物控制项目分为基本控制项目和选择控制项目两类。基本控制项目主要包括影响水环境和城镇污水处理厂一般处理工艺可以去除的常规污染物，以及部分一类污染物，共 19 项。选择控制项目包括对环境有较长期影响或毒性较大的污染物，共 50 项。

4.1.1.2 基本控制项目必须执行。选择控制项目由环境保护行政主管部门根据污水处理厂接纳的工业污染物的类别和水环境质量要求选择控制。

4.1.2 标准分级

4.1.2.1 基本控制项目的常规污染物标准值分为 A 标准、B 标准、C 标准。部分一类污染物和选择控制项目不分级。

4.1.2.2 城镇污水处理厂出水排入水环境，当设计规模≥10000m³/d 时，执行 A 标准；当设计规模<10000m³/d 且≥1000m³/d 时，执行 B 标准；当设计规模<1000m³/d 时，执行 C 标准。

4.1.3 标准值

城镇污水处理厂水污染物排放标准基本控制项目，执行附表 1 和附表 2 的规定；选择控制项目执行附表 3 的规定。

附表1 **基本控制项目最高允许排放浓度（日均值）**　　单位：mg/L（注明的除外）

序号	基本控制项目	A 标准	B 标准	C 标准
1	pH（无量纲）	6～9	6～9	6～9

序号	基本控制项目	A 标准	B 标准	C 标准
2	化学需氧量（COD）	30	40	50
3	生化需氧量（BOD$_5$）	6	10	10
4	悬浮物（SS）	5	5	10
5	动植物油	1.0	1.0	1.0
6	石油类	0.5	1.0	1.0
7	阴离子表面活性剂	0.3	0.3	0.5
8	总氮（以 N 计）	10	15	15
9	氨氮（以 N 计）[①]	1.5（3.0）	2.0（3.5）	5（8）
10	总磷（以 P 计）	0.3	0.4	0.5
11	色度（稀释倍数）	15	20	30
12	粪大肠菌群数/（个/L）	1000	1000	1000

① 每年 11 月 1 日至次年 3 月 31 日执行括号内的排放限值。

附表 2　部分一类污染物最高允许排放浓度（日均值）　　单位：mg/L

序号	项目	标准值
1	总汞	0.001
2	烷基汞	不得检出
3	总镉	0.005
4	总铬	0.1
5	六价铬	0.05
6	总砷	0.05
7	总铅	0.05

附表 3　选择控制项目最高允许排放浓度（日均值）　　单位：mg/L

序号	选择控制项目	标准值	序号	选择控制项目	标准值
1	总镍	0.02	5	总锰	0.1
2	总铍	0.002	6	总铜	0.5
3	总银	0.1	7	总锌	1
4	总硒	0.02	8	苯并[a]芘	2.0×10^{-6}

序号	选择控制项目	标准值	序号	选择控制项目	标准值
9	挥发酚	0.01	30	四氯化碳	0.002
10	总氰化物	0.2	31	三氯乙烯	0.07
11	硫化物	0.5	32	四氯乙烯	0.04
12	氟化物	1.5	33	氯苯	0.3
13	甲醛	0.9	34	1,4-二氯苯	0.3
14	硝基苯	0.017	35	1,2-二氯苯	1.0
15	苯胺类	0.1	36	三氯苯①	0.02
16	苯	0.01	37	硝基氯苯②	0.05
17	甲苯	0.1	38	2,4-二硝基氯苯	0.5
18	乙苯	0.3	39	邻苯二甲酸二丁酯	0.003
19	邻二甲苯	0.2	40	邻苯二甲酸二辛酯	0.008
20	对二甲苯	0.2	41	丙烯腈	0.1
21	间二甲苯	0.2	42	彩色显影剂	1
22	苯系物总量	1.2	43	显影剂及其氧化物总量	2
23	苯酚	0.3	44	有机磷农药（以 P 计）	0.5
24	间甲酚	0.01	45	马拉硫磷	0.05
25	2,4-二氯酚	0.093	46	乐果	0.08
26	2,4,6-三氯酚	0.2	47	对硫磷	0.003
27	可吸附有机卤化物（AOX 以 Cl 计）	1.0	48	甲基对硫磷	0.002
28	三氯甲烷	0.06	49	五氯酚	0.009
29	1,2-二氯乙烷	0.03	50	总有机碳（TOC）	12

① 三氯苯：指 1,2,3-三氯苯、1,2,4-三氯苯、1,3,5-三氯苯。

② 硝基氯苯：指对硝基氯苯、间硝基氯苯、邻硝基氯苯。

4.1.4 取样与监测

4.1.4.1 城镇污水处理厂水污染物排放监控位置应设在污水处理厂出水总排放口，并按规定设置永久性排污口标志。

4.1.4.2 采样频率为至少每 2h 一次，取 24h 混合样，以日均值计。污染物的采样与监测应按 HJ/T 91 有关规定执行。

4.1.4.3 城镇污水处理厂应对本标准表 3 规定的选择控制项目每年至少监测 1 次。

4.1.4.4 监测分析方法按附录 A 执行。

4.2 大气污染物排放标准

4.2.1 新（改、扩）建城镇污水处理厂防护距离由环境影响评价确定。

4.2.2 当城镇污水处理厂位于 GB 3095 规定的一类区时，执行 GB 18918 中大气污染物排放的一级标准；当城镇污水处理厂位于 GB 3095 规定的二类区时，氨、硫化氢、臭气浓度执行 DB 12/059 规定的排放标准限值，甲烷执行 GB 18918 中二级排放标准限值。

4.2.3 氨、硫化氢、臭气浓度的取样与监测按 DB 12/059 有关规定执行，甲烷的取样与监测按 GB 18918 有关规定执行。

4.2.4 监测分析方法按附录 A 执行。

4.3 污泥控制标准

4.3.1 城镇污水处理厂污泥泥质应符合 GB 24188 的相关规定。

4.3.2 城镇污水处理厂污泥的稳定化处理应符合 GB 18918 的相关规定。

4.3.3 城镇污水处理厂污泥以土地利用、填埋、建筑材料利用、焚烧等方式处置时，应符合 GB/T 23484、GB/T 23486、GB/T 24600、CJ/T 309、GB/T 23485、CJ/T 314、GB/T 25031、GB/T 24602 等有关标准及其他相关规定。

4.4 噪声控制标准

城镇污水处理厂噪声控制按 GB 12348 执行。

5 其他规定

5.1 本标准中未列出的项目执行 GB 18918 的相应要求。

5.2 城镇污水处理厂出水作为水资源用于农业、工业、市政等方面不同用途时，还应达到相应的用水水质要求。

6 实施与监督

6.1 标准由市和区（县）环境保护行政主管部门负责监督实施。

6.2 本标准正文及附录 A 为强制性内容。

附录 A

（规范性附录）监测分析方法

水质监测分析与大气污染物监测分析分别按附表 A.1 和附表 A.2 执行，或按国家环境保护主管部门认定的替代方法、等效方法执行。

附表 A.1 水质监测分析方法

序号	控制项目	测定方法	方法来源
1	pH	玻璃电极法	GB/T 6920—1986
2	化学需氧量（COD）	重铬酸盐法 快速消解分光光度法 氯气校正法（氯化物高于1000mg/L）	GB/T 11914—1989 HJ/T 399—2007 HJ/T 70—2001
3	生化需氧量（BOD）	稀释与接种法 微生物传感器快速测定法	HJ 505—2009 HJ/T 86—2002
4	悬浮物（SS）	重量法	GB/T 11901—1989
5	动植物油	红外分光光度法	HJ 637—2012
6	石油类	红外分光光度法	HJ 637—2012
7	阴离子表面活性剂	亚甲蓝分光光度法 电位滴定法	GB/T 7494—1987 GB/T 13199—1991
8	总氮（以N计）	碱性过硫酸钾消解紫外分光光度法 连续流动-盐酸萘乙二胺分光光度法 流动注射-盐酸萘乙二胺分光光度法	HJ 636—2012 HJ 667—2013 HJ 668—2013
9	氨氮（以N计）	纳氏试剂分光光度法 水杨酸分光光度法 蒸馏中和滴定法 连续流动-水杨酸分光光度法 流动注射-水杨酸分光光度法	HJ 535—2009 HJ 536—2009 HJ 537—2009 HJ 665—2013 HJ 666—2013
10	总磷（以P计）	钼酸铵分光光度法 连续流动-钼酸铵分光光度法 流动注射-钼酸铵分光光度法	GB/T 11893—1989 HJ 670—2013 HJ 671—2013
11	色度	稀释倍数法	GB/T 11903—1989
12	粪大肠菌群数	多管发酵法和滤膜法	HJ/T 347—2007
13	总汞	冷原子吸收分光光度法 冷原子荧光法 原子荧光法	HJ 597—2011 HJ/T 341—2007 HJ 694—2014
14	烷基汞	气相色谱法	GB/T 14204—93
15	总镉	原子吸收分光光度法 电感耦合等离子发射光谱法（ICP-AES） 石墨炉原子吸收法 电感耦合等离子体质谱法（ICP-MS）	GB/T 7475—1987 1) 1) HJ 700—2014

序号	控制项目	测定方法	方法来源
16	总铬	高锰酸钾氧化-二苯碳酰二肼分光光度法 电感耦合等离子发射光谱法（ICP-AES） 火焰原子吸收法 电感耦合等离子体质谱法（ICP-MS）	GB/T 7466—1987 1） 1） HJ 700—2014
17	六价铬	二苯碳酰二肼分光光度法	GB/T 7467—1987
18	总砷	二乙基二硫代氨基甲酸银分光光度法 原子荧光法 电感耦合等离子体质谱法（ICP-MS）	GB/T 7485—1987 HJ 694—2014 HJ 700—2014
19	总铅	原子吸收分光光度法 电感耦合等离子发射光谱法（ICP-AES） 石墨炉原子吸收法 电感耦合等离子体质谱法（ICP-MS）	GB/T 7475—1987 1） 1） HJ 700—2014
20	总镍	火焰原子吸收分光光度法 电感耦合等离子发射光谱法（ICP-AES） 电感耦合等离子体质谱法（ICP-MS）	GB 11912—89 1） HJ 700—2014
21	总铍	石墨炉原子吸收分光光度法 电感耦合等离子体质谱法（ICP-MS）	HJ/T 59—2000 HJ 700—2014
22	总银	火焰原子吸收分光光度法 电感耦合等离子体质谱法（ICP-MS）	GB 11907—89 HJ 700—2014
23	总硒	石墨炉原子吸收分光光度法 2,3-二氨基萘荧光法 原子荧光法 电感耦合等离子体质谱法（ICP-MS）	GB/T 15505—1995 GB/T 11902—1989 HJ 694—2014 HJ 700—2014
24	总锰	火焰原子吸收分光光度法 电感耦合等离子发射光谱法（ICP-AES） 电感耦合等离子体质谱法（ICP-MS）	GB/T 11911—1989 1） HJ 700—2014
25	总铜	原子吸收分光光度法 石墨炉原子吸收法 电感耦合等离子发射光谱法（ICP-AES） 电感耦合等离子体质谱法（ICP-MS）	GB/T 7475—1987 1） 1） HJ 700—2014
26	总锌	原子吸收分光光度法 电感耦合等离子发射光谱法（ICP-AES） 电感耦合等离子体质谱法（ICP-MS）	GB/T 7475—1987 1） HJ 700—2014
27	苯并[a]芘	液液萃取和固相萃取高效液相色谱法 气相色谱-质谱法	HJ 478—2009 1）
28	挥发酚	4-氨基安替比林分光光度法	HJ 503—2009
29	总氰化物	异烟酸-吡唑啉酮分光光度法 真空检测管-电子比色法	HJ 484—2009 HJ 659—2013
30	硫化物	亚甲基蓝分光光度法 碘量法	GB/T 16489—1996 HJ/T 60—2000
31	氟化物	离子选择电极法 离子色谱法 茜素磺酸锆目视比色法 氟试剂分光光度法	GB/T 7484—1987 HJ/T 84—2001 HJ 487—2009 HJ 488—2009
32	甲醛	乙酰丙酮分光光度法	HJ 601—2011

序号	控制项目	测定方法	方法来源
33	硝基苯类	气相色谱法 液液萃取/固相萃取-气相色谱法 气相色谱-质谱法	HJ 592—2010 HJ 648—2013 HJ 716—2014
34	苯胺类	N-（1-萘基）乙二胺偶氮分光光度法	GB/T 11889—1989
35	苯	气相色谱法 吹扫捕集/气相色谱-质谱法 吹扫捕集/气相色谱法 顶空气相色谱-质谱法	GB/T 11890—1989 HJ 639—2012 HJ 686—2014 1)
36	甲苯	气相色谱法 吹扫捕集/气相色谱-质谱法 吹扫捕集/气相色谱法 顶空气相色谱-质谱法	GB/T 11890—1989 HJ 639—2012 HJ 686—2014 1)
37	乙苯	气相色谱法 吹扫捕集/气相色谱-质谱法 吹扫捕集/气相色谱法 顶空气相色谱-质谱法	GB/T 11890—1989 HJ 639—2012 HJ 686—2014 1)
38	邻二甲苯	气相色谱法 吹扫捕集/气相色谱-质谱法 吹扫捕集/气相色谱法 顶空气相色谱-质谱法	GB/T 11890—1989 HJ 639—2012 HJ 686—2014 1)
39	对二甲苯	气相色谱法 吹扫捕集/气相色谱-质谱法 吹扫捕集/气相色谱法 顶空气相色谱-质谱法	GB/T 11890—1989 HJ 639—2012 HJ 686—2014 1)
40	间二甲苯	气相色谱法 吹扫捕集/气相色谱-质谱法 吹扫捕集/气相色谱法 顶空气相色谱-质谱法	GB/T 11890—1989 HJ 639—2012 HJ 686—2014 1)
41	苯系物总量（包括苯、甲苯、乙苯、二甲苯、异丙苯及苯乙烯的总和）	气相色谱法 吹扫捕集/气相色谱-质谱法 吹扫捕集/气相色谱法 顶空气相色谱-质谱法	GB/T 11890—1989 HJ 639—2012 HJ 686—2014 1)
42	苯酚	高效液相色谱法 液液萃取/气相色谱法 气相色谱-质谱法	1) HJ 676—2013 HJ 744—2015
43	间甲酚	液液萃取/气相色谱法 气相色谱-质谱法	HJ 676—2013 HJ 744—2015
44	2,4-二氯酚	高效液相色谱法 液液萃取/气相色谱法 气相色谱-质谱法	1) HJ 676—2013 HJ 744—2015
45	2,4,6-三氯酚	高效液相色谱法 液液萃取/气相色谱法 气相色谱-质谱法	1) HJ 676—2013 HJ 744—2015
46	可吸附有机卤化物（AOX 以 Cl 计）	微库仑法 离子色谱法	GB/T 15959—1995 HJ/T 83—2001

序号	控制项目	测定方法	方法来源
47	三氯甲烷	顶空气相色谱法 吹扫捕集/气相色谱-质谱法 吹扫捕集/气相色谱法	HJ 620—2011 HJ 639—2012 HJ 686—2014
48	1,2-二氯乙烷	顶空气相色谱法 吹扫捕集/气相色谱-质谱法 吹扫捕集/气相色谱法	HJ 620—2011 HJ 639—2012 HJ 686—2014
49	四氯化碳	顶空气相色谱法 吹扫捕集/气相色谱-质谱法 吹扫捕集/气相色谱法	HJ 620—2011 HJ 639—2012 HJ 686—2014
50	三氯乙烯	顶空气相色谱法 吹扫捕集/气相色谱-质谱法 吹扫捕集/气相色谱法	HJ 620—2011 HJ 639—2012 HJ 686—2014
51	四氯乙烯	顶空气相色谱法 吹扫捕集/气相色谱-质谱法 吹扫捕集/气相色谱法	HJ 620—2011 HJ 639—2012 HJ 686—2014
52	氯苯	气相色谱法 吹扫捕集/气相色谱-质谱法	HJ/T 74—2001 HJ 639—2012
53	1,4-二氯苯	气相色谱法 吹扫捕集/气相色谱-质谱法	HJ 621—2011 HJ 639—2012
54	1,2-二氯苯	气相色谱法 吹扫捕集/气相色谱-质谱法	HJ 621—2011 HJ 639—2012
55	1,2,4-三氯苯	气相色谱法 吹扫捕集/气相色谱-质谱法 气相色谱-质谱法	HJ 621—2011 HJ 639—2012 HJ 699—2014
56	对硝基氯苯	液液萃取/固相萃取-气相色谱法 气相色谱-质谱法	HJ 648—2013 HJ 716—2014
57	2,4-二硝基氯苯	液液萃取/固相萃取-气相色谱法 气相色谱-质谱法	HJ 648—2013 HJ 716—2014
58	邻苯二甲酸二丁酯	液相色谱法 气相色谱-质谱法	HJ/T 72—2001 1)
59	邻苯二甲酸二辛酯	液相色谱法 气相色谱-质谱法	HJ/T 72—2001 1)
60	丙烯腈	气相色谱法 吹扫捕集/气相色谱	HJ/T 73—2001 1)
61	彩色显影剂	169 成色剂法 169 成色剂分光光度法（暂行）	GB 8978—1996 附录 D：一、彩色显影剂总量的测定 HJ 595—2010
62	显影剂及氧化物总量	碘-淀粉比色法 碘-淀粉分光光度法（暂行）	GB 8978—1996 附录 D：二、显影剂及其氧化物总量的测定方法 HJ 594—2010
63	有机磷农药	气相色谱法	GB/T 13192—1991
64	马拉硫磷	气相色谱法	GB/T 13192—1991
65	乐果	气相色谱法	GB/T 13192—1991

序号	控制项目	测定方法	方法来源
66	对硫磷	气相色谱法	GB/T 13192—1991
67	甲基对硫磷	气相色谱法	GB/T 13192—19911 GB/T 14552—2003
68	五氯酚及五氯酚钠 （以五氯酚计）	气相色谱法 气相色谱-质谱法	HJ 591—2010 1)
69	总有机碳（TOC）	燃烧氧化-非分散红外吸收法	HJ 501—2009

注：暂采用下列方法，待国家方法标准发布后，执行国家标准。

1)《水和废水监测分析方法》（第四版），中国环境科学出版社，2002 年。

2)《水质分析大全》，科学技术文献出版社，1989 年。

附表 A.2 大气污染物监测分析方法

序号	控制项目	测定方法	方法来源
1	氨	次氯酸钠-水杨酸分光光度法 纳氏试剂分光光度法	HJ 534—2009 HJ 533—2009
2	硫化氢	气相色谱法 亚甲基蓝分光光度法	GB/T 14678—1993 1)
3	臭气浓度	三点比较式臭袋法	GB/T 14675—1993
4	甲烷	气相色谱法	CJ/T 3037—1995 HJ/T 38—1999

1)《空气和废气监测分析方法》（第四版），中国环境科学出版社，2003 年。

参考文献

[1] 温鑫. 基于 IFMOP 模型的四平市水环境承载力及环境经济系统综合规划研究[D]. 吉林: 吉林大学, 2015.

[2] 李磊, 贾磊, 赵晓雪, 等. 层次分析—熵值定权法在城市水环境承载力评价中的应用[J]. 长江流域资源与环境, 2014(04): 456-460.

[3] 崔兴齐, 孙文超, 鱼京善, 等. 河南省近十年水环境承载力动态变化研究[J]. 中国人口·资源与环境, 2013(S2): 359-362.

[4] 杨丽花, 佟连军. 基于 BP 神经网络模型的松花江流域(吉林省段)水环境承载力研究[J]. 干旱区资源与环境, 2013(09): 135-140.

[5] 曾现进, 李天宏, 温晓玲. 基于 AHP 和向量模法的宜昌市水环境承载力研究[J]. 环境科学与技术, 2013(06): 200-205.

[6] 耿雅妮. 基于向量模法的西安市水环境承载力研究[J]. 中国农学通报, 2013(11): 168-172.

[7] 程兵芬, 罗先香, 王刚. 基于层次分析-模糊综合评价模型的东辽河流域水环境承载力评价[J]. 水资源保护, 2012(06): 33-36.

[8] 石建屏, 李新. 滇池流域水环境承载力及其动态变化特征研究[J]. 环境科学学报, 2012(07): 1777-1784.

[9] 张会涓, 陈然, 赵言文. 基于模糊物元模型的区域水环境承载力研究[J]. 水土保持通报, 2012(02): 186-189.

[10] 李新, 石建屏, 曹洪. 基于指标体系和层次分析法的洱海流域水环境承载力动态研究[J]. 环境科学学报, 2011(06): 1338-1344.

[11] 李艳, 刘萍, 王贵东, 等. 基于灰色关联度的水环境承载力指标体系简化[J]. 沈阳建筑大学学报(自然科学版), 2011(01): 135-139.

[12] 李玮, 肖伟华, 秦大庸, 等. 水环境承载力研究方法及发展趋势分析[J]. 水电能源科学, 2010(11): 30-32.

[13] 来雪慧, 王小文, 徐杰峰, 等. 基于向量模法的陕南地区水环境承载力评价[J]. 水土保持通报, 2010(02): 56-59, 78.

[14] 王俭, 李雪亮, 李法云, 等. 基于系统动力学的辽宁省水环境承载力模拟与预测[J]. 应用生态学报, 2009(09): 2233-2240.

[15] 赵卫, 刘景双, 苏伟, 等. 辽宁省辽河流域水环境承载力的多目标规划研究[J]. 中国环境科学, 2008(01): 73-77.

[16] 王俭, 孙铁珩, 李培军, 等. 基于人工神经网络的区域水环境承载力评价模型及其应用[J]. 生态学杂志, 2007(01): 139-144.

[17] Gao Ping, Song Ya-shan, Yang Chao. Water function zoning and water environment capacity analysis on surface water in Jiamusi Urban Area[J]. Procedia Engineering, 2012, 28: 458-463.

[18] Yan B Y, Xing J S, Tan H R, et al. Analysis on water environment capacity of the poyang lake[J]. Procedia Environmental Sciences, 2011, 10, Part C: 2754-2759.

[19] Kiriscioglu T J, David M H, Bulent T. Urban and rural perceptions of ecological risks to water environments in southern and eastern Nevada[J]. Journal of Environmental Psychology, 2013(33): 86-95.

[20] 杜立新，唐伟，房浩，等. 基于多目标模型分析法的秦皇岛市水资源承载力分析[J]. 地下水. 2014(06): 80-83.

[21] 张钧茹. 基于系统动力学的京津冀地区水资源承载力研究[D]. 北京: 中国地质大学, 2016.

[22] 邢福俊，王霞. 试论城市水资源环境与城市经济增长关系[J]. 生态经济, 2001, 09: 54-56, 59.

[23] 鲁晓东，许罗丹，熊莹. 水资源环境与经济增长: EKC 假说在中国八大流域的表现[J]. 经济管理, 2016, 01: 20-29.

[24] 方国华，钟淋涓，张建华. 江苏省水资源利用、水环境保护与国民经济发展关系分析[J]. 长江流域资源与环境, 2009, 11: 1008-1013.

[25] 范文华，王静，扈仕娥，等. 山东黄河水资源及水环境与沿黄经济发展关系[J]. 水资源与水工程学报, 2004, 04: 70-73.

[26] 张胜武，石培基，金淑婷. 西北干旱内陆河流域城镇化与水资源环境系统耦合机理[J]. 兰州大学学报(社会科学版), 2013, 03: 110-115.

[27] Wang Q G, Wang Y P, Lu X C, et al. Impact assessments of water allocation on water environment of river network: Method and application[J]. Physics and Chemistry of the Earth, 2017.

[28] Oswald M, Andrew H, Peter C, et al. Directing urban development to the right places: Assessing the impact of urban development on water quality in an estuarine environment[J]. Landscape and Urban Planning, 2013, 113: 62-77.

[29] Han R Q, Zhao M H. Evaluation on the coordination of economy and environment with scarce water resources in Shandong Peninsula China[J]. Procedia Environmental Sciences, 2012, 13,: 2236-2245.

[30] Tapio S K, Jarmo J H. Social and economic importance of water services in the built environment: Need for more structured thinking[J]. Procedia Economics and Finance, 2005, 21: 217-223.

[31] 宋松柏，蔡焕杰. 区域水资源—社会经济—环境协调模型研究[J]. 沈阳农业大学学报, 2004, Z1: 501-503.

[32] 王蕾. 干旱区农业水资源利用与环境经济协调发展研究[D]. 兰州: 兰州财经大学, 2015.

[33] 陈守煜，王国利，朱文彬，等. 大连市水资源、环境与经济协调可持续发展研究[J]. 水科学进展, 2001, 04: 504-508.

[34] 夏菁，崔佳，王宪恩，等. 四平市水资源环境与经济社会协调发展研究[J]. 节水灌溉, 2015, 01: 56-59, 64.

[35] 陈玲侠. 水资源利用与环境经济协调发展研究[J]. 经济研究导刊, 2017, 04: 149-151.

[36] 赵翔，陈吉江，毛洪翔. 水资源与社会经济生态环境协调发展评价研究[J]. 中国农村水利水电, 2009, 09: 58-62.

[37] 冀鸿兰，朝伦巴根，陈守煜. 大连市水资源、经济与环境协调可持续发展研究[J]. 内蒙古农业大学学报(自然科学版), 2008, 03: 112-115.

[38] 赵明华. 水资源约束下的山东半岛经济与环境协调状态定量评价研究[J]. 中国人口·资源与环境, 2006, 03: 119-123.

[39] 卢杰，丁金城，施汉昌，等. 水资源保护区水环境保护与社会经济协调发展——以太河水库为例[J]. 安全与环境工程, 2005, 03: 11-14.

[40] 杜湘红. 水资源环境与社会经济系统耦合建模和仿真测度——基于洞庭湖流域的研究[J]. 经济地理, 2014, 08: 151-155.

[41] Wu P L, Tan M H. Challenges for sustainable urbanization: a case study of water shortage and water environment changes in Shandong, China[J]. Procedia Environmental Sciences, 2012, 13: 919-927.

[42] 杜湘红. 水资源环境与社会经济系统耦合建模和仿真测度——基于洞庭湖流域的研究[J]. 经济地理, 2014, 08: 151-155.

[43] 张启敏. 银川市人口、环境、资源、经济多目标模型的建立及对水资源的分析[J]. 宁夏大学学报 (人文社会科学版), 2008, 01: 148-151.

[44] 宋松柏. 区域水资源—社会经济—环境协调模型研究[J]. 沈阳农业大学学报, 2004: 3.

[45] 宫辉力. 水资源-环境系统灰色加权模型研究[J]. 系统工程理论与实践, 1998, 03: 110-114, 118.

[46] 张永波, 马祖宜, 张庆保. 城市水资源水环境系统多阶段灰色动态仿真模型[J]. 太原理工大学 学报, 1998, 03: 43-46, 50.

[47] 秦剑. 水环境危机下北京市水资源供需平衡系统动力学仿真研究[J]. 系统工程理论与实践, 2015, 03: 671-676.

[48] 王西琴, 周孝德. 区域水环境经济系统优化模型及其应用[J]. 西安理工大学学报, 1999, 04: 80-85.

[49] 达庆利, 何建敏, 徐南荣. 区域水环境经济系统的多目标规划模型[J]. 东南大学学报, 1992, 01: 56-63.

[50] 达庆利, 何建敏, 李荆垠. 区域水环境-经济系统建模的原则和方法[J]. 系统工程理论与实践, 1995, 12: 1-6, 22.

[51] 庄宇, 胡晓蕊, 马贤娣. 水环境承载力与经济效率的多元回归模型及应用[J]. 干旱区资源与环 境, 2007, 09: 41-45.

[52] 杨宝臣, 张世英, 包景岭. 水环境系统广义目标规划方法[J]. 运筹与管理, 1993, Z1: 54-58.

[53] 曾光明, 杨春平, 卓利, 等. 区域水环境质量灰色模拟、规划和评价的理论和方法研究[J]. 应用 基础与工程科学学报, 1994, Z1: 173-178.

[54] 高伟, 陈岩, 郭怀成. 基于"评价-模拟-优化"的流域环境经济决策模型研究[J]. 环境科学学报, 2014(1): 250-258.

[55] Jia Y W, Niu C W, Wang H. Integrated modeling and assessment of water resources and water environment in the Yellow River Basin[J]. Journal of Hydro-environment Research, 2007, 1(1): 12-19.

[56] 杜敏, 徐征和, 彭利民. 济宁市水资源承载力评价与分析[J]. 济南大学学报(自然科学版), 2011(04): 340-343.

[57] 陆君, 舒荣军, 李响, 等. 黄山市太平湖流域水资源承载力分析[J]. 复旦学报(自然科学版), 2013(06): 822-828.

[58] 邹进, 张友权, 潘锋. 基于二元水循环理论的水资源承载力质量能综合评价[J]. 长江流域资源 与环境, 2014(01): 117-123.

[59] 汤晓雷, 刘年丰, 李贝. 单因子超载的综合环境承载力计算方法研究[J]. 环境科学与技术, 2007, 30(4): 70-71.

[60] 赵筱青, 饶辉, 易琦, 等. 基于 SD 模型的昆明市水资源承载力研究[J]. 中国人口·资源与环境, 2011(S2): 339-342.

[61] 刘士霞, 张志斌, 钟卓, 等. 基于 SD 模型的本溪市细河流域水资源承载力研究[J]. 水土保持应 用技术, 2014(02): 4-5.

[62] 陈威, 周铖. 基于系统动力学仿真模拟评价武汉市水资源承载力[J]. 中国工程科学, 2014(03): 103-107, 112.

[63] 王西琴, 高伟, 曾勇. 基于 SD 模型的水生态承载力模拟优化与例证[J]. 系统工程理论与实践, 2014(05): 1352-1360.

[64] 王俭, 张朝星, 于英谭, 等. 城市水资源生态足迹核算模型及应用——以沈阳市为例[J]. 应用生 态学报, 2012(08): 2257-2262.

[65] Zhang Z, Lu W X, Zhao Y, et al. Development tendency analysis and evaluation of the water ecological carrying capacity in the Siping area of Jilin Province in China based on system dynamics and analytic hierarchy process[J]. Ecological Modelling, 2014, 275: 9-21.

[66] 赵卫，沈渭寿，张慧，等. 后发地区生态承载力及其评价方法研究——以海峡西岸经济区为例[J]. 自然资源学报, 2011(10): 1789-1800.
[67] 郑奕，魏文寿，崔彩霞. 新疆焉耆盆地水资源承载力研究[J]. 中国人口·资源与环境, 2010(11): 60-65.
[68] Ni X, Wu Y Q, Wu J, et al. Scenario analysis for sustainable development of Chongming Island: Water resources sustainability[J]. Science of The Total Environment, 2012, 439: 129-135.
[69] Marina A, Derek B, Kristina H, et al. The impact of urban patterns on aquatic ecosystems: An empirical analysis in Puget lowland sub-basins[J]. Landscape and Urban Planning, 2007, 80(4): 345-361.
[70] Jamie T, Richard A F, Philip H W, et al. Urban form, biodiversity potential and ecosystem services[J]. Landscape and Urban Planning, 2007, 83(4): 308-317.
[71] Veena S, Karen C S, Ruth E, et al. The impact of urbanization on water vulnerability: A coupled human-environment system approach for Chennai, India, Global Environmental Change, 2013, 23(1): 229-239.
[72] 盖美，王本德. 大连市近岸海域水环境质量及影响因素分析[J]. 水科学进展, 2003(04): 354-358.
[73] 董伟，蒋仲安，苏德，等. 长江上游水源涵养区界定及生态安全影响因素分析[J]. 北京科技大学学报, 2010(02): 139-144.
[74] 叶晶. 基于结构方程模型的滇池流域水环境质量影响因素研究[D]. 武汉：华中农业大学, 2012.
[75] 陈侃. 城市化进程与水环境质量关系及突发水污染事件规律的研究[D]. 哈尔滨：哈尔滨工业大学, 2013.
[76] 佟新华. 日本水环境质量影响因素及水生态环境保护措施研究[J]. 现代日本经济, 2014(05): 85-94.
[77] 张爱静，付意成. 基于 EKC 曲线的浑太河流域水环境保护影响因素分析[J]. 中国水利水电科学研究院学报, 2017(02): 107-115, 122.
[78] 张永凯，王蕾. 干旱区农业水资源利用与环境经济协调发展研究以张掖市节水型社会建设试点为例[J]. 资源开发与市场, 2016(02): 142-145, 243.
[79] 陈守煜，王国利，朱文彬，等. 大连市水资源、环境与经济协调可持续发展研究[J]. 水科学进展, 2001(04): 504-508.
[80] 张慧，于鲁冀，梁静. 基于改进 TOPSIS 模型的淮河流域社会经济水资源水环境协调发展问题识别研究[J]. 创新科技, 2016(07): 25-29.
[81] 张凤太，苏维词. 贵州省水资源-经济-生态环境-社会系统耦合协调演化特征研究[J]. 灌溉排水学报, 2015(06): 44-49.
[82] 杜忠潮，白文婷. 关中-天水经济区水资源环境与社会经济协调发展探析[J]. 咸阳师范学院学报, 2015(06): 70-75.
[83] 王利军，安峰，石艳丽. 资源环境经济领域政策模拟综述[J]. 资源与产业, 2012(06): 156-160.
[84] 聂桂生，谢玫，靳向兰，等. 北京城市用水系统的水资源-环境-经济投入产出模型的研究[J]. 数量经济技术经济研究, 1986, 11: 52-58, 7.
[85] 徐一剑，孔彦鸿. 城市水环境系统规划调控模型与技术[J]. 城市发展研究, 2016, 06: 21-27.
[86] 袁绪英，曾菊新，吴宜进. 滠水河流域经济环境协调发展系统动力学模拟[J]. 地域研究与开发, 2011(06): 84-88, 101.
[87] 王银平. 天津市水资源系统动力学模型的研究[D]. 天津：天津大学, 2007.
[88] 陈南祥，王延辉. 基于系统动力学的河南省水资源可持续利用研究[J]. 灌溉排水学报, 2010, 29(4): 43-37.
[89] 李静芝，朱翔，李景保. 环洞庭湖区水资源供需系统仿真及优化决策研究[J]. 自然资源学报, 2013, 28(2): 199-209.
[90] 刘婧尧，胡雨村，金相哲. 基于系统动力学的天津市水资源可持续利用[J]. 华中师范大学学报

(自然科学版), 2014, 01: 106-111.

[91] 郑慧娟. 石羊河流域水资源-经济社会协调发展的 SD 模型与前景预测[D]. 兰州: 甘肃农业大学, 2005.

[92] 何士华, 邹进, 程乖梅. 区域水资源可持续利用的多目标决策模型[J]. 昆明理工大学学报: 理工版, 2005, 30(3): 56-59, 63.

[93] 潘军峰. 流域水环境承载力理论及应用[D]. 西安: 西安理工大学, 2005.

[94] 张永勇, 夏军, 王中根. 区域水资源承载力理论与方法探讨[J]. 地理科学进展, 2001(2): 126-132.

[95] 王金南. 环境政策费用效益分析有何挑战? [N]. 中国环境报, 2016-11-08(003).

[96] 程艺雯. 基于 SWOT 分析和费用效益分析的工业园区节水规划案例研究[D]. 上海: 华东师范大学, 2014.

[97] 李立峰, 吴昊. 开封市污水灌溉费用效益分析[J]. 南水北调与水利科技, 2013(04): 157-160.

[98] 席清海, 冯平. 引黄济津应急调水的费用效益分析[J]. 天津大学学报(社会科学版), 2012(05): 396-400.

[99] 李爽, 张海迎, 李青, 等. 城市大规模节水器具改造的费用效益分析案例[J]. 给水排水, 2012(05): 143-147.

[100] 胡有林. 基于费用-效益的城市污水处理规划分析——以长株潭三城市污水处理规划为例[J]. 科技信息(学术研究), 2008(09): 68-69, 71.

[101] 方国华. 水污染经济损失计算与水环境保护效益费用分析[J]. 江苏社会科学, 2005(03): 240.

[102] 钟淋涓. 水环境保护效益费用分析[D]. 南京: 河海大学, 2005.

[103] 胡兴民, 杜守建. 水资源保护的费用——效益分析浅探[J]. 海河水利, 2002(02): 46-48.

[104] 王西琴, 周孝德. 区域水环境经济系统优化模型及其应用[J]. 西安理工大学学报, 1999(04): 80-85.

[105] 张忠祥. 我国工业废水污染防治的战略、对策与费用效益分析[J]. 环境科学, 1996(04): 75-79, 95-96.

[106] 天津市水务局. 天津市水资源公报[R].

[107] 天津市生态环境局. 天津市环境质量公报[R].

[108] 天津市统计局. 天津统计年鉴[R].

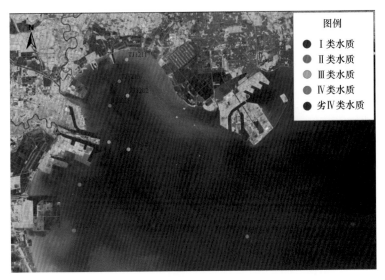

图 3-8　2018 年天津近岸海域环境质量点位水质状况图

　(a) 潮白河鲫鱼　　　　　　　　　　　(b) 州河鲤

　(c) 中华鳑鲏　　　　　　　　　　　　(d) 黄颡

图 4-2　部分现存濒危的土著鱼种照片

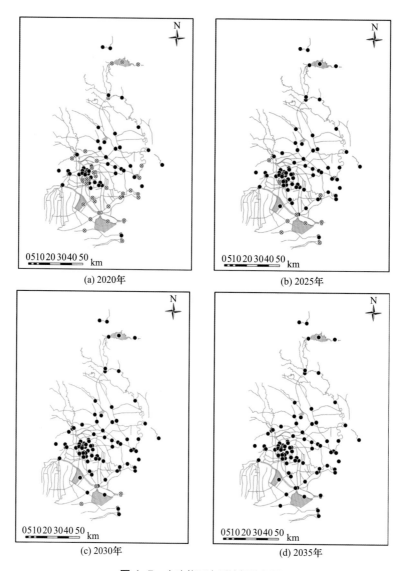

(a) 2020年   (b) 2025年

(c) 2030年   (d) 2035年

图 4-5　水功能区水质达标路径图

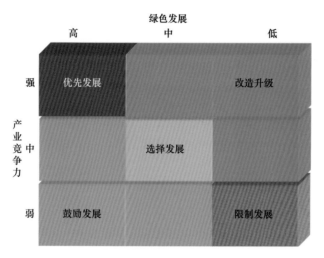

图 5-9 麦肯锡矩阵示意

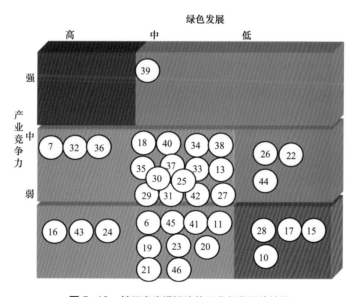

图 5-10 基于麦肯锡矩阵的工业行业评价结果

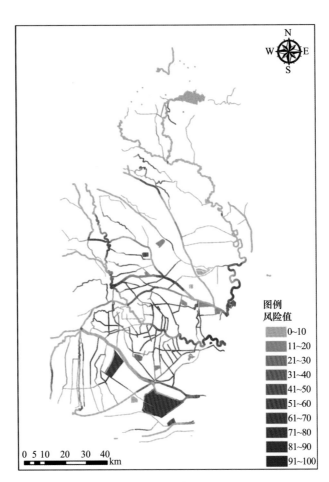

图 5-11 突发水环境风险网格化评估结果